高职高专规划教材

建　筑　材　料

程沙沙　主　编
代端明　刘运宝　主　审

中国建筑工业出版社

图书在版编目（CIP）数据

建筑材料/程沙沙主编. —北京：中国建筑工业出版社，2019.9
高职高专规划教材
ISBN 978-7-112-24073-9

Ⅰ.①建… Ⅱ.①程… Ⅲ.①建筑材料-高等职业教育-教材 Ⅳ.①TU5

中国版本图书馆 CIP 数据核字(2019)第 161658 号

  本教材根据最新现行建筑材料国家规范及标准编写。教材编写考虑了《建筑材料》的课程特点和高等职业教育教学特点，在讲授理论知识的同时，附有主要建筑材料试验的试验流程，方便学生更好地掌握所学知识。

  本教材主要内容包括：绪论、建筑材料的基本性质、气硬性胶凝材料、水泥、混凝土、建筑砂浆、墙体材料、建筑钢材、防水材料、木材及其制品、建筑装饰材料、建筑材料试验。

  为更好地支持本课程的教学，我们向使用本教材的教师提供教学课件，有需要的教师请发送邮件至 cabpkejian@126.com 免费索取。

* * *

责任编辑：吴越恺
责任校对：赵 菲 党 蕾

高职高专规划教材
建筑材料

程沙沙 主 编
代端明 刘运宝 主 审

*

中国建筑工业出版社出版、发行（北京海淀三里河路 9 号）
各地新华书店、建筑书店经销
北京红光制版公司制版
北京富生印刷厂印刷

*

开本：787×1092 毫米 1/16 印张：14½ 字数：360 千字
2019 年 9 月第一版 2020 年 9 月第三次印刷
定价：**39.00** 元（赠课件）
ISBN 978-7-112-24073-9
(34573)

版权所有 翻印必究
如有印装质量问题，可寄本社退换
（邮政编码 100037）

前　言

　　《建筑材料》是高等职业教育土木工程及其相关专业的主干课程之一。它既是一门专业基础课，又是一门实践性和应用性较强的专业课程。本教材的编写根据高等职业教育材料员、施工员、造价员、试验员、质检员等岗位的职业能力要求，依据现行建筑材料的最新国家规范和标准，以每一类材料作为一个教学单元。主要涉及常用建筑材料的基本组成、特点、技术性质、质量标准及应用、检验方法、绿色环保性等方面的内容。每章结束后给出了适量的复习思考题，最后一章给出了常用建筑材料试验所用的仪器、试验方法、步骤及试验结果计算等内容。教材编写时，注重基本知识和基本技能相结合，精选教学内容，并适当扩大了知识面。

　　本教材由广西建设职业技术学院程沙沙担任主编。其中第6、8、9章由程沙沙编写；绪论、第5、7章由陈晓桐编写；第2、4章由冯瑛琪编写；第10、11章由付希尧编写；第3章由刘会平编写；第1章由韦婷玉编写。

　　本教材由广西建设职业技术学院代端明高级工程师和华蓝设计（集团）有限公司刘运宝主审。审稿专家均认真审阅了书稿，并提出许多宝贵意见和建议。对于各位专家和学者多方面的支持，在此表示衷心感谢！教材编写过程中参考了有关文献资料和教材，在此一并表示感谢！

　　近年来，我国建筑业迅速发展，新材料、新工艺、新技术不断涌现，本书未能涵盖所有建筑材料，由于时间和编者自身水平有限，书中不妥或错误之处在所难免，恳请读者批评指正，在此表示感谢！

编　者
2019年6月

目 录

0 绪论 ··· 1
   0.1 建筑材料的定义 ·· 1
   0.2 建筑材料的分类 ·· 1
   0.3 建筑材料的在建筑工程中的地位 ··· 2
   0.4 建筑材料的发展 ·· 2
   0.5 建筑材料的检验与技术标准 ··· 4
   0.6 本课程的学习方法 ·· 5

1 建筑材料的基本性质 ·· 7
   1.1 材料的物理性质 ·· 7
   1.2 材料与水有关的性质 ··· 9
   1.3 材料的力学性质 ·· 15
   1.4 材料的耐久性 ··· 18

2 气硬性胶凝材料 ··· 20
   2.1 石灰 ·· 20
   2.2 建筑石膏 ··· 26
   2.3 水玻璃 ·· 28

3 水泥 ·· 31
   3.1 硅酸盐水泥 ·· 31
   3.2 通用硅酸盐系列水泥 ··· 41
   3.3 其他种类水泥 ··· 44
   3.4 水泥的选用、验收和保存 ·· 47

4 混凝土 ··· 51
   4.1 混凝土概述 ·· 51
   4.2 普通混凝土的组成材料 ·· 53
   4.3 混凝土的主要技术性能 ·· 65
   4.4 普通混凝土的配合比设计 ··· 80
   4.5 其他种类混凝土 ·· 93

5 建筑砂浆 ·· 99
   5.1 砌筑砂浆 ··· 99
   5.2 抹面砂浆 ··· 107

6 墙体材料 ·· 110
   6.1 砌墙砖 ·· 110
   6.2 墙用砌块 ··· 123

6.3　墙用板材 ………………………………………………………………… 126
7　建筑钢材 ………………………………………………………………………… 132
　　7.1　钢材的生产 ……………………………………………………………… 132
　　7.2　钢材的主要性能 ………………………………………………………… 134
　　7.3　钢材的冷加工及时效 …………………………………………………… 137
　　7.4　建筑工程中常用的钢种 ………………………………………………… 138
　　7.5　钢材的保管 ……………………………………………………………… 144
8　防水材料 ………………………………………………………………………… 146
　　8.1　沥青 ……………………………………………………………………… 146
　　8.2　防水卷材 ………………………………………………………………… 154
　　8.3　防水涂料及密封材料 …………………………………………………… 167
9　木材及其制品 …………………………………………………………………… 174
　　9.1　木材及其性能 …………………………………………………………… 174
　　9.2　木材应用 ………………………………………………………………… 177
　　9.3　木材的干燥、防腐与防火 ……………………………………………… 179
　　9.4　木材的储存保管 ………………………………………………………… 181
10　建筑装饰材料 …………………………………………………………………… 183
　　10.1　建筑装饰材料概述 ……………………………………………………… 183
　　10.2　常用建筑装饰材料 ……………………………………………………… 188
11　建筑材料试验 …………………………………………………………………… 195
　　11.1　建筑材料基本性能试验 ………………………………………………… 195
　　11.2　水泥物理性能试验 ……………………………………………………… 198
　　11.3　建设用砂、石试验 ……………………………………………………… 208
　　11.4　普通混凝土性能试验 …………………………………………………… 211
　　11.5　建筑砂浆拌合物性能试验 ……………………………………………… 214
　　11.6　钢筋试验 ………………………………………………………………… 218
　　11.7　建筑沥青试验 …………………………………………………………… 220
参考文献 ……………………………………………………………………………… 226

0 绪 论

学习目标
- 了解：建筑材料的定义、发展及其在建筑工程中的作用。
- 掌握：掌握建筑材料的分类及其技术标准等知识。

0.1 建筑材料的定义

建筑材料的定义有广义与狭义两种。广义的建筑材料是指建造建筑物和构筑物的所有材料，包括使用的各种原材料、半成品、成品等。例如，黏土、铁矿石、石灰石、生石膏等。狭义的建筑材料是指直接构成建筑物和构筑物实体的材料。例如，混凝土、水泥、石灰、钢筋、黏土砖、玻璃等。

本教材只介绍构成建筑物本身的材料即狭义的建筑材料。

0.2 建筑材料的分类

建筑材料种类繁多，随着材料科学和材料工业的不断发展，新型建筑材料不断涌现。为了研究、应用和阐述的方便，可从不同角度对其进行分类。

（1）按其在建筑物中的所处部位进行分类，可分为基础、主体、屋面、地面等材料。

（2）按其使用功能进行分类，可分为结构（梁、板、柱、墙体）材料、围护材料、保温隔热材料、防水材料、装饰装修材料、吸声隔声材料等。

（3）按材料的化学成分和组成的特点进行分类，可分为无机材料、有机材料和由这两类材料复合而形成的复合材料，见表 0-1。

建筑材料的分类 表 0-1

无机材料	金属材料	黑色金属：铁、碳素钢、合金钢等
		有色金属：铝、锌、铜及其合金等
	非金属材料	石材：砂、石子、各种岩石加工的石材等
		烧土制品：烧结砖、瓦、建筑陶瓷等
		玻璃及熔融制品：玻璃、玻璃棉、岩棉、铸石等
		胶凝材料：石灰、石膏、水玻璃、水泥等
		混凝土及硅酸盐制品：普通混凝土、砂浆及硅酸盐制品等
有机材料	植物材料	木材、竹材、植物纤维及其制品
	沥青材料	石油沥青、煤沥青、沥青制品
	合成高分子材料	塑料、涂料、胶黏剂、合成橡胶等

续表

复合材料	金属与非金属材料复合	钢筋混凝土、预应力混凝土、钢纤维混凝土等
	非金属与有机材料复合	玻璃纤维增强塑料、聚合物混凝土、沥青混合料、水泥刨花板等
	金属与有机材料复合	轻质金属夹心板、涂塑钢板、铝塑板等

0.3 建筑材料的在建筑工程中的地位

1. 建筑材料是建筑工程的物质基础

不论是高楼大厦，还是普通的临时建筑，都是由各种散体建筑材料经过缜密的设计和复杂的施工过程最终构建而成。建筑材料是一切建筑物或构筑物的物质基础，没有建筑材料就没有建筑物。

2. 材料的质量决定建筑物的质量

材料的质量、性能直接影响建筑物的使用、耐久和美观。由于材料品质问题而引发建筑物质量明显下降、使用功能降低或不满足原有使用功能要求，甚至造成"豆腐渣"工程的事例屡见不鲜。所以，加强管理，严把材料质量关是保证建筑物质量的前提。

3. 合理选择、正确使用建筑材料，决定着建筑物的使用功能及耐久性

不同的工程类别，不同的使用环境，不同的功能要求，对材料的自身性能要求有着本质的区别，合理选择建筑材料是建筑物营造的前提。要根据建筑物自身的特点合理选择材料，如建筑物的使用环境是潮湿的、水中的、还是干燥的；使用性质是一般民用住宅，还是工业厂房；结构形式是钢筋混凝土结构，还是钢骨混凝土结构。这些差异对材料的性能要求有着本质的区别，只有合理选择、正确使用，才能使结构的受力特性与材料的特性有机结合、统一，最大限度地发挥材料的效能。

4. 建筑材料的费用是决定建筑工程造价的主要因素

在我国，一般建筑工程的材料费用要占到总投资的50%～60%，特殊工程中这一比例还要更高，对于中国这样一个发展中国家，对建筑材料特性的深入了解和认识，最大限度地发挥其效能，进而达到最大的经济效益，无疑具有非常重要的意义。

5. 材料的发展影响结构形式及施工方法

建筑、材料、结构、施工四者是密切相关的。从根本上说，材料是基础，材料决定了建筑形式和施工方法。有了水泥、钢筋，产生了钢筋混凝土结构；轻质、高强材料的出现，使高层建筑不断发展；随着绿色建筑材料的开发、利用，出现了山水城市、绿色建筑、生态房屋。建筑技术要发展，建筑材料必须先行。新技术、新工艺的问世，往往依赖于建筑材料的发展。新材料的出现，促进了建筑物形式的变化、设计方法的改进、施工技术的革新。

0.4 建筑材料的发展

0.4.1 发展历程

建筑材料是随着社会生产力的发展而发展的，其发展历程大致可分为三个阶段：天然

材料→人工材料→复合材料。

人类最早穴居巢处,几乎没有建筑材料的概念,后进入到石器铁器时代,开始掘土凿石为洞,伐木搭竹为棚,从利用最原始的材料建造最简陋的房屋开始,逐渐使用建筑材料。最早被人类用作建筑材料的有草、木、石、土、冰及兽皮等天然材料。

随着社会生产力的不断发展,人类掌握了烧窑、冶炼技术。用黏土烧制砖、瓦,用岩石烧制石灰、石膏之后,建筑材料才由天然材料进入了人工生产阶段,为较大规模建造房屋创造了基本条件。这才有了埃及的金字塔、中国的万里长城、都江堰水利工程等一系列宏伟壮观的塔、寺、楼阁等著名建筑。

18世纪以前,建筑材料发展得非常缓慢,直到19世纪资本主义国家的工业革命兴起之后,建筑材料才得以迅速发展,这也才有了高达300m的法国巴黎埃菲尔(Eiffel)铁塔、主跨长达521m的英国苏格兰福斯铁路桥(Forth Railway Bridge)、高度达443m的美国芝加哥西尔斯大厦等高度达420m的中国上海金茂大厦等著名的高层大跨度的建筑,是20世纪后的典型建筑。在这些建筑物中,钢材、水泥、钢筋混凝土、预应力钢筋混凝土已经成为现代建筑的主要结构材料。

进入20世纪后,由于社会生产力突飞猛进,以及材料科学与工程学的形成和发展,建筑材料不仅性能和质量不断改善,而且品种不断增加,如预应力混凝土、高分子材料、复合材料等,以有机材料为主的化学建材异军突起,一些具有特殊功能的新型建筑材料,如绝热材料、吸声隔声材料、装饰材料、耐热防火材料、防水抗渗材料以及防爆、防辐射材料等应运而生。

0.4.2 发展趋势

为适应我国经济发展的需要,今后我国建筑材料的发展将具有以下趋势:

1. 根据建筑物的功能要求研发新的建筑材料

建筑物的使用功能是随着社会的发展、人民生活水平的提高而不断丰富的,从其最基本的安全(主要由结构设计和结构材料的性能来保证)、适用(主要由建筑设计和功能材料的性能来保证),发展到当今的轻质高强、抗震、高耐久性、无毒环保、节能等诸多新的功能要求,使建筑材料的研究从被动的以研究应用为主向开发新功能、多功能材料的方向转变。

2. 高分子建筑材料应用日益广泛

石油化工工业的发展和高分子材料本身优良的工程特性促进了高分子建筑材料的发展和应用。塑料上下水管、塑钢、塑铝门窗、树脂砂浆、胶粘剂、蜂窝保温板、高分子有机涂料、新型高分子防水材料将广泛应用于建筑物,为建筑物提供了许多新的功能和更高的耐久性。

3. 用复合材料生产高性能的建材制品

单一材料的性能往往是有限的,不足以满足现代建筑对材料提出的多方面的功能要求。所以人们将两种或两种以上不同性质的材料,通过物理或化学的方法,在宏观(微观)上组成具有新性能的复合材料。各种材料在性能上互相取长补短,产生协同效应,使复合材料的综合性能优于原组成材料而满足各种不同的要求。如现代窗玻璃的功能要求应是采光、分隔、保温隔热、隔声、防结露、装饰等。但传统的单层窗玻璃除采光、分隔外,其他功能均不尽如人意。近年来广泛采用的中空玻璃,由玻璃、金属、橡胶、惰性气体等多种材料复合，发挥各种材料的性能优势，使其综合性能明显改善。据预测，低辐射玻璃、中空玻璃、钢木组合门窗、塑铝门窗和用复合材料制作的建筑部件及高性能混凝土应用范围将不断扩大。

4. 充分利用工业废渣及廉价原料生产建筑材料

建筑材料应用的巨量性，促使人们去探索和开发建筑材料原料的新来源，以保证经济与社会的可持续发展。粉煤灰、矿渣、煤矸石、页岩、磷石膏、热带木材和各种非金属材料都是很有应用前景的建筑材料原料。由此开发的新型胶凝材料、烧结砖、砌块、复合板材将会为建材工业带来新的发展契机。

0.5 建筑材料的检验与技术标准

建筑材料是否合格、能否用于工程中，取决于其技术性能是否达到相应的技术标准要求。材料的检验是通过必要的检测仪器，依据一定的检测方法进行的。建筑材料质量的检测在建筑工程中占有重要位置，通过对材料质量的检验能科学地鉴定建筑物的质量，评判施工质量。建筑材料的检测包括原材料、半成品及构件的质量检验，现场工程质量的检验两部分。其检测结果（或报告）是材料验收、建筑工程质量验收的技术依据。

建筑材料检验的依据，是各项有关的技术标准、规程、规范及规定，是材料检验必须遵守的法规。建筑材料标准中对原材料、产品、工程质量、检验方法、评定方法等做出了技术规定。所以在选用材料及施工中应用材料都应按技术标准执行。我国的技术标准分为国家标准、行业标准、地方标准和企业标准4个级别（表0-2）。

我国标准分类　　　　　　　　　　　表0-2

标准种类	代号	表示方法
国家标准	GB（国家强制性标准） GB/T（国家推荐性标准）	代号＋标准编号＋颁布年代 如：《低合金高强度结构钢》GB/T 1591—2018 《预应力钢丝及钢绞线用热轧盘条》GB/T 24238—2017
行业标准	JC（材料行业标准） JC/T（材料行业推荐性标准） YB（冶金工业行业标准）等	代号＋标准编号＋颁布年代 如：《砌筑砂浆配合比设计规程》JGJ/T 98—2010
地方标准	DB（地方强制性标准） DB/T（地方推荐性标准）	代号＋区域代码前两位/顺序号＋年代 如：《广西建筑地基基础设计规范》DBJ 45/003—2015
企业标准	QB	代号/企业代号＋顺序＋年代 如：QB/203 413—2016

1. 国家标准

国家标准分为国家强制性标准（代号GB）、国家推荐性标准（代号GB/T）。强制性标准是在全国范围内必须执行的技术指导文件，产品的技术指标都不得低于标准中规定的要求。推荐性标准在执行时也可采用其他相关标准的规定。建筑工程国家标准（代号GBJ）是涉及建筑行业相关技术内容的国家标准。

2. 行业标准

行业标准也是全国性的指导文件，在全国性的行业范围内适用。当没有国家标准而又需要在全国某行业范围内统一技术要求时制定。当国家有相应标准颁布，该项行业标准废止。

3. 地方标准

地方标准是地方主管部门发布的地方指导文件（代号 DB），适于在该地区使用。

4. 企业标准

企业标准指适用于本企业，由企业制定的技术文件（代号 QB）。是在没有国家标准和行业标准时，企业为了控制生产质量而制定的技术标准，必须以保证材料质量，满足使用要求为目的。企业标准所定的技术要求应不低于类似（或相关）产品的国家标准。

技术标准有试行与正式之分，强制性与推荐性之分。各类标准具有时间性，由于技术水平不断提高，不同时期标准必须与之相适应，所以各类标准只反映某时期内的技术水平及标准。

目前主要建筑材料都有统一的技术标准。标准的主要内容包括材料质量要求和检验两大方面。有的将这两方面核定在同一个标准内，有的则分开为几个标准。现场配制的一些材料，它们的原材料要符合相应的建材标准，制成成品的检验，往往包含于施工验收规范和规程之中。由于标准的分工越来越细和相互渗透，一种材料的检验经常要涉及多个标准、规程和规定。

工程中有时还涉及一些国外标准，这些标准中包括国际上有影响的一些团体标准和公司标准，如美国材料与试验协会 ASTM 标准。还有一些工业先进国家的国家标准或区域性标准，如德国工业 DIN 标准、英国的 BS 标准、日本的 JIS 标准，以及一些其他国际标准，如国际标准化组织制定发布的 ISO 系列国际化标准。

0.6 本课程的学习方法

本课程是土建类专业中一门重要的必修基础课，同时又是学习建筑结构、建筑施工技术、地基与基础等课程的基础，为这些后续课程的学习提供必要的知识，为今后从事专业技术工作时，合理选择和使用建筑材料打下基础。

《建筑材料》课程的内容庞杂，其中讲述的建筑材料品种繁多，涉及许多学科或课程，其名词、概念和专业术语较多，各种建筑材料相对独立。此外，本课程中公式推导较少，而以叙述为主，许多内容为实践规律的总结。因此，其学习方法与其他课程不尽相同。学习时，应注意以下几点：

1. 点线面结合，突出重点

围绕如何合理地选择材料、正确地使用材料、准确地鉴定材料这个核心，以材料的组成、结构、性能与应用为主线进行学习，重点掌握各种材料的性能与应用，对材料的生产只做一般性的了解。在本课程的学习过程中，应结合现行的技术标准规范，以建筑材料的性能及合理选用为中心，注意事物的本质和内在联系。通过对常用的、有代表性的建筑材料的学习，为在今后工作中了解和应用其他建筑材料打下基础。

2. 对比法

不同种类的材料具有不同的性质，同类材料的不同品种既存在共性又存在各自的特性，要抓住代表性材料的一般性质，运用对比的方法掌握其他品种建筑材料的特性。学习中应善于运用对比法找出材料间的共性和各自的特性，对各材料应注意比较其异同点，包括两种材料的对比及一种材料与多种材料的对比。

3. 理论联系实际

本课程是一门实践性很强的课程，除学习基本理论、基本知识和基本技能外，应注意结合工程实际进行学习。在学习过程中要多观察身边建筑工程材料的应用情况，了解常用材料的品种、规格、使用情况，验证和补充书本知识。

4. 建筑材料试验是本课程的重要教学环节

通过试验可以验证所学的基础理论，熟悉材料的检测方法，掌握一定的试验技能，对培养分析和判断问题的能力、试验工作的能力以及严谨的科学态度十分有益，也能为后续专业课程的学习以及今后从事建筑类工作打下良好的基础。

思考与练习

1. 建筑材料的广义定义和狭义定义分别是什么？
2. 建筑材料的作用有哪些？
3. 无机材料包括哪些？请举例说明。
4. 试举出六种以上所在教学楼用到的建筑材料及其使用部位。
5. 结合本人情况，谈谈如何学好这门课程。

1 建筑材料的基本性质

学习目标
- 了解材料孔隙和孔隙特征对材料性能的影响。
- 掌握材料的密度、表观密度、堆积密度、孔隙率和空隙率的定义及计算。
- 熟悉材料的热工性质。
- 掌握材料与水有关的性质、力学性质和耐久性。

在土木工程中，材料处于建（构）筑物的不同部位和不同的使用环境，不同的使用功能对材料性质的要求也不尽相同。建筑材料在使用过程中会受到各种因素的作用，例如用于各种受力结构的材料受到各种外力的作用；用于建筑不同部位的材料还会受到风吹、日晒、雨淋、温度变化、冻融循环、磨损、化学腐蚀等作用。为了保证建筑物经久耐用，就要求所选用的建筑材料能够抵御各种因素的作用。而要合理地选用材料，就必须掌握各种材料的性质。

1.1 材料的物理性质

1.1.1 材料与质量有关的性质

1. 材料的密度、表观密度与堆积密度

（1）密度

材料在绝对密实状态下，单位体积干材料的质量称为材料的密度。按照（1-1）式进行计算。

$$\rho = \frac{m}{V} \tag{1-1}$$

式中　ρ——材料的密度，g/cm³ 或 kg/m³；
　　　m——材料在绝对干燥状态下的质量，g 或 kg；
　　　V——材料在绝对密实状态下的体积，cm³ 或 m³，如图 1-1 所示，V 为实体的体积。

绝对密实状态下的体积指绝干材料内部没有孔隙时的体积，或不包括内部孔隙的材料体积。通常认为钢材、玻璃等少数材料是密实的，绝大多数材料内部都存在一些孔隙。在测定有孔隙的材料密度时，应把材料磨成细粉，烘干后用李氏瓶（密度瓶）测定其体积。用密度瓶测得的体积可视为材料绝对密实状态下的体积。材料磨得越细，测得的密度值越精确。

（2）表观密度

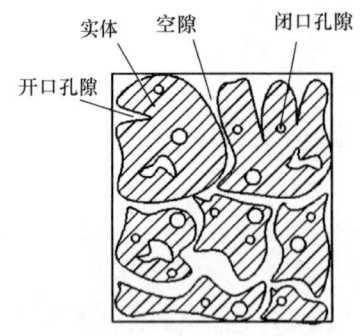 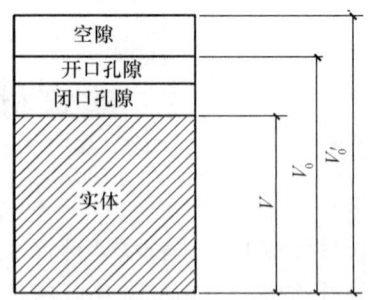

图 1-1　材料的体积

材料在自然状态下，单位体积的质量称为材料的表观密度。按照（1-2）式进行计算。

$$\rho_0 = \frac{m}{V_0} \tag{1-2}$$

式中　ρ_0——材料的表观密度，g/cm³ 或 kg/m³；

　　　m——材料在自然状态下的质量，g 或 kg；

　　　V_0——材料在自然状态下的体积，cm³ 或 m³，如图 1-1 所示，V_0 为实体体积＋闭口孔隙体积＋开口孔隙体积。

材料在自然状态下的体积，包括材料实体、内部孔隙的体积。几何形状规则的材料，可直接按外形尺寸计算出表观体积；几何形状不规则的材料，可加工成规则外形后求得体积或用排液法测量其体积。

由于材料在自然状态下包含孔隙，当材料含有水分时，其质量和体积将发生变化。所以在测定材料的表观密度时，应注明其含水情况。一般情况下，材料的表观密度是干燥状态下的表观密度。若为烘干状态下的表观密度，则称为干表观密度。

（3）堆积密度

散粒材料（粉状或粒状材料）在堆积状态下，单位体积的质量称为材料的堆积密度。按照（1-3）式进行计算。

$$\rho_0' = \frac{m}{V_0'} \tag{1-3}$$

式中　ρ_0'——散粒材料的堆积密度，g/cm³ 或 kg/m³；

　　　m——散粒材料在堆积状态下的质量，g 或 kg；

　　　V_0'——散粒材料在堆积状态下的体积，cm³ 或 m³，如图 1-1 所示，V_0' 为所有体积，即实体体积＋闭口孔隙体积＋开口孔隙体积＋空隙体积。

堆积体积包含了颗粒内部和颗粒之间的空隙体积，根据其堆积状态不同，同一材料表现的体积大小可能不同，松散堆积状态下的体积较大，密实堆积状态下的体积较小。测定材料的堆积密度时，按规定的方法将散粒材料装入一定容积的容器内，材料质量是指填充在容器内的材料质量，材料的堆积体积则为容器的容积。常用建筑材料的密度、表观密度及堆积密度见表 1-1。

常用建筑材料的密度、表观密度、堆积密度　　　　表 1-1

材料名称	密度 (g/cm³)	表观密度 (kg/m³)	堆积密度 (kg/m³)	材料名称	密度 (g/cm³)	表观密度 (kg/m³)	堆积密度 (kg/m³)
建筑钢材	7.85	7850	—	粉煤灰	19.5～2.40	—	550～800
普通混凝土	—	2100～2600	—	木材	1.55～1.60	440～800	—
烧结普通砖	2.50～2.70	1600～1900	—	水泥	2.8～3.1	—	1200～1300
花岗岩	2.70～3.0	2500～2900	—	普通玻璃	2.45～2.55	2450～2550	—
碎石（石灰岩）	2.48～2.76	2300～2700	1400～1700	铝合金	2.7～2.9	2700～2900	—
砂	2.50～2.60	—	1450～1650				

2. **材料的孔隙率与密实度**

（1）孔隙率。材料内部孔隙体积占材料自然状态下体积的百分率称为材料的孔隙率，以 P 表示。按照（1-4）式进行计算。

$$P = \left(\frac{V_0 - V}{V_0}\right) \times 100\% = \left(1 - \frac{V}{V_0}\right) \times 100\% = \left(1 - \frac{\rho_0}{\rho}\right) \times 100\% \tag{1-4}$$

材料孔隙率的大小直接反映材料的密实程度，孔隙率小，则密实程度高。

（2）密实度。材料的固体物质体积占自然状态下体积的百分率称为材料的密实度。密实度反映了材料体积内被固体物质所填充的程度，其大小取决于材料的结构构成及制造工艺。按照（1-5）式进行计算：

$$D = \frac{V}{V_0} \times 100\% = \frac{\rho_0}{\rho} \times 100\% \tag{1-5}$$

材料的密实度与孔隙率之和等于 1，即 $D+P=1$。材料的许多性能如强度、吸水性、吸湿性、耐水性、抗渗性、抗冻性、导热性等都与孔隙率的大小和孔隙特征有关。

3. **材料的空隙率与填充率**

（1）空隙率。指散粒材料颗粒之间的空隙体积占材料堆积体积的百分率称为材料的空隙率，以 P' 表示。按照（1-6）式进行计算：

$$P' = \left(\frac{V'_0 - V_0}{V'_0}\right) \times 100\% = \left(1 - \frac{V_0}{V'_0}\right) \times 100\% = \left(1 - \frac{\rho'_0}{\rho_0}\right) \times 100\% \tag{1-6}$$

空隙率的大小反映了散粒材料的颗粒相互填充的程度。

（2）填充率。材料在自然状态下的体积占堆积体积的百分率称为材料的填充率，以 D' 表示。填充率反映了材料被颗粒填充的程度。按照（1-7）式进行计算：

$$D' = \frac{V_0}{V'_0} \times 100\% = \frac{\rho'_0}{\rho_0} \times 100\% \tag{1-7}$$

材料的填充率与空隙率之和为 1，即 $D'+P'=1$。

空隙率的大小反映了散粒材料的颗粒之间互相填充的致密程度。在混凝土和砂浆所用砂石的一些计算中，空隙率可作为控制混凝土集料级配及计算砂率的依据。为了改善材料的性能，节约水泥，宜选用空隙率较小的砂、石。

1.2　材料与水有关的性质

材料在使用过程中，经常与水接触，如雨水、雪水、地下水、生活用水、大气中的水汽等。不同的固体材料表面与水之间作用的情况不同，对材料性质的影响也不同，因此要研究材料与水接触后的有关性质。

1.2.1 材料的亲水性与憎水性

1. 亲水性

材料与水接触时能被水润湿的性质称为亲水性，具备这种性质的材料称为亲水性材料。大多数建筑材料都属于亲水性材料，如砖、混凝土、木材、砂、石等。

2. 憎水性

材料与水接触时不能被水润湿的性质称为憎水性，具备这种性质的材料称为憎水性材料。常见的憎水性材料如沥青、石蜡、塑料等。憎水性材料常用作防水、防潮、防腐材料，也可用于亲水性材料的表面处理，以降低其吸水性，提高其耐水性。

材料被水湿润的程度可以用润湿角 θ 来表示，如图1-2所示。润湿角越小，说明材料越容易被水湿润。实验证明，润湿角 $\theta \leqslant 90°$ 的材料为亲水性材料，如图1-2（a）所示；反之，湿润角 $\theta > 90°$ 的材料不能被水湿润，为憎水性材料，如图1-2（b）所示。当 $\theta = 0°$ 时，表明材料完全被水润湿。

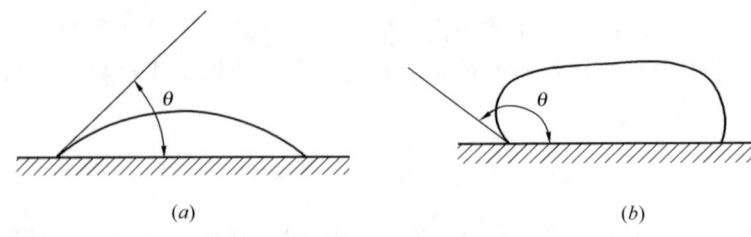

图1-2 材料的润湿角示意图
（a）亲水性材料；（b）憎水性材料

1.2.2 材料的吸水性和吸湿性

1. 吸水性

材料在水中通过毛细孔隙吸收水分的性质称为吸水性。材料吸水性的大小可用吸水率表示，吸水率有两种表示方法——质量吸水率和体积吸水率。

（1）质量吸水率。质量吸水率是指材料吸水饱和时，其内部吸收水分的质量占材料干燥质量的百分率。质量吸水率可按照（1-8）式进行计算。

$$W_m = \frac{m_b - m_g}{m_g} \times 100\% \tag{1-8}$$

式中　W_m——材料的质量吸水率，%；
　　　m_b——材料在吸水饱和状态下的质量，g 或 kg；
　　　m_g——材料在干燥状态下的质量，g 或 kg。

（2）体积吸水率。体积吸水率是指材料在吸水饱和时，吸收水分的体积占材料自然状态体积的百分率。体积吸水率可按（1-9）式进行计算。体积吸水率也为开口孔隙率。

$$W_V = \frac{V_水}{V_0} = \frac{m_b - m_g}{m_g} \times \frac{\rho_0}{\rho_w} \times 100\% \tag{1-9}$$

式中　W_V——材料的体积吸水率，%；
　　　$V_水$——材料吸收水分的体积，cm³ 或 m³；

V_0——材料在自然状态下的体积(包括实体及开口和闭口孔隙体积),cm^3或m^3;

ρ_0——材料在干燥状态下的表观密度,g/cm^3或kg/m^3;

ρ_w——水的密度,常温下取$1.0g/cm^3$。

材料的体积吸水率和质量吸水率之间的关系见公式(1-10)。

$$W_V = W_m \cdot \rho_0 \quad (1\text{-}10)$$

材料的孔隙和孔隙特征很大程度决定了材料吸水性的大小。一般孔隙率越大,吸水性越强。孔隙率相同的情况下,材料内部的封闭孔隙、粗大孔隙越多,吸水率越小;材料内部细小孔隙、连通孔隙越多,吸水率越大。

建筑材料多采用质量吸水率来表示材料的吸水性。各种材料由于孔隙率和孔隙特征不同,质量吸水率相差很大,如黏土砖为8%~20%;普通混凝土为2%~3%;花岗石等致密岩石的质量吸水率为0.5%~0.7%;而木材及其他轻质材料的质量吸水率甚至高达100%。水分的吸入会引起材料许多性质发生改变,如体积膨胀、保温性能下降、强度降低、强冻性变差等。

2. 吸湿性

材料在潮湿空气中吸附水分的性质称为吸湿性。材料的吸湿性大小,用含水率来表示。含水率是指材料内部所含水的质量占干燥材料质量的百分率。可按照(1-11)式进行计算。

$$W_h = \frac{m_h - m_g}{m_g} \times 100\% \quad (1\text{-}11)$$

式中　W_h——材料的含水率,%;

　　　m_h——材料在吸湿状态下的重量,g或kg;

　　　m_g——材料在干燥状态下的重量,g或kg。

材料的吸湿性作用一般是可逆的,当较干燥的材料处于潮湿的空气时,会吸收空气中的水分;而当较潮湿的材料处于较干燥的空气中时,便会向空气中释放水分。

材料的含水率与材料的孔隙率、孔隙特征及周围的环境条件有关。当周围气温越低,相对湿度越大,材料含水率就越大。在一定的温度和湿度条件下,材料中所含水分与周围空气湿度达到平衡时的含水率称为平衡含水率。

1.2.3 材料的耐水性

材料长期在饱和水作用下不破坏同时强度也不显著降低的性质称为耐水性。材料的耐水性好坏用软化系数表示,材料在饱和水状态下的抗压强度与材料在干燥状态下的抗压强度的比值,就是软化系数。按照(1-12)式计算。

$$K_R = \frac{f_b}{f_g} \quad (1\text{-}12)$$

式中　K_R——材料的软化系数;

　　　f_b——材料在吸水饱和状态下的抗压强度,MPa;

　　　f_g——材料在干燥状态下的抗压强度,MPa。

材料的软化系数在0~1之间,值越小,说明材料吸水饱和后的强度降低越多,材料耐水性就越差。软化系数大于0.85的材料,称为耐水材料。经常位于水中或受潮严重的重要结构物的材料,软化系数不宜小于0.85;受潮较轻或次要结构物的材料,软化系数不宜小于0.75。处于干燥环境中的材料可以不考虑软化系数。

材料的耐水性主要取决于组成成分在水中的溶解度和材料内部开口孔隙率的大小。一般情况下,溶解度越大、开口孔隙越多,软化系数越小。

1.2.4 材料的抗渗性

材料抵抗压力水渗透的性质称为抗渗性,另外,材料抵抗其他液体渗透的性质,也属于抗渗性。抗渗性的大小用渗透系数或抗渗等级表示。

1. 渗透系数

根据达西定律,渗透系数的计算公式见式(1-13)。

$$K = \frac{Qd}{AtH} \tag{1-13}$$

式中 K——材料的抗渗系数,cm/h;
Q——时间 t 内的渗水总量,cm³;
d——试件的厚度,cm;
A——材料垂直于渗水方向的渗水面积,cm²;
t——渗水时间,h;
H——材料两侧的水压差,cm。

材料的渗透系数 K 越大,透水性越好而抗渗性越差。对于防水、防潮材料,如沥青、油毡、沥青混凝土、瓦等材料,常用渗透系数表示抗渗性。

2. 抗渗等级

对于砂浆、混凝土等材料,常用抗渗等级来表示抗渗性。抗渗等级是以规定的试件在标准试验方法下所能承受的最大水压力来确定。抗渗等级以符号"P"及材料承受的水压力值(以0.1MPa为单位)来表示,见公式(1-14)。

$$P = 10H - 1 \tag{1-14}$$

式中 P——抗渗等级;
H——试件开始渗水时的水压力,MPa。

例如,P6、P8 分别表示试件能承受 0.6MPa、0.8MPa 的水压而不渗透。材料的抗渗等级越高,其抗渗性越好。

材料抗渗性的好坏与材料的孔隙率和孔隙特征有密切关系。孔隙率小,其抗渗性就好;在孔隙率相同的条件下,开口孔隙多、孔径尺寸大且连通的材料,抗渗性差。对于地下建筑及水工构筑物,要求材料具有较高的抗渗性;对于防水材料,则要求具有更高的抗渗性。

1.2.5 材料的抗冻性

材料在吸水饱和状态下,能经受多次冻融循环而不破坏,同时强度也不严重降低的性质,称为抗冻性,用抗冻等级表示,符号为"F"。抗冻等级表示材料经过的冻融次数,其质量损失、强度下降均不超过规定值。例如,混凝土抗冻等级F15,指混凝土所能承受的最大冻融循环次数是 15 次(在 -15℃ 的温度下冻结后,再在 20℃ 的水中融化,为 1 次冻融循环),这时强度损失率不超过 25%,质量损失不超过 5%。

影响材料抗冻性的因素:①材料的孔隙率和孔隙特征;②材料的吸水饱和程度;③材

料抵抗冻胀应力的能力，即材料的强度。就外界条件来说，材料受冻破坏的程度与冻融温度、结冰速度及冻融频繁程度等因素有关，温度越低、降温越快、冻融越频繁，则受冻破坏越严重。

1.2.6 材料的热工性质

土木工程中的建筑材料，除了要满足强度和其他性能外，还需要考虑材料的热工性能，以保证人们学习和工作的环境保持在一定的温度范围内，并且减少建筑物的使用能耗，节约能源。

1. 材料的导热性

材料传导热量的性质称为导热性。材料导热能力的大小，用导热系数来表示，其含义为当材料两侧的温差为1K时，在单位时间（1h）内，通过单位面积（1m^2），并透过单位厚度（1m）的材料所传导的热量。导热系数的计算见公式（1-15）。

$$\lambda = \frac{Qa}{At(T_2 - T_1)} \tag{1-15}$$

式中　λ——材料的导热系数，W/(m·K)；
　　　Q——传导的热量，J；
　　　a——材料的厚度，m；
　　　A——材料的传热面积，m^2；
　　　t——传热时间，h；
　　　T_2-T_1——材料两侧温度差，K。

显然，热导率越小，材料的隔热性能越好。各种建筑材料的热导率差别很大，大致在0.035W/(m·K)（泡沫塑料）至3.500W/(m·K)（大理石）之间。通常将$\lambda \leqslant 0.15$W/(m·K)的材料称为绝热材料。

影响材料导热系数的因素主要有以下几个方面：

（1）材料的物质组成与结构。一般来说，金属材料、无机金属、晶体材料的导热系数分别大于非金属材料、有机材料、非晶体材料。

（2）材料的孔隙率及孔隙特征。材料内微小、封闭、均匀分布的孔隙越多，导热系数就越小，保温隔热性能越好。在孔隙率相近的情况下，材料内粗大的孔隙越多，导热系数就会增大。

（3）含水率（湿度）。材料受潮后，导热系数会增大。

（4）导热时的温度。导热系数随着温度升高而增大。

2. 材料的热容量

热容量是指材料受热时吸收热量，冷却时放出热量的性质。热容量的大小用比热容来表示，比热容是指单位质量（1g）材料温度升高或降低（1K）所吸收或放出的热量。计算见公式（1-16）所示。

$$c = \frac{Q}{m(T_2 - T_1)} \tag{1-16}$$

式中　c——材料的比热容，J/(g·K)；
　　　Q——材料吸收或放出的热量，J；
　　　m——材料的质量，g；

T_2-T_1——材料受热或冷却前后的温度差，K。

比热容大的材料，能吸入或储存较多的热量，能在热流变动或采暖设备供热不均匀时缓和室内的温度波动，对于保持室内温度稳定有良好的作用，并能减少能耗。材料中比热容最大的是水，水的比热容 $c=4.19J/(g·K)$，因此蓄水的平屋顶能使室内冬暖夏凉。常见建筑材料的比热容指标见表1-2。

几种常用建筑材料的比热容指标　　　　　　　　　　表1-2

材料名称	比热容/[J/(g·K)]	材料名称	比热容/[J/(g·K)]
建筑钢材	0.48	黏土空心砖	0.92
花岗石	0.92	松木	2.51
普通混凝土	0.88	泡沫材料	1.30
水泥砂浆	0.84	冰	2.05
白灰砂浆	0.84	水	4.19
普通黏土砖	0.84	静止空气	1.00

3. 耐燃性

建筑物失火时，材料能经受高温与火的作用不破坏，强度不严重降低的性能称为耐燃性。根据耐燃性可将材料分为三大类：

(1) 不燃烧类，指遇到火与高温的情况下不易起火，不阴燃，不碳化的材料，如普通石材、混凝土、砖、石棉等。

(2) 难燃烧类，指只有在火源存在的情况下才能继续燃烧或阴燃，火焰熄灭后，即停止燃耗或阴燃的材料，如沥青混凝土、经防火处理的木材等。

(3) 燃烧类，指遇到火与高温的情况下即起火或阴燃，火源移去后能继续燃烧或阴燃的材料，如木材、沥青等。

4. 耐火性

材料在长期高温作用下，保持不熔性并能工作的性能称为耐火性。按耐火性高低可将材料分为3类：

(1) 耐火材料：耐火温度高于1580℃的材料，如耐火砖中的硅砖、镁砖、铝砖、铬砖等。

(2) 难熔材料：耐火度为1350～1580℃的材料，如难熔黏土砖、耐火混凝土等。

(3) 易熔材料：耐火温度小于1350℃的材料，如普通黏土砖等。

5. 材料的温度变形性

材料在温度变化时的尺寸变化称为温度变形性。大多数材料在温度升高时体积膨胀，温度降低时体积收缩，这种表现在单向尺寸的变化称为线膨胀或线收缩。材料的单向线膨胀量或线收缩量的计算方法见公式（1-17）。

$$\Delta L = (T_2-T_1)aL \tag{1-17}$$

式中　ΔL——线膨胀或线收缩量，mm 或 cm；

T_2-T_1——材料温度升高或降低前后的温度差，K；

a——材料在常温下的平均线膨胀系数，1/K；

L——材料原来的长度，mm 或 cm。

线膨胀系数越大，材料的温度变形性越大。材料的线膨胀系数与材料的组成和结构有关，常选择合适的材料来满足对工程温度变形的要求。在大面积或大体积混凝土结构中，为防止材料温度变形引起裂缝，常设置伸缩缝。

1.3 材料的力学性质

材料的力学性质是指材料在外力作用下的表现，通常以材料在外力作用下的变形性或强度来表示。

1.3.1 材料的强度与比强度

1. 材料的强度

材料在外力（或荷载）作用下抵抗破坏的能力，称为强度。当材料承受外力作用时，内部就会产生应力，随着外力逐渐增加，应力也相应地增大。直到应力超过材料内部质点所能抵抗的极限，材料就发生破坏，此时材料所承受的极限应力值就是材料的强度。

根据外力作用方式的不同，材料强度有抗压强度、抗拉强度、抗弯强度及抗剪强度等，各种强度的材料受力示意图见图 1-3。

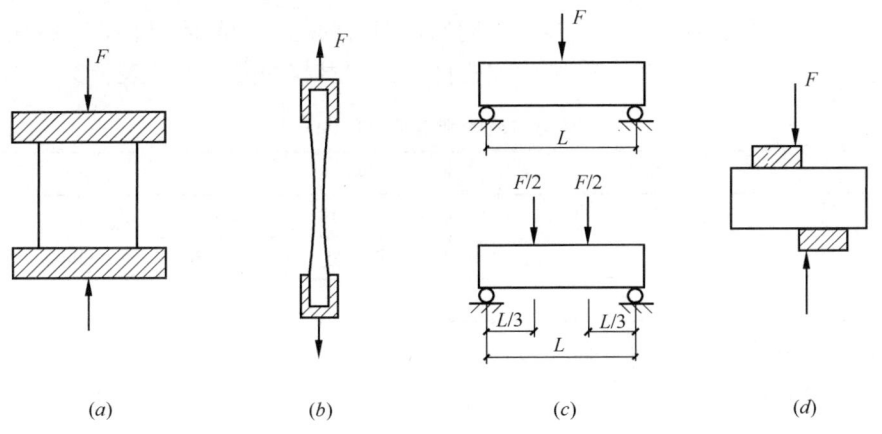

图 1-3 材料受力示意图
(a) 压力；(b) 拉力；(c) 弯曲；(d) 剪切

（1）材料的抗压、抗拉及抗剪强度

材料的抗压、抗拉及抗剪强度按（1-18）式计算。

$$f = \frac{F_{max}}{A} \tag{1-18}$$

式中　f——材料的强度，MPa；
　　　F_{max}——试件破坏时的最大荷载，N；
　　　A——试件受力面积，mm²。

抗压强度是评定脆性材料强度的基本指标，而抗拉强度是评定塑性材料强度的主要指标。

（2）材料的抗弯强度

材料的抗弯强度与试件的几何形状及荷载施加的情况有关。对于矩形截面的条形试件，当采用二分点试验，如图1-3（c）图的上图，在两支点的中间作用一个集中荷载时，其抗弯极限强度按（1-19）式计算。

$$f_m = \frac{3F_{max}L}{2bh^2} \tag{1-19}$$

当采用三分点试验，如图1-3（c）图的下图，在跨度的三分点上加两个集中荷载时，其抗弯极限强度按（1-20）式计算。

$$f_m = \frac{F_{max}L}{2bh^2} \tag{1-20}$$

式中 f_m——材料的抗弯极限强度，MPa；
F_{max}——试件破坏时的最大荷载，N；
L——试件两支点间的距离，mm；
b、h——试件横截面的宽度和高度，mm。

材料的强度与其组成、结构和构造有关。不同组成的材料具有不同抵抗外力的特点，相同组成材料也因结构及构造的不同，强度有较大的差异。例如，石材、砖、混凝土等非均质材料的抗压强度较高，而抗拉强度及抗折强度却很低，因此多用于房屋的墙体和基础等承压部位。例如，木材内部为纤维结构，顺纹方向的抗拉强度高于横纹方向的抗拉强度，可按顺纹方向用于梁、屋架等构件。例如，钢材为均质的晶体材料，其抗拉、抗压强度都很高，适用于承受各种外力的结构和构件。常用材料的强度值见表1-3。

常用材料的强度值（MPa） 表1-3

材料	抗压	抗拉	抗弯	材料	抗压	抗拉	抗弯
花岗石	100～250	5～8	10～14	松木（顺纹）	30～50	80～120	66～100
普通黏土砖	7.5～20	—	1.8～4.0	建筑钢材	235～1600	235～1600	—
普通混凝土	7.5～60	1～4	—				

建筑材料的强度大小是划分强度等级的主要依据。了解建筑材料的强度等级，对掌握材料性能、合理选用材料、正确进入设计和控制工程质量都是非常重要的。

2. 材料的比强度

结构材料在土木工程中主要的作用就是承受结构荷载，而对于大部分建筑物和构筑物来说，相当一大部分的承载能力用于承受材料本身的自重。因此，想要提高结构材料荷载能力，一方面应该提高材料的强度，另一方面应减轻本身的自重，这就要求材料应具备轻质高强的特点。

反映材料轻质高强的力学参数是比强度。所谓比强度是指按单位质量计算的材料强度，其值等于材料的强度与其表观密度之比。比强度高的材料更轻质高强。几种常见材料的强度比较见表1-4。

几种常见材料的强度比较 表1-4

材料（受力状态）	强度/MPa	表观密度/（kg/m³）	比强度
低碳钢（抗拉）	420	7850	0.054
铝材（抗压）	170	2700	0.063

续表

材料（受力状态）	强度/MPa	表观密度/（kg/m³）	比强度
铝合金（抗压）	450	2800	0.160
花岗岩（抗压）	175	2550	0.069
石灰岩（抗压）	140	2500	0.056
松木（顺纹抗拉）	10	500	0.200
普通混凝土（抗压）	40	2400	0.017
烧结普通砖（抗压）	10	1700	0.006

1.3.2 材料的弹性与塑性

材料在外力作用下产生变形，当外力取消后，变形随即消失并能完全恢复原来形状的性质称为弹性，这种完全恢复的变形称为弹性变形（或瞬时变形）。应力与应变的比值称为材料的弹性模量。按照（1-21）式计算：

$$E = \frac{\sigma}{\varepsilon} \tag{1-21}$$

式中　σ——材料的应力，MPa；

　　　ε——材料的应变；

　　　E——材料的弹性模量，MPa。

弹性模量是衡量材料抵抗变形能力的一个指标，E 越大，材料越不容易变形。

材料在外力作用下产生变形，当取消外力后，变形不能恢复，仍然保持变形后的形状和尺寸，并且不产生裂缝的性质称为塑性，这种不能恢复的变形称为塑性变形。

实际上，纯弹性与纯塑性的材料都是不存在的。有些材料在受力不大的情况下表现为弹性变形，但受力超过一定限度后表现为塑性变形，例如钢材。也有些材料，在受力后弹性变形和塑性变形同时发生；取消外力时，弹性变形可以恢复，塑性变形不能恢复，例如混凝土。

1.3.3 材料的脆性与韧性

材料受外力作用，当外力达到一定限度后，材料突然破坏，并无明显变形的性质，称为材料的脆性。具有这种性质的材料称为脆性材料，如混凝土、砖、石材、陶瓷、玻璃、铸铁等。这类材料抗压强度远高于抗拉强度，其达到破坏荷载时变形值很小，承受冲击和振动荷载的能力很差。

材料在冲击或振动荷载作用下，能吸收较大能量，产生较大变形而不致破坏的性质，称为材料的韧性或冲击韧性。这类材料变形值较大，抗拉强度接近或高于抗压强度，承受冲击和振动荷载的能力较强。例如低碳钢、低合金钢等韧性材料，主要用于有冲击、振动荷载的厂房、铁路、桥梁等。

1.3.4 材料的硬度与耐磨性

1. 硬度

硬度是指材料局部抵抗硬物压入其表面的能力。测定材料硬度的方法主要有以下几种。

（1）划痕法。方法是选一根一端硬一端软的棒，将被测材料沿棒划过，根据出现划痕的位置确定被测材料的软硬。定性地说，硬物体划出的划痕长，软物体划出的划痕短。主要用于比较不同矿物的软硬程度。

（2）压入法。方法是用一定的载荷将规定的压头压入被测材料，以材料表面局部塑性变形的大小比较被测材料的软硬。由于压头、载荷以及载荷持续时间的不同，压入硬度有多种，主要是布氏硬度、洛氏硬度、维氏硬度和显微硬度等几种。主要用于金属材料、木材等材料的软硬程度。

（3）回弹法。是用一弹簧驱动的重锤，通过弹击杆（传力杆），弹击混凝土表面，并测出重锤被反弹回来的距离，以回弹值（反弹距离与弹簧初始长度之比）作为与强度相关的指标，来推定混凝土强度的一种方法。主要用于测定混凝土表面硬度，也用于测定砖、砂浆等表面硬度。

2. 耐磨性

耐磨性是指材料表面抵抗磨损的能力。材料的耐磨性以磨损前后材料单位面积的质量损失，即磨损率表示。

材料的磨损率越低，表明该材料的耐磨性越好。

1.4　材料的耐久性

材料在长期使用过程中，能抵抗各种作用而不破坏，并且能保持原有性能的能力，称为材料的耐久性。

影响耐久性的因素很多，包括物理作用、化学作用及生物作用等。

1. 物理作用

物理作用指材料受干湿、冷热、冻融变化等，使材料体积发生收缩与膨胀，或产生内应力而开裂破坏。建筑材料中的砖、石、混凝土等矿物材料，大多数是由于物理作用而破坏。沥青及高分子材料，在阳光、空气、水和热的作用下会逐渐老化，使材料变脆、开裂而破坏。

2. 化学作用

化学作用指材料在大气和环境水中的酸碱盐等溶液的侵蚀下，逐渐发生质变而使材料发生破坏。金属材料主要是化学作用引起腐蚀。

3. 生物作用

生物作用指材料在昆虫或菌类等的侵害下，发生虫蛀、腐朽而破坏。木材、植物等天然材料主要是因生物作用而腐蚀、腐朽。

为了提高材料的耐久性，可根据实际情况和材料的特点采取相应的措施。例如，合理选用材料、减轻环境的破坏作用、提高材料的密实度、采用表面覆盖层等，从而达到提高材料耐久性的目的。

思考与练习

1. 什么是材料的密度、表观密度、堆积密度？如何计算？
2. 材料的孔隙率和空隙率的含义是什么？如何计算？
3. 材料的吸水性和吸湿性有何区别？如何计算？

4. 什么是材料的抗冻性和抗渗性？抗冻等级和抗渗等级是如何表示的？

5. 材料强度的含义是什么？工程上常用的材料强度有哪几种？

6. 当材料的孔隙率增大时，材料的密度、表观密度、吸水性、吸湿性、抗冻性、抗渗性、强度及导热性有何变化？

7. 材料的弹性和塑性有何区别？脆性和韧性有何区别？

8. 某砂样600g，烘干后称得其质量为502g，求此砂样的含水率。

9. 一普通的烧结黏土砂，尺寸为240mm×115mm×53mm，烘干至恒定质量为2500g，浸水饱和后质量为2680g，将其烘干磨细称取50g，用密度瓶测定其体积为20.3cm³。求此砖的密度、表观密度、密实度、孔隙率、开口孔隙率、闭口孔隙率、质量吸水率。

10. 普通黏土砖进行抗压试验，浸水饱和后的破坏荷载为185kN，干燥状态的破坏荷载为210kN，受压面积为115mm×120mm。问此砖是否适用于建筑物中常与水接触的部位？

2 气硬性胶凝材料

学习目标
- 掌握气硬性胶凝材料和水硬性胶凝材料的区别。
- 掌握石灰的生产、熟化、硬化、技术标准、性质、应用及储运。
- 掌握建筑石膏的生产、凝结硬化、性质、应用及储运。
- 了解水玻璃的性能及应用。

在建筑工程中将能够把散粒材料（如砂、石等）或块状材料（如砖、砌块等）胶结成为一个整体并具有一定强度的材料，称为胶凝材料。胶凝材料按照化学成分不同分为无机胶凝材料和有机胶凝材料两大类。有机胶凝材料是以天然或人工合成的高分子化合物为基本组分的一类胶凝材料，如沥青、树脂等；而无机胶凝材料则是以无机化物为其主要成分的一类胶凝材料。

无机胶凝材料按其是否能够在水中凝结硬化、保持和发展强度，又分为气硬性胶凝材料和水硬性胶凝材料，如图 2-1 所示。

胶凝材料 { 无机胶凝材料 { 气硬性胶凝材料：石灰、石膏、水玻璃等 / 水硬性胶凝材料：各类水泥 } / 有机胶凝材料：沥青、树脂、橡胶等 }

图 2-1 胶凝材料的分类

气硬性胶凝材料只能在空气中凝结硬化、保持和发展强度。水硬性胶凝材料既能在水中又能在空气中凝结硬化、保持和发展强度。气硬性胶凝材料耐水性差，一般只适用于地上或干燥环境，不适宜用于潮湿环境，更不可用于水中。水硬性胶凝材料耐水性好，既可用于空气中，也可用于地下或水中。

2.1 石 灰

石灰是工程中使用较早的胶凝材料之一。由于生产石灰的原材料广泛，工艺简单，成本低廉，使用方便，具有良好的技术性能，所以石灰在建筑工程中一直得到广泛应用。

2.1.1 石灰的生产

生产石灰的原材料主要是以碳酸钙为主的天然岩石，如石灰石、白云石、方解石等，部分沿海地区采用贝壳作为石灰的原材料，也可采用化工副产品，如用碳化钙生产乙炔时产生的电石渣[主要成分为 $Ca(OH)_2$，即消石灰]。石灰石的主要成分是碳酸钙，另外还有少数的碳酸镁和黏土杂质，相关反应式如下：

$$CaCO_3 \xrightarrow{900℃} CaO + CO_2 \uparrow$$

$$MgCO_3 \xrightarrow{600℃} MgO + CO_2 \uparrow$$

在实际生产中，为加快石灰石的分解，使原料充分煅烧，煅烧温度在1000～1200℃。根据煅烧条件的不同，产物又可分为正火石灰、欠火石灰和过火石灰。正火石灰又称为正烧石灰，即在正常烧结温度下煅烧，分解完全的石灰。色淡，无明显的烧结和体积收缩，无裂缝或微裂缝，质量好。欠火石灰是由于原料尺寸较大、装料过多、煅烧温度或煅烧时间不足等原因，石灰石中的$CaCO_3$尚未完全分解，生产出的石灰中的CaO含量较低，熟化后残渣含量大，降低了石灰的利用率。采用欠火石灰时，产浆量较低，质量较差。过火石灰是由于煅烧温度过高或煅烧时间过长，石灰石中的杂质发生熔解，在石灰石的表面形成一层玻化层，生产出来的石灰颜色较深（灰黑色）、块体致密、表面出现裂纹或玻璃状的外壳，体积收缩明显，颗粒粗大，结构致密，熟化速度十分缓慢，对石灰的利用极为不利，使用时会影响工程质量。

生石灰是一种白色或灰色块状物质，其主要成分是氧化钙。因石灰原料中含有一些碳酸镁成分，所以经煅烧生成的生石灰中，也相应含氧化镁成分。当MgO含量≤5%时，称为钙质石灰；当MgO含量＞5%时，称为镁质石灰。镁质石灰熟化较慢，但硬化后强度稍高。

按照成品加工方法的不同，建筑工程中常用的石灰类型主要有以下几种：

（1）块状生石灰：由原料煅烧而成的原产品，主要成分为CaO。

（2）生石灰粉：块状生石灰经磨细而成的粉状产品，主要成分为CaO。

（3）消石灰粉：将生石灰粉用适量的水消解而成的粉末，也称熟石灰粉，其主要成分为$Ca(OH)_2$。

（4）石灰膏：将生石灰加石灰体积3～4倍的水消解而成。石灰浆在储灰坑中沉淀，除去层水分后成为石灰膏。

2.1.2 石灰的熟化与硬化

1. 石灰的熟化

生石灰是块状的，除了加工磨细成为生石灰粉可在一定条件下直接使用外，生石灰一般在使用前都要加水消解，这一过程称为消解或熟化。熟化后的石灰称为熟石灰，反应式如下：

$$CaO + H_2O \longrightarrow Ca(OH)_2 + 64.8kJ$$

生石灰熟化过程放出大量的热，且体积迅速膨胀1～3倍。含有杂质或煅烧不良的生石灰体积增大1.5倍左右，而煅烧良好质地较纯的生石灰体积可增大3倍左右。煅烧良好、氧化钙含量高的生石灰熟化快、体积增大多，因此产浆量高，同时放热量也大。

生石灰熟化成石灰膏的过程多在工地进行，生石灰在化灰池中加水熟化成含大量水的石灰浆，然后流入储灰池，经沉淀除去水分即为石灰膏。石灰膏中的水分约占50%，其堆积密度为1300～1400kg/m²。1kg生石灰可熟化为1.5～3L石灰膏。欠火石灰不能熟化，降低了石灰膏的产量；过火石灰熟化十分缓慢，如果没有充分熟化而直接使用，过火石灰就会在石灰硬化后继续吸收空气中的水分进行熟化反应，产生体积膨胀，使构件表面隆起、开裂或局部脱落，严重影响施工质量。为了保证生石灰充分熟化，一般在工地上将块状生石灰在储灰坑中存放2周以上，该过程称为"陈伏"。陈伏期间，石灰膏表面有一层水，以隔绝空气，防止熟石灰与二氧化碳作用产生碳化现象。

2. 石灰的硬化

石灰浆体的硬化包含干燥、结晶和碳化三个交错进行的过程。干燥时，石灰浆体中由于多余水分的蒸发或被砌体吸收使氢氧化钙的浓度增加，产生一定强度。随着游离水分继续减少，氢氧化钙逐渐从溶液中结晶出来，形成结晶结构网，使强度继续增加。氢氧化钙与潮湿空气中的二氧化碳反应生成碳酸钙，新生的碳酸钙晶体相互交叉连生或与氢氧化钙共生，构成紧密交织的结晶网，使硬化浆体的强度进一步提高。以下是碳化的反应式：

$$Ca(OH)_2 + CO_2 + nH_2O \longrightarrow CaCO_3 + (n+1)H_2O \uparrow$$

由上式可知，碳化反应不能在没有水分的干燥条件下进行，也不能在石灰被一定厚度的水完全覆盖的条件下进行。由于空气中的二氧化碳含量低，二氧化碳较难深入内部，石灰内部的水分也不易蒸发，故碳化过程十分缓慢。石灰的硬化速度随着时间增长逐渐减慢。

2.1.3 石灰的技术标准

目前形成标准的石灰产品有三种，分别是建筑生石灰、建筑生石灰粉和建筑消石灰粉。

1. 建筑生石灰

根据《建筑生石灰》JC/T 479—2013，按石灰的化学成分分为钙质生石灰（MgO≤5%）和镁质生石灰（MgO>5%）两类。

（1）建筑生石灰的分类

根据化学成分的含量又将钙质生石灰和镁质生石灰分成各个等级，见表2-1。

建筑生石灰的分类（JC/T 479—2013） 表2-1

类别	名称	代号
钙质石灰	钙质石灰90	CL90
	钙质石灰85	CL85
	钙质石灰75	CL75
镁质石灰	镁质石灰85	ML85
	镁质石灰80	ML80

（2）建筑生石灰的技术要求

建筑生石灰的化学成分应符合表2-2的要求。

建筑生石灰的化学成分 表2-2

名称	氧化钙+氧化镁（CaO+MgO）	氧化镁（MgO）	二氧化碳（CO_2）	三氧化硫（SO_3）
CL90-Q CL90-QP	≥90	≤5	≤4	≤2
CL85-Q CL85-QP	≥85	≤5	≤7	≤2

续表

名称	氧化钙＋氧化镁（CaO+MgO）	氧化镁（MgO）	二氧化碳（CO₂）	三氧化硫（SO₃）
CL75-Q CL75-QP	≥75	≤5	≤12	≤2
ML85-Q ML85-QP	≥85	＞5	≤7	≤2
ML80-Q ML80-QP	≥80	＞5	≤7	≤2

建筑生石灰的物理性质应符合表 2-3 的要求。

建筑生石灰的物理性质 表 2-3

名称	产浆量	细度	
		0.2mm 筛余量（%）	90μm 筛余量（%）
CL90-Q CL90-QP	≥26 —	— ≤2	— ≤7
CL85-Q CL85-QP	≥26 —	— ≤2	— ≤2
CL75-Q CL75-QP	≥26 —	— ≤2	— ≤2
ML85-Q ML85-QP	— —	— ≤2	— ≤2
ML80-Q ML80-QP	— —	— ≤7	— ≤2

注：其他物理性质，根据用户要求，可按照《建筑石灰试验方法 第 1 部分：物理试验方法》JC/T 478.1 进行测试。

2. 建筑消石灰

建筑消石灰粉也可按照化学成分分为钙质消石灰粉（MgO≤5%）和镁质消石灰粉（MgO＞5%）两类。

（1）建筑消石灰的分类（表 2-4）

建筑消石灰的分类 表 2-4

类别	名称	代号
钙质消石灰	钙质消石灰 90	HCL90
	钙质消石灰 85	HCL85
	钙质消石灰 75	HCL75
镁质消石灰	镁质消石灰 85	HML85
	镁质消石灰 80	HML80

（2）建筑消石灰的分类技术要求（表 2-5、表 2-6）

建筑消石灰的化学成分　　　　　　表 2-5

名称	氧化钙+氧化镁 (CaO+MgO)	二氧化碳 (CO_2)	三氧化硫 (SO_3)
HCL90	≥90	≤5	≤2
HCL85	≥85		
HCL75	≥75		
HML85	≥85	>5	≤2
ML80	≥80		

注：表中数值以试样扣除游离水和化学结合水后的干基为基准。

建筑消石灰的物理性质　　　　　　表 2-6

| 名称 | 产浆量 | 细度 | | 安定性 |
		0.2mm 筛余量(%)	90μm 筛余量(%)	
HCL90	≤2	≤2	≤7	合格
HCL85				
HCL75				
HML85				
ML80				

2.1.4 石灰的技术性质

1. 可塑性、保水性好

生石灰熟化为石灰浆时，生成的氢氧化钙颗粒极其微小，且颗粒间水膜较厚，保水性好。同时水膜也降低了颗粒间的摩擦力，使得石灰砂浆具有良好的可塑性、易搅拌，砌筑时可以铺成均匀的薄层。

2. 硬化慢、强度低

石灰浆体硬化过程的特点之一就是硬化速度慢，原因是空气中的二氧化碳浓度低，且碳化是由表及里，在表面形成较致密的壳，使外部的二氧化碳较难进入其内部，同时内部水分不易蒸发，所以硬化缓慢，强度低。如 1:3 的石灰砂浆 28d 的抗压强度也只有 0.2～0.5MPa。

3. 体积收缩大

石灰浆在硬化过程中由于大量水分蒸发，石灰浆体产生显著的体积收缩而开裂，因此石灰除调成石灰乳做薄层涂刷外不宜单独使用，常掺入砂子、纸筋、麻刀等混合使用，起到减少收缩和节约石灰的效果。

4. 耐水性差

石灰浆体在硬化过程中的较长时间内，主要成分仍是氢氧化钙，由于氢氧化钙易溶于水，所以石灰的耐水性较差。若硬化后的石灰长期受到水的作用，则会导致强度降低，甚至溃散，因此石灰不可用于潮湿的环境中。

5. 吸湿性强

生石灰容易吸收空气中的水分自动熟化成为消石灰粉，再与空气中的二氧化碳发生反应，生成碳酸钙，失去其胶结能力。因此生石灰要存储在干燥的环境中。

2.1.5 石灰的应用

1. 拌制灰浆和砂浆

石灰膏可用于拌制麻刀灰(麻刀+石灰)、纸筋灰(纸筋+石灰)、石灰砂浆(砂+石灰)或水泥石灰混合砂浆(水泥+砂+石灰),既可用来砌筑墙体,也可用于墙面、柱面、顶棚等的抹灰。建筑生石灰粉加入适量的水拌成的石灰浆也可直接用于配制砂浆。主要因为粉状生石灰熟化速度较快,熟化放出的热促使硬化进一步加快。硬化后的强度要比石灰膏硬化后的强度更高。

2. 配制石灰乳

将石灰膏或消石灰粉,加入过量水稀释后成为石灰乳。石灰乳是一种传统的室内粉刷涂料,目前已经很少运用,主要用于临时建筑的室内粉刷。

3. 灰土和三合土

消石灰粉和黏土按一定比例配合,夯实成为灰土(石灰土)。消石灰粉、黏土中再加入炉渣、砂、石等填料,夯实即成为三合土。灰土和三合土强度高、耐水性好,且配制操作简单、价格低廉,广泛应用于建筑物、道路等的垫层和基础。黏土颗粒表面的少量活性氧化硅和氧化铝与氢氧化钙起化学反应,生成了不溶性的水化硅酸钙和水化铝酸钙,将黏土颗粒黏结起来,从而提高了黏土的强度和耐久性。

4. 硅酸盐制品

将磨细生石灰粉与硅质材料(如粉煤灰、火山灰、炉渣等)按一定比例配合,经成型、养护等工序制造的人造材料,称为硅酸盐制品。常用的有粉煤灰砖、粉煤灰砌块、灰砂砖、加气混凝土砌块等,如掺入耐碱颜料,可制成各种颜色。其主要用来作为墙体材料。

5. 碳化石灰板材

将磨细生石灰掺入30%~40%的纤维状填料或轻质集料和水按一定比例搅拌成型,然后通入高浓度二氧化碳经人工碳化(12~24h)而成的一种轻质板材称为碳化石灰板。碳化石灰板材可钉、可锯,具有良好的加工性能。为减轻自重、提高碳化效果,碳化石灰板常做成薄壁空心板,主要用于非承重内墙板、天花板等。碳化石灰板材墙体还具有良好的力学强度和保温隔热性能。

2.1.6 石灰的验收及储运

(1) 建筑生石灰粉、建筑消石灰粉一般用袋装,袋上应标明厂名、产品名称、商标、净重、批量编号。

(2) 生石灰在运输和储存中要防止受潮,且储存时间不宜过长。生石灰会吸收空气中的水分自行消解成消石灰粉,然后再与二氧化碳作用形成碳化层,使石灰失去胶凝能力。工地上一般将石灰的储存期变为陈伏期,陈伏期间,石灰膏上部要覆盖一层水,以防碳化。

(3) 生石灰不宜与易燃、易爆物品共存、运输,以免酿成火灾。这是因为储运中的生石灰受潮熟化要放出大量的热且体积膨胀,会导致易燃、易爆物品燃烧和爆炸。

(4) 生石灰与水接触产生的熟化反应会放出大量的热,并且熟石灰 $Ca(OH)_2$ 属于强碱,会侵蚀呼吸器官和皮肤,溅入眼中会引起角膜和结膜的损伤。因此在施工及装卸过程中,应进行必要的防护。

2.2 建筑石膏

石膏是以硫酸钙为主要成分的气硬性胶凝材料。当石膏中含有的结晶水不同时，可形成多种性能不同的石膏，主要有建筑石膏（$CaSO_4 \cdot \frac{1}{2}H_2O$），无水石膏（$CaSO_4$），生石膏（$CaSO_4 \cdot 2H_2O$）等。其中建筑石膏及其制品具有质轻，隔热，吸声，吸湿性好，耐火、表面平整细腻，装饰性好，容易加工等一系列优良性能，加上我国石膏矿藏储量居世界首位，所以石膏的应用前景十分广阔。

2.2.1 建筑石膏的生产

生产建筑石膏的主要原料是天然二水石膏矿石（又称软石膏或生石膏，$CaSO_4 \cdot 2H_2O$），或是含有硫酸钙的化工副产品。生产石膏的主要工作是破碎，加热和磨细。由于加热方式和温度的不同，可生产出不同的石膏产品。

1. 建筑石膏

将天然二水石膏在常压下加热到107～170℃，可生成 β 型半水石膏，再经磨细得到的白色粉状物，即为建筑石膏。其反应式如下：

$$CaSO_4 \cdot 2H_2O \xrightarrow{107 \sim 170℃} (\beta 型)CaSO_4 \cdot \frac{1}{2}H_2O + \frac{3}{2}H_2O$$

建筑石膏晶体较细，调制成一定稠度的浆体时，需要量大，所以硬化后的建筑石膏制品孔隙率大，强度较低。

2. 高强石膏

将天然二水石膏在124℃，0.13MPa 压力的条件下蒸炼脱水，可得到 α 型半水石膏，磨细即为高强石膏，其反应式如下：

$$CaSO_4 \cdot 2H_2O \xrightarrow{124℃, 0.13MPa} (\alpha 型)CaSO_4 \cdot \frac{1}{2}H_2O + \frac{3}{2}H_2O$$

高强石膏晶体粗大，比表面积较小，调制成塑性浆体时需水量只有建筑石膏的35%～45%，因此硬化后具有较高的强度和密实度，3h强度可达到9～24MPa，7d强度可达15～40MPa。高强石膏用于强度要求较高的抹灰工程，装饰制品和石膏板。在高强石膏中加入防水剂，可用于湿度较高的环境中，可同有机胶结剂共同制成无收缩的粘结剂。

3. 无水石膏和煅烧石膏

当加热温度达到400～750℃时，可生成无水石膏 $CaSO_4$，失去胶结硬化能力。无水石膏加入适量的激发剂混合磨细后，又能够凝结硬化，称为无水石膏。

当温度高于800℃时，部分 $CaSO_4$ 会分解出 CaO，经磨细后称为煅烧石膏。由于其中 CaO 的碱性激发作用，煅烧石膏经水化后能获得较高的强度、耐磨性和耐水性，宜用作地板，因此也称为地板石膏。

2.2.2 建筑石膏的凝结硬化

建筑石膏遇水将重新水化成二水石膏，形成可塑性的浆体，很快浆体就失去塑性，产生强度，并逐渐发展成为坚硬的固体，这一过程称为石膏的凝结硬化。石膏的凝结硬化是一个溶解、水化、胶化、结晶的过程。石膏的凝结硬化实际上是建筑石膏与水之间发生了化学反应的结果，反应式如下：

$$CaSO_4 \cdot \frac{1}{2}H_2O + \frac{3}{2}H_2O \longrightarrow CaSO_4 \cdot 2H_2O$$

建筑石膏的凝结硬化分为凝结和硬化两个过程。二水石膏在水中的溶解度仅为半水石膏溶解度的1/5左右，所以二水石膏首先结晶析出。由于二水石膏的结晶析出，溶液的浓度下降，新的一批半水石膏又继续溶解和水化，再生成二水石膏结晶析出。由于结晶体的不断生成，浆体的塑性开始下降。如此循环进行，直至半水石膏完全溶解。

加水开始拌合到浆体开始失去可塑性的过程称为石膏的初凝；而后，随着晶体颗粒间摩擦力和黏结力的增大，浆体的塑性急剧下降，直到失去可塑性，并开始产生强度的过程称为石膏的终凝。整个过程称为石膏的凝结。石膏终凝后，其晶体颗粒仍在不断长大和相互交错，使浆体产生强度并不断增长，直到水分完全蒸发，晶体之间的粘结力和摩擦力不再增加，形成坚硬的石膏结构，这个过程称为石膏的硬化。

2.2.3 建筑石膏的技术性质

根据国家标准《建筑石膏》GB/T 9776—2008，建筑石膏按2h强度（抗折）分为3.0，2.0，1.6三个等级。质量等级也相应分为三级，即优等品、一等品、合格品。建筑石膏技术指标应符合表2-7的规定。建筑石膏按产品名称、代号、等级及标准编号的顺序标记，如：建筑石膏N2.0，表示抗折强度等级为2.0MPa的天然建筑石膏。

建筑石膏技术标准 表2-7

等级	细度（0.2mm方孔筛筛余）（%）	凝结时间（min）		2h强度（MPa）	
		初凝	终凝	抗折	抗压
3.0	≤10	≥3	≤30	≥3.0	≥6.0
2.0				≥2.0	≥4.0
1.6				≥1.6	≥3.0

1. 凝结硬化快

建筑石膏加水后10min可完成初凝，30min可完成终凝。在室内自然干燥环境下，完全硬化的时间大约为一个星期。因初凝时间较短，为了有足够的时间进行搅拌等施工操作，可掺入缓凝剂以延长凝结时间。可掺入石膏用量0.1%~0.2%的动物胶，或掺入1%的酒精，也可掺入柠檬酸、亚硫酸纸浆废液或硼砂等。掺入缓凝剂后，石膏制品的强度会有所下降。

2. 硬化后体积微膨胀、装饰性好

与石灰不同，石膏浆体凝结硬化后体积会产生微膨胀，其膨胀率为0.5%~1.0%，而且不开裂。石膏的这一性质使石膏制品造型清晰饱满，尺寸精确，加之石膏质地细腻，颜色洁白，特别适合制作图案复杂的建筑装饰件及石膏模型等。

3. 孔隙率大、质量轻、强度低

为使石膏浆体满足必要的可塑性，通常要加过量的水。建筑石膏的理论需水量为18.6%，通常加水量为60%~80%。凝结硬化后，由于大量多余水分蒸发，石膏制品的孔隙率较大（约占总体积的50%~60%）。与水泥相比，石膏制品的表观密度小（800~1000kg/m³），属于轻质材料。7天的抗压强度为8~12MPa，强度较低。热导率小，吸声性、吸湿性好，可调节室内温度和湿度。

4. 防火性好、耐火性差

石膏制品遇火时，石膏中的结晶水吸收热量蒸发，形成水蒸气带，可有效地阻止火的蔓延，具有良好的防火效果，但二水石膏脱水后强度下降，所以耐火性变差。

5. 可加工性能好

建筑石膏硬化后具有微孔结构，硬度也较低，所以石膏制品可锯、可刨、可钉，易于连接，为安装施工提供了很大方便，具有良好的可加工性。

6. 耐水性差、抗冻性差

由于石膏制品的孔隙率较大，二水石膏又微溶于水，所以石膏制品具有很强的吸湿性和吸水性，但如果处于潮湿环境中，晶体间的黏结力削弱，强度显著降低，通常石膏硬化后的抗压强度只有 3~5MPa，且遇水后晶体溶解产生破坏，所以石膏制品的耐水性差，软化系数只有 0.2~0.3。石膏制品吸水后受冻，会因孔隙中的水分结冰膨胀而破坏。因此石膏制品不可用于水中和潮湿寒冷的环境中。

2.2.4 建筑石膏的应用

1. 室内抹灰与粉刷

建筑石膏加水、砂拌合成石膏砂浆，可用于室内抹灰。抹灰后的墙面光滑、细腻，洁白美观，给人以舒适感。石膏砂浆也可作为油漆的打底层。建筑石膏加水及缓凝剂，拌合成石膏浆体，可作为室内的粉刷涂料。

2. 制作石膏板、石膏浮雕装饰件等

石膏板具有质轻、保温、隔热、吸声、防火、调湿、不燃、尺寸稳定、可加工性好、成本低等优良性能，应用较为广泛，是良好的室内装饰材料。常用的石膏板有纸面石膏板、石膏纤维板、石膏刨花板、石膏板、空心板等。石膏板可用于建筑物的内墙、棚顶等部位。但是石膏板须有长期徐变的特点，在潮湿的环境中更加严重，而石膏自身的轻度又较低，且具有微酸性，不能配加强钢筋，因此不可用作承重构件。

石膏浮雕装饰件包括装饰石膏线脚、花饰系列、艺术棚顶、灯圈、浮雕壁画等。石膏装饰线脚为长条状装饰构件，表面呈雕花形或弧形，主要用于建筑物室内装饰。

3. 其他应用

建筑石膏可作为生产某些硅酸盐制品时的增强剂，如粉煤灰砖；在水泥的生产过程中加入适量石膏能延缓水泥的凝结时间；石膏也可用于油漆或粘贴墙纸等的基层找平。

2.2.5 建筑石膏的验收和储运

建筑石膏在储存与运输时，不得受潮和混入杂质，不同等级的应分别储运，不得混杂；建筑石膏自生产之日起，在正常运输与储存条件下，储存期为3个月。超过3个月的石膏应重新进行质量检验，以确定等级。

2.3 水 玻 璃

水玻璃俗称泡花碱，是由碱金属氧化物和二氧化硅组成的能溶于水的一种金属硅酸盐物质。根据碱金属氧化物种类的不同，水玻璃有硅酸钠水玻璃($Na_2O \cdot nSiO_2$)和硅酸钾水玻璃($K_2O \cdot nSiO_2$)等，工程中以硅酸钠水玻璃最为常用。

2.3.1 水玻璃的生产

硅酸钠水玻璃的主要原料是石英砂、纯碱。将原料磨细,按比例配合,在玻璃熔炉内熔融生成硅酸钠,冷却后得到固态水玻璃,然后在水中加热溶解而成液体水玻璃。水玻璃分子式中的 n,即二氧化硅与碱金属氧化物的摩尔比,称为水玻璃的模数,一般在 1.5～3.5 之间,我国生产的水玻璃的模数一般为 2.4～2.3。水玻璃的模数越大,黏结力越强,越难溶于水。

生产水玻璃的方法分为湿法和干法两种。湿法生产硅酸水玻璃是将石英砂和氢氧化钠溶液在压蒸锅内用蒸汽加热,直接反应成液体水玻璃。反应式如下:

$$SiO_2 + 2NaOH \xrightarrow{\Delta} NaSiO_3 + H_2O$$

干法生产硅酸水玻璃是将石英砂和碳酸钠磨细拌匀,在熔炉中于 1300～1400 ℃ 温度下熔化,按下式反应生成固体水玻璃,然后再在水中加热溶解成为水玻璃。反应式如下:

$$Na_2CO_3 + nSiO_2 \xrightarrow{1300 \sim 1400℃} Na_2O \cdot nSiO_2 + CO_2 \uparrow$$

液体水玻璃常含杂质而呈青灰色、绿色或淡黄色,以无色透明的液体水玻璃为最好。液体水玻璃可以与水按任意比例混合,使用时可用水稀释。

2.3.2 水玻璃的硬化

水玻璃在空气中与二氧化碳作用,析出二氧化碳凝胶,凝胶因干燥而逐渐硬化,其反应式为:

$$Na_2O \cdot nSiO_2 + CO_2 + mH_2O \longrightarrow Na_2CO_3 + nSiO_2 \cdot mH_2O$$

由于空气中的二氧化碳含量较低,水玻璃的凝结硬化速度非常缓慢,常加入促硬剂氟硅酸钠(Na_2SiF_6)来加快其硬化速度,氟硅酸钠的适宜掺量为水玻璃质量的 12%～15%。氟硅酸纳有毒,操作时应注意安全。

2.3.3 水玻璃的性质

(1) 水玻璃有良好的粘结性能,强度较高。硬化时析出的硅酸凝胶能堵塞毛细孔,能起到阻止水分渗透的作用。用水玻璃配制的水玻璃混凝土,抗压强度可达到 15～40MPa,水玻璃胶泥的抗拉强度可达到 2.5MPa。

(2) 水玻璃有很强的耐酸性能,能经受绝大多数有机酸和无机酸的作用,用于配制水玻璃耐酸混凝土、耐酸砂浆、耐酸胶泥等,常用于耐酸工程。

(3) 水玻璃有良好的耐热性,在高温下不燃烧,不分解,且高温下硅酸凝胶干燥得更加彻底,强度并不降低,甚至有所提高。所以水玻璃常用于配制耐热混凝土、耐热砂浆等。

(4) 耐碱性、耐水性较差,由于水玻璃可溶于碱和水,并且硬化后的产物均可溶于水,所以水玻璃硬化后不耐碱和水。

2.3.4 水玻璃的应用

(1) 耐酸材料

以水玻璃为胶凝材料的耐酸胶泥、耐酸混凝土、耐酸砂浆及耐酸混凝土广泛用于防腐工程中。

(2) 涂刷或浸渍材料

将水玻璃加水稀释至比重为 1.35 左右,涂刷黏土砖、混凝土等多孔材料表面,能提高材料的密实性、耐水性和抗风化能力，增加材料的耐久性。这是由于水玻璃硬化之后可形成硅酸凝胶，同时水玻璃也可与材料中的氢氧化钙反应生成硅酸钙凝胶，二者填充材料的孔隙，使材料致密。但石膏制品表面不能涂刷水玻璃，因为硅酸钠与硫酸钙反应生成体积膨胀的硫酸钠，会导致制品胀裂破坏。

（3）加固土壤

将液态水玻璃与氯化钙溶液交替注入土壤中，两者反应析出的硅酸凝胶体起到胶结和填充孔隙的作用，能阻止水分渗透，提高土壤的密实度和强度，提高地基的承载力。此外，硅酸凝胶体因为吸收了地下水，常处于膨胀状态，可阻止水分的渗透，提高土壤的抗渗性。

（4）耐热材料

在水玻璃中加入促凝剂和耐热的填料、集料，可配制成耐热砂浆和耐热混凝土，用于高炉基础、热工设备基础及围护结构等耐热工程。将液体水玻璃与耐火填料调成糊状的防火漆可抵抗瞬间火焰。

（5）防水堵漏工程

在水玻璃中加入 2~5 种矾，可配制成各种快凝防水剂，掺入水泥砂浆或混凝土中，可用于结构物的修补，堵漏，局部抢修等。

（6）水玻璃矿渣砂浆

液体水玻璃、粒化高炉矿渣、砂和氟硅酸钠按一定质量比配合，可填补砖墙裂缝。

思考与练习

1. 什么是气硬性和水硬性胶凝材料？两者差异是什么？
2. 什么是过火石灰和欠火石灰？对石灰质量有何影响？
3. 什么是石灰的熟化？生石灰为什么要充分熟化后方可使用？
4. 石灰的主要性质有哪些？
5. 石灰的主要应用在哪些方面？为什么石灰本身不耐水，但用石灰配制的灰土和三合土有较高的强度和耐水性？
6. 建筑石膏的主要技术性质有哪些？
7. 为什么建筑石膏板是一种较好的室内装饰材料？
8. 水玻璃的性质和应用有哪些？

3 水 泥

学习目标

- 熟悉硅酸盐水泥的矿物组成及其硬化机理。
- 掌握硅酸盐水泥的熟料矿物组成、特性、主要的技术性质及标准要求、检验方法、应用。
- 掌握水泥储存和保管时的注意事项。
- 了解其他品种水泥的特性及应用。

水泥呈粉末状,加水拌制后经一系列物理、化学作用,能由可塑性浆体变成坚硬的石状体,并且能将散粒状、块状材料胶结成整体。水泥浆体不仅能在空气中凝结硬化,还能更好地在水中凝结硬化,保持并继续发展其强度,故水泥属于典型的水硬性胶凝材料。

水泥是建筑工程中最为重要的建筑材料之一,主要作为胶凝材料制作混凝土、钢筋混凝土和预应力混凝土构件,也可用来配制各类砂浆,用于建筑物的砌筑、抹面、装饰等。近几十年来,我国的水泥工业无论是品种、产量、质量都有很大的突破。水泥及其制品工业的迅速发展对保证国家经济建设起着重要作用。今后我国将加速发展快硬、高强、低热、膨胀、绿色等高性能水泥和水泥外加剂以适应可持续发展的要求。

水泥的品种繁多,按其矿物组成可分为:硅酸盐水泥、铝酸盐水泥、硫铝酸盐水泥、铁铝酸盐水泥、氟铝酸盐水泥等。按其用途和特性又可分为通用水泥、专用水泥和特性水泥。其中通用水泥是指大量用于一般土木工程的水泥,按其所掺加的混合材料的种类及数量的不同,又可分为硅酸盐水泥、普通硅酸盐水泥、矿渣硅酸盐水泥、火山灰硅酸盐水泥、粉煤灰硅酸盐水泥和复合硅酸盐水泥;专用水泥是指有专门用途的水泥,如砌筑水泥、道路水泥等;特性水泥是指某种性能比较突出的水泥,如快硬水泥、抗硫酸盐水泥、低热水泥、膨胀水泥等。

水泥品种虽然很多,但从应用方面考虑,硅酸盐水泥是最基本的。因此主要讲述产量最大,用途最广泛的通用硅酸盐系列水泥。通用硅酸盐水泥是以硅酸盐水泥熟料和适量石膏及规定的混合材料制成的水硬性胶凝材料。按混合材料的品种和掺量分为硅酸盐水泥、普通硅酸盐水泥、矿渣硅酸盐水泥、火山灰硅酸盐水泥、粉煤灰硅酸盐水泥和复合硅酸盐水泥。

3.1 硅酸盐水泥

3.1.1 硅酸盐水泥

由硅酸盐水泥熟料、0～5%石灰石或粒化高炉矿渣、适量石膏磨细制成的水硬性胶凝材料,称为硅酸盐水泥(即国外通称的波特兰水泥)。硅酸盐水泥分为两种类型,不掺加混合材料的称为Ⅰ型硅酸盐水泥,代号P·Ⅰ;在硅酸盐水泥粉磨时,掺加不超过水泥质量5%的石灰石或粒化高炉矿渣混合材料的称Ⅱ型硅酸盐水泥,代号P·Ⅱ。

3.1.2 硅酸盐水泥的生产过程

生产硅酸盐水泥的原料主要有石灰质原料、黏土质原料及为了满足要求还常加入铁质和硅质校正原料。其中石灰质原料主要提供CaO,可以用石灰石、白垩、石灰质凝灰岩和贝壳等;黏土质原料主要提供SiO_2、Al_2O_3及少量的Fe_2O_3,可采用黏土、黄土、页岩等;校正原料主要补充SiO_2和Fe_2O_3,可采用铁矿粉、砂岩等。

生产硅酸盐水泥的过程可简单概括为"两磨一烧",具体步骤是:先把几种原材料按适当比例配合后磨细成为生料,然后将制得的生料入窑烧成水泥熟料,再把烧好的熟料和适量石膏(也可掺加混合材料)共同磨细,即得P·Ⅰ型硅酸盐水泥或P·Ⅱ型硅酸盐水泥。硅酸盐水泥的生产工艺流程如图3-1所示。

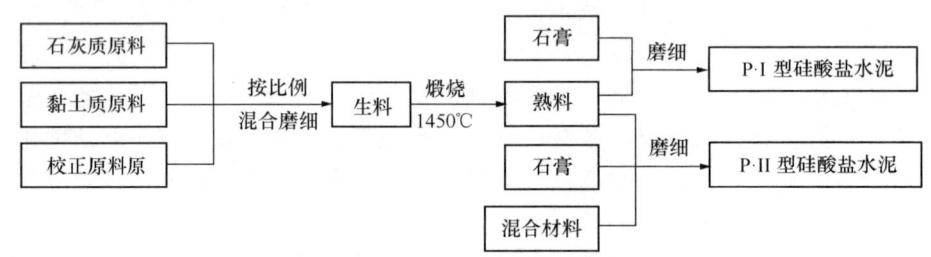

图3-1 硅酸盐水泥生产过程示意图

硅酸盐水泥生产中加入适量石膏的目的是延缓水泥的凝结速度,使之便于施工操作。石膏的掺加量一般为水泥质量的3%~5%,实际掺量可通过试验确定。作为缓凝剂的石膏,可采用天然石膏或工业副产品石膏。

3.1.3 硅酸盐水泥熟料矿物组成及特性

硅酸盐水泥熟料的主要矿物组成及含量如下:

硅酸三钙 $3CaO \cdot SiO_2$,简写为C_3S,含量37%~60%;

硅酸二钙 $2CaO \cdot SiO_2$,简写为C_2S,含量15%~37%;

铝酸三钙 $3CaO \cdot Al_2O_3$,简写为C_3A,含量7%~15%;

铁铝酸四钙 $4CaO \cdot Al_2O_3 \cdot Fe_2O_3$,简写为$C_4AF$,含量10%~18%;

硅酸盐水泥熟料矿物的组成、含量及水化特性见表3-1。

硅酸盐水泥熟料矿物组成及水化特性　　　　表3-1

矿物名称	简写	含量(质量百分数,%)	水化反应速率	水化放热量	强度	耐腐蚀性
$3CaO \cdot SiO_2$	C_3S	37~60	快	大	高	差
$2CaO \cdot SiO_2$	C_2S	15~37	慢	小	早期低,后期高	好
$3CaO \cdot Al_2O_3$	C_3A	7~15	最快	最大	低	最差
$4CaO \cdot Al_2O_3 \cdot Fe_2O_3$	C_4AF	10~18	快	中	低	中

在以上矿物组成中,硅酸钙矿物(包括硅酸三钙和硅酸二钙)是主要的,硅酸钙矿物

含量（质量分数）不小于66%，故名硅酸盐水泥。除了上述主要熟料矿物成分外，水泥中还有少量游离氧化钙、游离氧化镁及杂质等，含量过高，会引起水泥体积安定性不良等现象，国家标准明确规定其总含量一般不超过水泥质量的10%。硅酸盐水泥中改变熟料矿物组成的相对含量，水泥的技术性能也会随之变化，即通过调整原材料比例，来改变熟料矿物组成的相对含量，制得不同性能的水泥。如提高硅酸三钙含量，可制成高强水泥；提高硅酸三钙和铝酸三钙的含量，可制成快硬水泥；降低硅酸三钙和铝酸三钙含量，提高硅酸二钙含量，可制得中、低热水泥；提高铁铝酸四钙的含量，降低铝酸三钙的含量，可制得抗折强度较高的道路水泥。

3.1.4 硅酸盐水泥水化与凝结硬化

1. 硅酸盐水泥的水化

水泥加水后，熟料矿物开始与水发生水化反应，生成各种水化物，并放出一定的热量。水泥具有许多优良的性能，主要是水泥熟料中主要矿物水化作用的结果。其反应式如下：

$$2(3CaO \cdot SiO_2) + 6H_2O = 3CaO \cdot 2SiO_2 \cdot 3H_2O + 3Ca(OH)_2$$

硅酸三钙　　　　　　　　水化硅酸钙　　　　　氢氧化钙

$$2(2CaO \cdot SiO_2) + 4H_2O = 3CaO \cdot 2SiO_2 \cdot 3H_2O + Ca(OH)_2$$

硅酸二钙　　　　　　　　水化硅酸钙　　　　　氢氧化钙

$$3CaO \cdot Al_2O_3 + 6H_2O = 3CaO \cdot Al_2O_3 \cdot 6H_2O$$

铝酸三钙　　　　　　　水化铝酸三钙

$$4CaO \cdot Al_2O_3 \cdot Fe_2O_3 + 7H_2O = 3CaO \cdot Al_2O_3 \cdot 6H_2O + CaO \cdot Fe_2O_3 \cdot H_2O$$

铁铝酸四钙　　　　　　　　水化铝酸三钙　　　　　水化铁酸一钙

以上四种主要矿物的水化反应中，硅酸三钙水化反应速度快、水化放热量大，所生成的水化硅酸钙几乎不溶于水，呈胶体微粒析出，逐渐成为凝胶，具有较高的强度。生成的氢氧化钙开始阶段溶于水，很快达到饱和，结晶析出，之后的水化反应是在氢氧化钙溶液中进行的。硅酸二钙与水的反应与硅酸三钙相似，只是反应速率较低、水化放热量小，生成物中氢氧化钙较少。铝酸三钙与水反应速度极快，水化铝酸三钙溶于水，其中一部分会与石膏发生反应，生成不溶于水的水化硫铝酸钙晶体，其余部分会吸收溶液中的氢氧化钙，最终成为水化铝酸四钙晶体，强度很低。铁铝酸四钙与水反应，水化速度较高，水化热和强度较低，除生成水化铝酸钙外，还生成水化铁酸一钙，它也将在溶液中吸收氢氧化钙而提高碱度。水泥熟料中不同矿物的水化反应速度、水化热、强度发展等性质都各不相同，各种熟料矿物水化时性质见表3-1。

以上是水泥水化的主要反应。在水化产物中水化硅酸钙所占比例最大，约为70%；氢氧化钙次之，占20%左右。其中水化硅酸钙、水化铁酸钙为凝胶体，具有强度贡献；而氢氧化钙、水化铝酸钙、钙矾石都为晶体，它将使水泥石在外界条件下变得疏松，使水泥石强度下降，是影响硅酸盐水泥耐久性的主要因素。

2. 硅酸盐水泥的凝结硬化

（1）水泥凝结硬化的概念

水泥加水拌合后形成可塑性的水泥浆，随着水化反应的进行，水泥浆体逐渐变稠失去可塑性，这一过程称为水泥的凝结；随着水化反应的继续进行，失去可塑性的水泥浆逐渐产生强度并发展成为坚硬的水泥石，这一过程称为水泥的硬化。水泥的凝结、硬化是人为划分的，实际上是一个连续的、复杂的物理化学变化过程。

（2）水泥凝结硬化的过程

水泥加水拌合后，水泥颗粒与水接触很快发生水化反应，生成相应的水化产物在水泥颗粒表面形成凝胶膜层，使水泥在一段时间内反应缓慢，水泥浆的可塑性基本保持不变。由于水化产物不断增加，凝胶膜逐渐增厚而破裂并继续扩展，水泥颗粒在一段时间内加速水化并重复进行。水泥颗粒相互接触形成凝聚结构，水泥浆体开始失去可塑性，这就是水泥的凝结；随着以上过程的不断进行，胶体和晶体粒子不断增多，它们相互贯穿形成的结晶结构网不断加强，水泥浆完全失去可塑性，并开始产生强度，并且随着反应的继续进行，使结构更加密实，强度不断增长，这个过程就是硬化。水泥的硬化可持续很长时间，在环境温度和湿度适宜的条件下，甚至几十年后的水泥石强度还会继续增长。

综上所述，水泥的凝结硬化是一个由表及里、由快到慢的过程，较粗颗粒的内部很难完全水化。因此，硬化后水泥石是由晶体、胶体、未完全水化的水泥颗粒、游离水及气孔等组成的不匀质结构体，如图 3-2 所示。

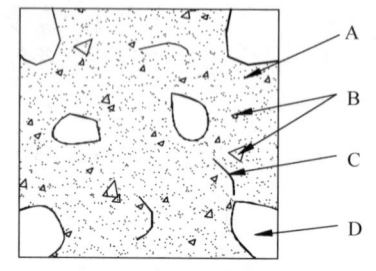

A——凝胶体（C-S-H凝胶，水化铁酸钙凝胶）；
B——晶体（氢氧化钙、水化铝酸钙、水化硫铝酸钙）；
C——孔隙（毛细孔、凝胶孔、气孔等）；
D——未水化的水泥颗粒

图 3-2 水泥石的结构示意图

3. 影响硅酸盐水泥凝结硬化的因素

水泥的凝结硬化过程，也就是水泥强度的发展过程。为了正确使用水泥，并在生产中采取有效措施改善水泥的性能，必须了解影响水泥凝结硬化的因素。影响水泥凝结硬化的因素主要有如下几点：

（1）水泥的熟料矿物组成

水泥熟料中各种矿物组成是影响水泥凝结硬化的内因。当水泥熟料中硅酸三钙、铝酸三钙相对含量较高时水泥的水化反应速率快，凝结硬化速度也快，因此改变水泥的矿物组成，其凝结硬化将产生明显的变化。

（2）石膏掺入量

石膏掺入水泥中的目的是调节水泥的凝结时间，同时由于钙矾石的生成，还能改善水泥石的早期强度。需要注意的是，石膏的掺量要适量，过多掺入石膏，不仅不能缓凝，还会在后期引起水泥石膨胀开裂。因此，石膏的掺量应适宜，一般掺量占水泥质量的

3%～5%。

(3) 水泥细度

水泥颗粒的粗细程度直接影响水泥的水化、凝结硬化。水泥颗粒粒径一般 7～200μm 之间，水泥颗粒越细，与水接触的表面积越大，水化反应速度越快且越充分，凝结硬化越快。但水泥颗粒过细，用水量增加，硬化后水泥石中的毛细孔增多，收缩增大，反而会影响后期强度。同时水泥颗粒太细，易与空气中的水分及二氧化碳反应，使水泥不宜久存，且机械损耗加大，生产成本提高。

(4) 水泥浆的水胶比

拌合水泥浆时，水泥浆中水和胶凝材料（主要为水泥）的质量之比称为水胶比。当水胶比较大时，水泥浆的塑性好，水泥的初期水化反应得以充分进行。但当水胶比过大时，由于水泥颗粒间被水隔开的距离较远，颗粒间相互连接形成骨架结构的凝结时间长，水泥浆凝结较慢，同时水泥浆中多余水分蒸发后形成的空隙多，造成水泥的强度较低。

(5) 环境的温度和湿度

温度对水泥的凝结硬化的影响很大。提高温度，可加速其水化速度，水泥凝结硬化速度加快，降低温度，凝结硬化速度减慢。当温度低于 0℃时，凝结硬化停止，强度不仅不增长，而且可能在冰融的作用下，造成已硬化的水泥石破坏。因此，混凝土工程冬季施工要采取一定的保温措施。

湿度是保证水泥水化、硬化的一个必要条件。水泥的凝结硬化实质上是水泥的水化过程。因此，周围环境的湿度越大，水分不易蒸发，水泥水化越充分，水泥硬化后强度越高；若水泥处于干燥环境，水化浆体中的水分蒸发，导致水泥不能充分水化，强度不再增长，严重的还会导致水泥石或混凝土表面产生干缩裂缝。所以混凝土工程浇筑后应在 2～3 周内洒水养护，来保证水化时所必需的水分。

(6) 龄期

龄期是指水泥在正常维护条件下经历的时间，水泥水化是由表及里逐渐深入进行的。随着时间的延续，水泥的水化程度不断增加。因此，龄期越长，水泥的强度越高。在适宜的环境中，随着水泥颗粒内各熟料矿物水化程度的提高，水泥的强度增长最为迅速，水化 7d 强度可达到 28d 的 70%左右，28d 以后的强度增长减缓。

3.1.5 硅酸盐水泥的技术性质

国家标准《通用硅酸盐水泥》GB 175—2007 对硅酸盐水泥的技术要求有细度、凝结时间、体积安定性、强度等。

1. 细度

细度是指水泥颗粒的粗细程度。水泥细度的评定可采用筛分法和比表面积法。筛分法是用 80μm 的方孔筛对水泥试样进行筛分实验，用筛余百分数表示；比表面积法是指单位质量的水泥颗粒所具有的总表面积，用 m^2/kg 表示，水泥颗粒越细，比表面积越大。水泥颗粒越细，与水接触的表面积越大，水化速度越快，反应越充分，早期强度较高。但水泥颗粒过细，硬化时收缩较大，在储运过程中易受潮而降低活性，且成本较高。国家标准《通用硅酸盐水泥》GB 175—2007 规定，硅酸盐水泥比表面积应大于 $300m^2/kg$。细度不符合规定者为不合格水泥。

2. 凝结时间

水泥的凝结时间分为初凝时间和终凝时间。初凝时间是指从水泥加水拌合起到水泥净浆开始失去可塑性为止所需的时间。终凝时间为水泥加水拌合时起，到水泥浆完全失去可塑性、产生强度所需的时间。

根据国家标准规定，硅酸盐水泥的初凝时间不得早于 45min，终凝时间不得迟于 6.5h。凡初凝时间和终凝时间不符合规定的为不合格品。

水泥的凝结时间的规定对工程施工有重要意义。初凝时间不宜过短，以便有足够的时间对混凝土进行搅拌、运输、浇筑、砌筑，否则在施工期间即失去流动性就无法使用。当施工完毕之后，则要求混凝土尽快硬化，产生强度，以利于下一步施工的进行，否则将延缓施工进度与模板周转期，所以水泥的终凝时间不宜过长。

3. 标准稠度及标准稠度用水量

在进行水泥的凝结时间、体积安定性等测定时，为了使所测得的结果有可比性，要求采用标准稠度水泥净浆来测定。水泥净浆达到标准稠度时所需的加水量即为标准稠度用水量，以水所占水泥质量的百分数表示。各种水泥的矿物成分、细度不同，拌合成标准稠度时的用水量也各不相同，水泥的标准稠度用水量一般为 24%～33%。

4. 体积安定性

水泥体积安定性是指水泥在凝结硬化过程中体积变化是否均匀的性质。当水泥浆体在硬化过程中体积发生不均匀变化时，会导致水泥制品膨胀、开裂、翘曲等，称为体积安定性不良。体积安定性不良的水泥会使混凝土构件产生膨胀性裂缝，从而降低建筑物质量，甚至引起严重事故。因此，国家标准规定水泥体积安定性必须合格。

引起水泥体积安定性不良的原因主要有：

(1) 水泥中含有过多的游离氧化钙和游离氧化镁（f-CaO，f-MgO）。水泥原料比例不当、煅烧工艺不正常、过烧或原料质量差，都会产生较多游离氧化钙和氧化镁，它们在水泥凝结硬化很长时间才进行熟化，而且水化生成 $Ca(OH)_2$ 和 $Mg(OH)_2$，体积增大，则会引起已硬化的水泥石体积发生不均匀膨胀而破坏。

(2) 石膏掺量过多。石膏掺量过多时，在水泥硬化后，还会继续与固态水化铝酸钙反应生成高硫型水化硫铝酸钙，体积增大约 1.5～2 倍，从而导致水泥石开裂。其反应式如下：

$$3(CaSO_4 \cdot 2H_2O) + 3CaO \cdot Al_2O_3 \cdot 6H_2O + 19H_2O = 3CaO \cdot Al_2O_3 \cdot 3CaSO_4 \cdot 31H_2O$$

国家标准规定，硅酸盐水泥的体积安定性经沸煮法检验必须合格。用沸煮法只能检测出 f-CaO 造成的体积安定性不良，而由于 f-MgO 含量过多造成的体积安定性不良，必须用压蒸法才能检验出来，石膏造成的体积安定性不良则需长时间在温水中浸泡才能发现，由于后两种原因造成的体积安定性不良都不易检验，所以国家标准规定：熟料中游离 MgO 含量（质量分数）不得超过 5%，SO_3（质量分数）含量不得超过 3.5%。

5. 强度及强度等级

强度是水泥力学性质的一项重要指标，是确定水泥强度等级的依据。根据国家标准《水泥胶砂强度检验方法（ISO法）》GB/T 17671—1999 的规定制作标准试块，在标准养护条件下测定其 3d、28d 的抗压强度和抗折强度，将硅酸盐水泥分为 42.5、42.5R、52.5、52.5R、62.5、62.5R 六个强度等级。根据早期强度，有普通型和早强型（R）两种类型。

各等级、各龄期的强度值不低于表 3-2 中数值，水泥强度不满足要求的为不合格品。

通用硅酸盐水泥各龄期的强度要求（GB 175—2007） 表 3-2

品种	强度等级	抗压强度（MPa）		抗折强度（MPa）	
		3d	28d	3d	28d
硅酸盐水泥	42.5	≥17.0	≥42.5	≥3.5	≥6.5
	42.5R	≥22.0		≥4.0	
	52.5	≥23.0	≥52.5	≥4.0	≥7.0
	52.5R	≥27.0		≥5.0	
	62.5	≥28.0	≥62.5	≥5.0	≥8.0
	62.5R	≥32.0		≥5.5	
普通硅酸盐水泥	42.5	≥17.0	≥42.5	≥3.5	≥6.5
	42.5R	≥22.0		≥4.0	
	52.5	≥23.0	≥52.5	≥4.0	≥7.0
	52.5R	≥27.0		≥5.0	
矿渣硅酸盐水泥 火山灰质硅酸盐水泥 粉煤灰硅酸盐水泥	32.5	≥10.0	≥32.5	≥2.5	≥5.5
	32.5R	≥15.0		≥3.5	
	42.5	≥15.0	≥42.5	≥3.5	≥6.5
	42.5R	≥19.0		≥4.0	
	52.5	≥21.0	≥52.5	≥4.0	≥7.0
	52.5R	≥23.0		≥4.5	
复合硅酸盐水泥	42.5	≥15.0	≥42.5	≥3.5	≥6.5
	42.5R	≥19.0		≥4.0	
	52.5	≥21.0	≥52.5	≥4.0	≥7.0
	52.5R	≥23.0		≥4.5	

6. 水化热

水泥与水发生水化反应所放出的热量称为水化热，通常用 J/kg 表示。水泥的水化热大部分在 3～7d 内放出，7d 内放出的热量可达总热量的 80% 左右，以后逐渐减少。水化热的大小主要与水泥熟料的矿物组成和细度有关，若水泥熟料中硅酸三钙和铝酸三钙的含量高，水泥细度越细，水化热越大。

水化热在混凝土工程中，既有有利的影响，也有不利的影响。水化热较大的水泥有利于冬季施工，但对大体积混凝土工程（如大坝、大型基础、桥墩等）不利。这是由于水泥水化释放的热量积聚在混凝土的内部不易散发，内部温度可高达 50～60℃，而混凝土表面散热很快，内外形成过大的温差引起的温差应力使混凝土受拉产生裂缝。因此大体积混凝土中不宜采用水化热较大的水泥，应采用水化热较低的水泥，或采取其他降温措施。

7. 密度和堆积密度

硅酸盐水泥的密度一般在 $3.1\sim3.2g/cm^3$。硅酸盐水泥的堆积密度除与矿物组成和细度有关外，主要取决于水泥堆积时的松紧程度，疏松堆积时为 $900\sim1300kg/m^3$。在混凝土配合比设计中，通常取水泥的密度为 $3.1g/cm^3$，堆积密度为 $1300kg/m^3$。

8. 其他质量要求

另外国家标准还规定：Ⅰ型硅酸盐水泥中不溶物含量不得超过 0.75％；Ⅱ型硅酸盐水泥中不溶物含量不得超过 1.5％。Ⅰ型硅酸盐水泥中烧失量不得大于 3.0％；Ⅱ型硅酸盐水泥中烧失量不得大于 3.5％。水泥中碱含量按 $Na_2O+0.658K_2O$ 计算值来示，若使用活性骨料，用户要求提供低碱水泥时，水泥中碱含量不得大于 0.60％，或由供需双方商定。氯离子含量不得超过 0.06％，当有更低要求时由买卖双方商定。

3.1.6 水泥石的腐蚀与防腐措施

1. 水泥石的腐蚀

一般情况下，硬化后的水泥石具有较好的耐久性，但当水泥石长时间处于侵蚀性介质中，如流动的淡水、酸性或盐类溶液、强碱等，使水泥石的结构变得疏松，强度下降甚至全部溃散，这种现象称为水泥石的腐蚀。水泥石的腐蚀主要有以下四种类型。

（1）软水侵蚀。工业冷凝水、雪水、雨水、蒸馏水及含碳量较少的河水与湖水等均属于软水。在静水或无水压的水中，软水的侵蚀仅限于表面，影响不大。但在有流动的软水作用时，水泥石中 $Ca(OH)_2$ 将不断溶解流失，使水泥石的碱度降低，同时水泥的水化产物必须在一定的碱性环境中才能稳定，$Ca(OH)_2$ 的溶出又导致其他水化产物分解，最终使水泥石破坏。

当环境水中含有重碳酸盐 $Ca(HCO_3)_2$ 时，由于同离子效应的缘故，氢氧化钙的溶解受到抑制，从而减轻了侵蚀作用，而且重碳酸盐还可以与氢氧化钙起反应，生成几乎不溶于水的碳酸钙。碳酸钙积聚在水泥石的孔隙中，形成了致密的保护层，阻止了外界水的侵入和内部氢氧化钙的扩散析出。反应式如下：

$$Ca(HCO_3)_2 + Ca(OH)_2 == 2CaCO_3 + 2H_2O$$

预先将与软水接触的混凝土在空气中放置一段时间，使水泥石中的氢氧化钙与空气中的 CO_2 和水作用形成碳酸钙外壳，可减轻软水的腐蚀。

（2）酸类腐蚀。溶解于水中的酸类和盐类可以与水泥石中的氢氧化钙发生置换反应，生成易溶性盐或无胶结能力的物质，使水泥石的结构被破坏。

1）碳酸的腐蚀

在某些工业废水及地下水中常溶解有较多的 CO_2，当含量超过一定浓度时，将会对水泥产生破坏作用：

开始时二氧化碳与水泥石中的氢氧化钙作用生成碳酸钙：

$$Ca(OH)_2 + CO_2 + H_2O == CaCO_3 + 2H_2O$$

生成的碳酸钙再与含碳酸的水作用转变成重碳酸钙，该反应是可逆反应：

$$CaCO_3 + CO_2 + H_2O \rightleftharpoons Ca(HCO_3)_2$$

生成的重碳酸钙易溶于水，若水中含有较多的碳酸，超过平衡浓度时，上式向右进行，水泥石中的 $Ca(OH)_2$ 经过上述两个反应式转变为 $Ca(HCO_3)_2$ 而溶解，进而导致其他水泥水化产物溶解，使水泥石结构破坏；若水中的碳酸不多，低于平衡浓度时，则反应式进行到第一个反应式为止，对水泥石并不起破坏作用。

2）一般酸的腐蚀

在工业污水和地下水中常含有无机酸（HCl、H_2SO_4、HPO_3 等）和有机酸（醋酸、蚁酸等），各种酸对水泥都有不同程度的腐蚀作用，它们与水泥石中的 $Ca(OH)_2$ 作用后生成的化合物或溶于水或体积膨胀而导致破坏。

例如：盐酸与水泥石中的 $Ca(OH)_2$ 作用生成极易溶于水的氯化钙，导致溶出性化学侵蚀，方程式如下：

$$2HCl + Ca(OH)_2 = CaCl_2 + 2H_2O$$

硫酸与水泥石中的氢氧化钙作用，生成的二水石膏或直接在水泥石空隙中结晶产生膨胀，或再与水化铝酸钙作用，生成高硫型水化硫铝酸钙，其破坏性更大。

$$H_2SO_4 + Ca(OH)_2 = CaSO_4 \cdot 2H_2O$$

（3）强碱腐蚀。碱类溶液如浓度不大时一般无害，但铝酸盐含量较高的硅酸盐水泥遇到强碱（如氢氧化钠）作用后会被腐蚀破坏，氢氧化钠与水泥熟料中未水化的铝酸盐作用，生成易溶的铝酸钠，出现溶出性侵蚀，其反应如下：

$$3CaO \cdot Al_2O_3 + 6NaOH = 3Na_2O \cdot Al_2O_3 + 3Ca(OH)_2$$

另外，当水泥石被氢氧化钠溶液浸透后，又在空气中干燥，与空气中的二氧化碳作用生成碳酸钠，碳酸钠在水泥石毛细孔中结晶沉积，可使水泥石胀裂。

（4）盐类腐蚀

1）硫酸盐的腐蚀。在海水、湖水、地下水及某些工业污水中常含有钾、钠、氨的硫酸盐，它们与水泥石中的氢氧化钙作用生成硫酸钙。硫酸钙与水泥石中的水化铝酸钙作用，生成高硫型水化硫铝酸钙。

$$4CaO \cdot Al_2O_3 \cdot 12H_2O + 3CaSO_4 + 20H_2O = 3CaO \cdot Al_2O_3 \cdot 31H_2O + Ca(OH)_2$$

生成的高硫型水化硫铝酸钙含有大量的结晶水，体积膨胀 1.5 倍以上。由于是在已经硬化的水泥石中发生这种反应，因而对已硬化的水泥石起极大的破坏作用。高硫型水化硫铝酸钙呈针状晶体，故俗称"水泥杆菌"。

当水中硫酸盐浓度较高时，硫酸钙将在孔隙中直接结晶成二水石膏，产生体积膨胀，导致水泥石开裂破坏。

2）镁盐的腐蚀。海水及地下水中常含有氯化镁和硫酸镁等镁盐，它们可与水泥石中的氢氧化钙起复分解反应：

$$MgCl_2 + Ca(OH)_2 = CaCl_2 + Mg(OH)_2$$
$$MgSO_4 + Ca(OH)_2 + 2H_2O = CaSO_4 \cdot 2H_2O + Mg(OH)_2$$

生成的氯化钙易溶于水，氢氧化镁松软无胶结能力，二水石膏则引起硫酸的破坏作用。因此，硫酸镁对水泥石起镁盐和硫酸盐的双重腐蚀作用。

除上述四类腐蚀类型外，对水泥石起腐蚀作用的还有一些其他物质，如糖、氨盐、纯酒精、动物脂肪、含环烷酸的石油产品等。

2. 水泥石腐蚀的预防措施

水泥石腐蚀实际上是一个极其复杂的物理化学作用过程，常常几种作用同时存在，相互影响，内外因并存。内因一是水泥石中存在引起腐蚀的组分 $3CaO \cdot Al_2O_3 \cdot 6H_2O$ 和 $Ca(OH)_2$；二是水泥石本身结构不密实，有渗水的毛细管通道。外因是在水泥石周围有以液相形式存在的侵蚀性介质。水泥石破坏有三种表现形式：①溶解浸析，主要是水泥石中的 $Ca(OH)_2$ 溶解，使水泥石中的 $Ca(OH)_2$ 浓度降低，进而引起其他水化产物的溶解；②

离子交换，侵蚀性介质与水泥石的组分 Ca(OH)$_2$ 发生离子交换反应，生成易溶解或没有胶结能力的产物，破坏水泥石原有的结构；③形成膨胀组分，水泥石中的水化铝酸钙与硫酸盐作用形成膨胀性结晶产物，产生有害的内因力，引起膨胀性破坏。根据以上分析，欲减少或者阻止水泥石的腐蚀，可以采取以下预防措施：

(1) 根据侵蚀环境特点合理选用水泥品种。例如在软水侵蚀条件的工程，选用水化生成物中 Ca(OH)$_2$ 含量少的水泥；为了抵抗硫酸盐侵蚀，可选用铝酸三钙含量低于5%的抗硫酸盐水泥等。

(2) 提高水泥石的密实度，降低孔隙率。为了使有害物质不易渗入内部，水泥石中的孔隙率越小越好。为了提高水泥混凝土的密实度，应合理设计混凝土的配合比，采用低水胶比，选择最优施工方法。此外还可采取适当措施，如机械搅拌、振捣等，提高水泥石密实度，改善水泥石的耐腐蚀性。

(3) 设置保护层。水泥石在较强的腐蚀性介质中使用时，根据不同的腐蚀性介质，在混凝土或砂浆表面覆盖塑料、沥青、耐酸陶瓷和耐酸石料等耐腐蚀性强且不透水的保护层，使水泥石与腐蚀性介质相隔离，起到保护作用。

3.1.7 硅酸盐水泥的特性与应用

1. 快凝快硬高强

硅酸盐水泥的凝结硬化速度快、强度高，尤其是早期强度高。适用于有早强要求的冬季施工的混凝土工程，地上、地下重要结构物及高强混凝土和预应力混凝土。

2. 抗冻性好

硅酸盐水泥采用合理的配合比和充分养护后，结构密实，故抗冻性好，适用于严寒地区遭受反复冻融的工程和抗冻性要求高的工程。

3. 抗碳化能力强

水泥石中的氢氧化钙与空气中的二氧化碳和水作用生成碳酸钙的过程称为碳化。碳化会引起水泥石内部的碱度降低，产生微裂缝，使钢筋混凝土中的钢筋产生锈蚀。硅酸盐水泥密实度高且碱性较强，一方面二氧化碳不易渗入水泥石内部，另一方面钢筋混凝土中的钢筋处于这种强碱性环境中，在其表面会形成一层坚韧致密的钝化膜，保护钢筋免遭锈蚀，故其抗碳化能力强。因此特别适用于重要的钢筋混凝土、预应力混凝土结构。

4. 干缩小和耐磨性好

硅酸盐水泥硬化时干缩小，不易产生干缩裂缝，可用于干燥环境工程。由于干缩小，强度高，表面不易起粉尘，因此耐磨性好，可用于道路、地面等对耐磨性要求高的工程。

5. 水化热大

硅酸盐水泥含有大量的硅酸三钙、铝酸三钙，在水泥水化时，放热迅速且放热量大，用于冬季施工可避免冻害，但高水化热对大体积混凝土工程不利，不宜用于大体积混凝土工程。

6. 耐腐蚀性差

硅酸盐水泥石中有较多的氢氧化钠、水化铝酸钙，耐软水和耐化学腐蚀性差。故硅酸盐水泥不宜用于经常与流动的淡水接触和压力水作用的工程，也不适用于受海水、矿物水等作用的工程。

7. 耐热性差

硅酸盐水泥石在常温超过 250℃ 时水化产物开始脱水，体积产生收缩，强度开始下降。当受热温度超过 700℃，水泥石由于体积膨胀而造成破坏。因此，硅酸盐水泥不宜用于耐热要求高的工程，如工业窑炉、高炉基础等，也不宜用来配制耐热混凝土。

3.2 通用硅酸盐系列水泥

3.2.1 通用硅酸盐水泥的定义、组分和代号

以硅酸盐水泥熟料和适量的石膏，及规定的混合材料制成的水硬性胶凝材料称为通用硅酸盐水泥（Common Portland Cement）。

通用硅酸盐水泥中，除 P·I 型硅酸盐水泥外，其他品种水泥都掺加了规定的混合材料。掺加混合材料是为了调整水泥的强度等级，改善性能，增加品种和产量，扩大使用范围，降低成本并且充分利用工业废料，减轻对环境的负担。通用硅酸盐水泥各品种的组分和代码应符合表 3-3 的规定。

通用硅酸盐水泥各品种组分及代码 表 3-3

品　　种	代码	组分（%）				
		熟料+石膏	粒化高炉矿渣	火山灰质混合材料	粉煤灰	石灰石
硅酸盐水泥	P·I	100	—	—	—	—
	P·II	≥95	≤5	—	—	—
		≥95	—	—	—	≤5
普通硅酸盐水泥	P·O	≥80 且 <95	>5 且 ≤20			
矿渣硅酸盐水泥	P·S·A	≥50 且 <80	>20 且 ≤50	—	—	—
	P·S·B	≥30 且 <50	>50 且 ≤70	—	—	—
火山灰质硅酸盐水泥	P·P	≥60 且 <80	—	>20 且 ≤40	—	—
粉煤灰硅酸盐水泥	P·F	≥60 且 <80	—	—	>20 且 ≤40	—
复合硅酸盐水泥	P·C	≥50 且 <80	>20 且 ≤50			

3.2.2 混合材料

混合材料是指在生产水泥及其各种制品和构件时，掺入的大量天然或人工的矿物材料，混合材料按照其参与水化的程度，分为活性混合材料和非活性混合材料。

1. 活性混合材料

磨细的混合材料与石灰、石膏或硅酸盐水泥一起，加水拌合后，在常温下能发生化学反应，生成有一定胶凝性的物质，且具有水硬性，这种混合材料称为活性混合材料。常用的活性混合材料有粒化高炉矿渣、火山灰质混合材料和粉煤灰混合材料。

（1）粒化高炉矿渣。它是将炼铁高炉中的熔融矿渣经水淬等急冷方式而成的粒径 0.5~5mm 的松软颗粒，又称水淬高炉矿渣。粒化高炉矿渣为不稳定的玻璃体，储有较高的潜在活性，在有激发剂的情况下，具有水硬性。其中主要的化学成分是 CaO、SiO_2 和 Al_2O_3，约占 90% 以上。粒化高炉矿渣的活性主要来自玻璃体结构中的活性 SiO_2 和

Al_2O_3，含量较高者，活性较大，质量较好。

（2）火山灰质混合材料。凡是天然的或人工的以活性氧化硅和活性氧化铝为主要成分，具有火山灰性质的矿物质材料，都称为火山灰质混合材料。天然的火山灰主要是火山喷发时随同熔岩一起喷发的大量碎屑沉积在地面或水中的松软物质，包括浮石、火山灰、凝灰岩、沸石等。人工的火山灰质混合材料是将一些天然材料或者是工业废料经过加工处理所得，包括烧黏土、煤矸石、烧页岩、煤渣和硅灰等。此类材料的活性成分也是活性SiO_2和Al_2O_3，其潜在水硬性原理与粒化高炉矿渣相同。

（3）粉煤灰混合材料。粉煤灰是以粉煤灰为燃料的火力发电厂用收尘器从烟道中收集的烟道灰，主要成分是活性SiO_2和Al_2O_3及一定量的CaO，活性SiO_2和Al_2O_3的水硬性原理与粒化高炉矿渣相同。根据CaO的含量可分为低钙粉煤灰（CaO含量低于10%）和高钙粉煤灰。高钙粉煤灰活性较高，因其所含的钙大多数是以活性结晶化合物存在的。此外其所含钙离子量使铝硅玻璃体的活性得到增强。

2. 非活性混合材料

在水泥中主要起填充作用而又不参与水泥水化反应的矿物材料称为非活性混合材料。常用的品种有磨细石英砂、石灰石、黏土等。非活性混合材料的主要作用是调节水泥强度等级级、增加水泥产量、降低水化热等。

3.2.3 通用硅酸盐水泥的性能指标及应用

1. 普通硅酸盐水泥

（1）普通硅酸盐水泥的技术指标。普通硅酸盐的细度、体积安定性、氧化镁含量、三氧化硫含量要求与硅酸水泥完全相同，凝结时间和强度等级技术指标要求不同。

1）凝结时间。要求初凝时间不小于45min，终凝时间不大于10h。

2）强度等级。根据3d和28d的抗压强度、抗折强度，将普通硅酸盐水泥分为42.5、42.5R、52.5、52.5R四个强度等级。各龄期的强度应满足表3-2的要求。

（2）普通硅酸盐水泥的性能及应用。普通硅酸盐水泥由于掺入混合材料的作用是调节水泥强度等级，因此其性能与硅酸盐水泥相近。只是强度等级、水化热、抗冻性、抗碳化性较硅酸盐水泥略低，耐热性、耐腐蚀性略有提高。普通硅酸盐水泥的应用范围与硅酸盐水泥基本相同，广泛应用于各种混凝土和钢筋混凝土工程，是土木工程中用量最大的水泥品种之一。

2. 矿渣、粉煤灰、火山灰硅酸盐水泥

（1）三种水泥技术指标

1）凝结时间。要求初凝时间不小于45min，终凝时间不大于10h。

2）安定性。沸煮法合格。

3）细度。80μm方孔筛筛余不大于10%或45μm方孔筛筛余不大于30%。

4）强度等级。这三种水泥的强度等级按3d和28d的抗压强度、抗折强度来划分，可分为32.5、32.5R、42.5、42.5R、52.5、52.5R六个强度等级。各龄期的强度不能低于表3-2的规定。

（2）三种水泥的共性

这三种水泥都是在硅酸盐水泥熟料的基础上加入大量活性混合材料再加适量石膏磨细而制成的，所加活性混合材料在化学组成与化学活性上基本相同，性质和应用有很多共同点，如凝结硬化慢，早期强度发展慢，后期强度增长快，水化热低，耐腐蚀性好，温湿度敏感性强，抗碳化能力差，抗冻性差等。但由于每种水泥所加入混合材料的种类和掺加量不同，因此也各有特点。

(3) 三种水泥的特性及应用

1) 矿渣硅酸盐水泥耐热性更好。因矿渣含量较高，矿渣本身又是高温形成的耐火材料，而且水化产物中氢氧化钙含量少，所以矿渣水泥的耐热性好，适用于高温车间、高炉基础及热气体通道等耐热工程。

2) 粉煤灰硅酸盐水泥缩性小，抗裂性好。粉煤灰颗粒多呈球形玻璃体结构，比较稳定，表面又相当致密，吸水性小，不易水化。粉煤灰由于表面积小，不易水化，所以活性主要在后期发挥。因此，粉煤灰水泥活性主要在后期发挥，粉煤灰水泥早期强度、水化热比矿渣水泥和火山灰水泥还要低，特别适用于大体积混凝土工程。

3) 火山灰硅酸盐水泥抗渗性好。火山灰水泥的需水量较大，泌水性较小。此外，火山灰质混合材料在石灰溶液中会产生膨胀现象，导致水泥石结构较为密实，故抗渗性较高，适用于有抗渗要求较高的工程。火山灰水泥的抗冻性及耐磨性比矿渣水泥差，干燥收缩较大，在干热条件下会产生起粉现象，因此火山灰水泥不宜用于有抗冻、耐磨要求和干热环境使用的工程。

3. 复合硅酸盐水泥

复合硅酸盐水泥由于使用了两种或两种以上的混合材料，相互之间能够取长补短，使水泥性能比掺单一混合材料的有所改善，水化热较低，早期强度大于同强度等级的矿渣硅酸盐水泥、粉煤灰硅酸盐水泥、火山灰质硅酸盐水泥。因而复合硅酸盐水泥的用途较硅酸盐水泥、矿渣硅酸盐水泥等更为广泛，是一种大力发展的新型水泥。

国家标准规定，复合硅酸盐水泥中氧化镁含量不得超过 6.0%，如果超过 6.0%，需进行水泥压蒸安定性试验并合格；三氧化硫含量不大于 3.5%；凝结时间、体积安定性、氯离子含量要求均与普通硅酸盐水泥相同。

硅酸盐水泥、普通硅酸盐水泥、矿渣硅酸盐水泥、火山灰质硅酸盐水泥、粉煤灰硅酸盐水泥及复合硅酸盐水泥是我国目前广泛使用的六种水泥，其组成、特性及适用范围见表 3-4。

六种常用水泥的组成、特性及适用范围汇总表　　表 3-4

水泥	硅酸盐水泥	普通水泥	矿渣水泥	火山灰水泥	粉煤灰水泥	复合水泥
特性	1. 强度高； 2. 快硬早强； 3. 抗冻、耐磨性好； 4. 水化热大； 5. 耐腐蚀性较差； 6. 耐热性较差	1. 早期强度较高； 2. 抗冻性较好； 3. 水化热较大； 4. 耐腐蚀性较差； 5. 耐热性较差	1. 早期强度低，但后期增长快； 2. 强度发展对温度、湿度敏感； 3. 水化热低； 4. 耐软水、海水、硫酸盐腐蚀性较好； 5. 耐热性较好； 6. 抗冻抗渗性较差	1. 抗渗性较好，耐热不及矿渣水泥，干缩大，耐磨性差； 2. 其他同矿渣水泥	1. 干缩性较小； 2. 抗裂性较好； 3. 其他同矿渣水泥	1. 早期强度较高； 2. 其他性能与掺主要混合材料的水泥接近

续表

水泥	硅酸盐水泥	普通水泥	矿渣水泥	火山灰水泥	粉煤灰水泥	复合水泥
适用范围	1. 高强度混凝土； 2. 预应力混凝土； 3. 快硬早强结构； 4. 抗冻混凝土	1. 一般的混凝土； 2. 预应力混凝土； 3. 地下与水中结构； 4. 抗冻混凝土	1. 一般耐热要求的混凝土； 2. 大体积混凝土； 3. 蒸汽养护构件； 4. 一般混凝土构件； 5. 一般耐软水、海水、硫酸盐腐蚀要求的混凝土	1. 水中、地下、大体积混凝土，抗渗混凝土； 2. 其他同矿渣水泥	1. 水中、地下、与水中大体积混凝土； 2. 其他同矿渣水泥	1. 早期强度较高的工程； 2. 其他与掺主要混合材料的水泥类似
不适用范围	1. 大体积混凝土； 2. 易受腐蚀的混凝土； 3. 耐热混凝土，高温养护混凝土		1. 早期强度要求较高的混凝土； 2. 严寒地区及处在水位升降范围内的混凝土； 3. 抗渗性要求较高的混凝土	1. 干燥环境及处在水位变化范围内的混凝土； 2. 耐磨要求的混凝土； 3. 其他同矿渣水泥	1. 抗碳化要求的混凝土； 2. 有抗渗要求的混凝土； 3. 其他同火山灰水泥	与掺入主要混合材料的水泥类似

3.3 其他种类水泥

在建筑工程中，除了前面介绍的通用水泥外，还需使用一些特性水泥和专用水泥来满足工程要求。本节主要介绍装饰水泥，中热、低热水泥，铝酸盐水泥（高铝水泥）和道路水泥。

3.3.1 装饰水泥

白色水泥和彩色水泥属于特种水泥，其水硬性物质也是以硅酸盐为主。白色水泥和彩色水泥由于生产原料和工艺的特殊性，所以价格比一般水泥要高得多，通常不在结构工程中使用，而用于装饰工程。

1. 白色硅酸盐水泥

由白色硅酸盐水泥熟料，加入适量石膏和混合材料磨细制成的水硬性胶凝材料称为白色硅酸盐水泥（简称"白水泥"）。按照白度分为1级和2级，代号分别为P·W—1和P·W—2。白水泥与普通水泥生产方法基本相同，普通水泥熟料呈灰色，其主要原因是由于氧化铁含量相对较高（3%~4%）；而白水泥熟料中氧化铁含量仅为0.35%~0.4%，着色的铁含量少，因而色白。因此，白色硅酸盐水泥的生产特点主要是降低氧化铁的含量。此外，锰、铬等氧化物也会导致水泥白度的降低，也应严格控制其含量。

国家标准《白色硅酸盐水泥》GB/T 2015—2017规定，白色硅酸盐水泥细度要求$45\mu m$，方孔筛筛余应不大于30%；初凝时间不早于45min，终凝时间不迟于600min；安定性用沸煮检验必须合格，1级白度（P·W—1）不小于89，2级白度（P·W—2）不小于87；水泥中的SO_3含量（质量分数）不超过3.5%，水泥中水溶性六价铬不大于10mg/kg，氯离子不大于0.06%；根据3d、28d的抗压和抗折强度将白水泥划分为32.5、42.5、

52.5 三个强度等级。各龄期的强度值不低于表 3-5 的要求。白水泥的白度是指水泥色白的程度,将水泥样品放入白度仪中测定其白度,白度值不能低于 87。

白色硅酸盐水泥各龄期的强度要求　　　　表 3-5

强度等级	抗压强度(MPa)		抗折强度(MPa)	
	3d	28d	3d	28d
32.5	12.0	32.5	3.0	6.0
42.5	17.0	42.5	3.5	6.5
52.5	22.0	52.5	4.0	7.0

2. 彩色硅酸盐水泥

由白色硅酸盐水泥熟料、适量石膏和耐碱矿物颜料共同磨细,可制成彩色硅酸盐水泥。彩色水泥按其化学成分可分为彩色硅酸盐水泥、彩色硫铝酸盐水泥和彩色铝酸盐水泥三种。其中彩色硫铝酸盐水泥和彩色铝酸盐水泥属于早强型水泥;彩色硅酸盐水泥产量最大,应用最广,故这里只介绍彩色硅酸盐水泥。

彩色硅酸盐水泥简称彩色水泥,按生产方式可分为以下两大类:

(1) 染色法

染色法是将硅酸盐水泥熟料(白水泥熟料或普通水泥熟料)、适量石膏和碱性颜料共同磨细而制得彩色水泥。

染色法生产彩色水泥对颜料的要求是:不溶于水、分散性好、耐碱性强、抗大气稳定性好,掺入后不显著降低水泥的强度。常用的颜料有以氧化铁为基础的各色颜料。如红色颜料为三氧化二铁(Fe_2O_3),俗称铁红;黄色颜料为含水三氧化二铁($Fe_2O_3 \cdot H_2O$),俗称铁黄;紫色颜料为三氧化二铁(Fe_2O_3)的高温煅烧物,俗称铁紫;棕色颜料为三氧化二铁和四氧化三铁的混合物,俗称铁棕;黑色颜料为四氧化三铁(Fe_3O_4),俗称铁黑。

(2) 直接烧成法

直接烧成法是在水泥生料中加入着色原料(金属氧化物或氢氧化物)直接煅烧成彩色水泥熟料,再加入适量石膏共同磨细制成彩色水泥。如加入氧化铬(Cr_2O_3)或氢氧化铬$Cr(OH)_3$ 可制得绿色水泥;加入氧化锰(Mn_2O_3)在还原气氛中可制得浅蓝色水泥,在氧化气氛中可制得浅紫色水泥。这种方法着色剂用量少,有时也可用工业副产品作着色剂,但目前生产的水泥颜色有限,且颜色受煅烧温度和气氛影响,不易控制。

3. 装饰水泥的应用

白色水泥和彩色水泥在装饰工程中的应用主要有以下几个方面:

(1) 配制装饰水泥浆

以各种彩色水泥为基料,同时掺入适量氯化钙促凝剂和皮胶水胶料配制成刷浆材料,用于工业建筑和仿古建筑的饰面刷浆。另外还多用于室外墙面装饰,可以呈现各种色彩、线条和花样,具有特殊装饰效果。

(2) 配制装饰混凝土

以白水泥和彩色水泥为胶凝材料,加入适当品种的骨料制得白水泥或彩色水泥混凝土,既能克服普通水泥混凝土颜色灰暗、单调的缺点,获得良好的装饰效果,又能满足结构要求的物理力学性能。

(3) 配制各种彩色砂浆用于装饰抹灰。

(4) 制造各种彩色水磨石、人造大理石、水刷石、斧剁石、拉毛、喷涂、干粘石等。

3.3.2 中热水泥、低热水泥

1. 中热水泥、低热水泥的成分、代号

中热硅酸盐水泥，简称中热水泥，是以适当成分的硅酸盐水泥熟料，加入适量的石膏，磨细制成的具有中等水化热的水硬性胶凝材料，代号为 P·MH。

低热硅酸盐水泥，简称低热水泥，是以适当成分的硅酸盐水泥熟料，加入适量的石膏，磨细制成的具有低水化热的水硬性胶凝材料，代号为 P·LH。

2. 中热水泥、低热水泥的技术要求

低热矿渣水泥和中热水泥主要是通过限制水化热较高的 C_3A 和 C_3S 含量得以实现的。根据现行规范《中热硅酸盐水泥、低热硅酸盐水泥》GB 200—2017，技术要求如下：

(1) 熟料中的 C_3A 和 C_3S 含量（质量分数）

1) 熟料中的 C_3A 含量：中热水泥和低热水泥不得超过 6%。

2) 熟料中的 C_3S 含量：中热水泥不得超过 55%，低热水泥不得超过 40%。

(2) 细度、凝结时间

细度要求为比表面积 $250m^2/kg$；初凝时间不早于 60min，终凝时间不得迟于 720min。

(3) 强度

中热水泥和低热水泥强度等级为 42.5；低热矿渣水泥强度等级为 32.5。各龄期强度值见表 3-6。

中热硅酸盐水泥、低热硅酸盐水泥各龄期的强度值（GB 200—2017）　　表 3-6

水泥品种	强度等级	抗压强度（MPa）			抗折强度（MPa）		
		3d	7d	28d	3d	7d	28d
中热水泥	42.5	≥12.0	≥22.0	≥42.5	≥3.0	≥4.5	≥6.5
低热水泥	32.5	—	≥10.0	≥32.5	—	≥3.0	≥5.5
	42.5	—	≥13.0	≥42.5	—	≥3.5	≥6.5

(4) 水化热

中热水泥、低热水泥和低热矿渣水泥各龄期的水化热值不得超过表 3-7 规定。

中热硅酸盐水泥、低热硅酸盐水泥各龄期的水化热值（GB 200—2017）　　表 3-7

水泥品种	强度等级	水化热/(kJ/kg)	
		3d	28d
中热水泥	42.5	251	293
低热水泥	32.5	197	230
	42.5	230	260

3. 中热水泥、低热水泥的应用

中热水泥主要适用于大坝溢流面或大体积建筑物的面层和水位变化区等部位，要求低水化热和较高耐磨性、抗冻性的工程；低热水泥和低热矿渣水泥主要适用于大体积混凝土内部及水下等要求低水化热的工程。

3.3.3 道路硅酸盐水泥

1. 道路硅酸盐水泥的材料组成

随着我国经济建设的发展，高等级公路越来越多，水泥混凝土路面已成为主要路面形式之一。由道路硅酸盐水泥熟料、适量石膏和混合材料，磨细制成的水硬性胶凝材料，称为道路硅酸盐水泥，简称道路水泥，代号 P·R。道路硅酸盐水泥熟料中熟料和石膏（质量分数）为 90%～100%，活性混合材料（质量分数）为 0～10%。其中道路水泥熟料铝酸三钙的含量不应大于 5%，铁铝酸四钙的含量不应小于 15%，游离氧化钙的含量不应大于 1%。

2. 道路硅酸盐水泥的技术要求

对专供公路、城市道路和机场跑道所用的道路水泥，我国制定了国家标准《道路硅酸盐水泥》GB/T 13693—2017。

道路水泥分为 32.5、42.5、52.5 三个强度等级，各龄期的强度值不低于表 3-8 中规定的数值；道路水泥的初凝时间不早于 90min；终凝时间不迟于 720min；28d 干缩率不大于 0.10%，28d 磨耗量应不大于 $3.00kg/m^2$；体积安定性用沸煮法检验必须合格。

道路硅酸盐水泥各龄期的强度值（GB 13693—2017）　　表 3-8

强度等级	抗压强度（MPa）		抗折强度（MPa）	
	3d	28d	3d	28d
7.5	21.0	42.5	4.0	7.5
8.5	26.0	52.5	5.0	8.5

3. 道路硅酸盐水泥的应用

道路水泥抗折强度高、耐磨性好、干缩小、抗冻性和抗冲击性好，可减少混凝土路面的断板、温度裂缝和磨耗，减少路面维修费用，延长道路使用年限。道路水泥适用于公路路面、机场跑道、人流量较多的广场等工程的面层混凝土。

3.3.4 铝酸盐水泥（高铝水泥）

1. 铝酸盐水泥的成分、代号

铝酸盐水泥是以铝矾土和石灰石为原料，经高温煅烧所得以铝酸钙为主的铝酸盐水泥熟料，经磨细制成的水硬性胶凝材料，代号为 CA。铝酸盐水泥又称高铝水泥。

2. 铝酸盐水泥的特性和应用

铝酸盐水泥具有快凝、早强、高强、低收缩、耐热性好和耐硫酸盐腐蚀强等特点，适用于工期紧急的工程、抢修工程、冬季施工的工程和耐高温工程，还可以用来配制耐热混凝土、耐硫酸盐混凝土等。但铝酸盐水泥的水化热大、耐碱性差，不宜用于大体积混凝土，不宜采用蒸汽等湿热养护。

3.4 水泥的选用、验收和保存

水泥作为建筑材料中应用最多的材料之一，在建筑工程中发挥着巨大的作用。正确选择、合理使用水泥，严格质量验收及妥善保管尤为重要。

3.4.1 水泥的选用

1. 根据强度等级选用合适水泥

配制砌筑砂浆时，水泥强度等级一般为砂浆设计强度等级的 4～5 倍。配制混凝土时，为确保所配置混凝土满足各项要求，水泥强度等级与混凝土的设计强度等级应相适应，其相应的强度等级关系见表 3-9。

水泥强度等级与所配置混凝土强度等级关系　　　　　　　　　　表 3-9

混凝土强度等级	水泥强度等级与混凝土强度等级倍数关系
低强度等级混凝土（C20 以下）	2
中等强度等级混凝土（C20～C40）	1.5～2
高强度等级混凝土（C40 以上）	0.9～1

2. 根据工程特点或所处环境条件选用合适水泥

目前，硅酸盐水泥、普通硅酸盐水泥、矿渣硅酸水泥、火山灰质硅酸盐水泥、粉煤灰硅酸盐水泥和复合硅酸盐水泥是我国广泛使用的通用硅酸盐水泥。在混凝土结构中，这些水泥的使用可参照表 3-10 进行选择。

常用水泥的选用　　　　　　　　　　表 3-10

混凝土	混凝土工程特点或所处环境条件	优选水泥	可选水泥	不宜选用水泥
普通混凝土	1. 普通气候环境中的混凝土	普通硅酸盐水泥	粉煤灰硅酸盐水泥 矿渣硅酸盐水泥 火山灰质硅酸盐水泥	
	2. 干燥环境中的混凝土	普通硅酸盐水泥	矿渣硅酸盐水泥	粉煤灰硅酸盐水泥 火山灰质硅酸盐水泥
	3. 高湿环境或长期处于水中的混凝土	矿渣硅酸盐水泥	普通硅酸盐水泥 火山灰质硅酸盐水泥 粉煤灰硅酸盐水泥	
	4. 厚大快硬的混凝土	煤灰硅酸盐水泥 矿渣硅酸盐水泥 火山灰质硅酸盐水泥	普通硅酸盐水泥	硅酸盐水泥 快硬硅酸盐水泥
有特殊要求的混凝土	1. 要求快硬的混凝土	快硬硅酸盐水泥 硅酸盐水泥	普通硅酸盐水泥	粉煤灰硅酸盐水泥 火山灰质硅酸盐水泥 矿渣硅酸盐水泥
	2. 高强（大于 C40 级）的混凝土	硅酸盐水泥	普通硅酸盐水泥 矿渣硅酸盐水泥	粉煤灰硅酸盐水泥 火山灰质硅酸盐水泥
	3. 严寒地区的露天混凝土和处在水位升降范围内的混凝土	普通硅酸盐水泥	矿渣硅酸盐水泥	粉煤灰硅酸盐水泥 火山灰质硅酸盐水泥
	4. 严寒地区处于水位升降范围内的混凝土	普通硅酸盐水泥		粉煤灰硅酸盐水泥 火山灰质硅酸盐水泥 矿渣硅酸盐水泥 复合硅酸盐水泥
	5. 有抗渗性要求的混凝土	普通硅酸盐水泥 火山灰质硅酸盐水泥		矿渣硅酸盐水泥
	6. 有耐磨性要求的混凝土	硅酸盐水泥 普通硅酸盐水泥	矿渣硅酸盐水泥	粉煤灰硅酸盐水泥 火山灰质硅酸盐水

3.4.2 水泥的验收

水泥袋上应清楚标明:产品名称,代号,净含量,强度等级,生产者的名称和地址,出厂编号,执行标准号,包装日期。水泥可以袋装或散装,袋装水泥每袋净含量50kg,应不少于标志质量的99%;随机抽取20袋总质量(含包装袋)应不少于1000kg,其他包装形式由双方协商确定。水泥出厂前应按品种、同强度等级编号和取样,袋装水泥和散装水泥应分别进行编号和取样,取样方法按照《水泥取样方法》GB/T 12573—2008进行,可连续取样,也可从20个以上不同部位取等量样品,总量至少12kg。水泥的质量验收可抽取实物试样以其检验报告为依据,采取何种方法验收由双方商定,并在合同或协议中注明。出厂水泥应保证出厂强度等级,其余技术要求应符合国家规定。

3.4.3 水泥的保存

水泥在运输及保管时要注意防潮和防止空气流动,先存先用,不可储存过久。若水泥保管不当会使水泥因风化而影响其正常使用,甚至会导致工程质量事故,因此要注意以下方面:

(1) 储存水泥要用专门的仓库,且保持仓库干燥。

(2) 水泥在运输和储存时应注意防水防潮。因为水泥容易吸收空气中的水分,发生水化作用凝结成块状,从而失去胶凝作用。

(3) 按不同品种、强度等级及出厂日期分别存放。

(4) 储存袋装水泥,垫板距地面应不小于30cm,四周距墙不小于30cm,堆放高度一般不超过10袋。

(5) 散装水泥应用专门运输车,直接卸入现场特制的储仓,储仓容量应适当,以便装入和取出,同时储存仓应靠近搅拌站设置。

(6) 储存时间不宜过长,常用水泥储存期为3个月,铝酸盐水泥为两个月,双快水泥不宜超过1个月。即使储存条件良好的水泥存放3个月后强度也会明显降低,储存期超过3个月的水泥为过期水泥,水泥中的活性矿物与空气中的水分、二氧化碳发生反应,而使水泥变质的现象称为风化。在正常条件下,储存3个月,强度降低10%~25%;储存6个月,强度降低25%~40%。

(7) 过期水泥和受潮结块的水泥,均应重新检测强度后才能决定如何使用。受潮水泥的处理参见表3-11。

受潮水泥的处理方法　　　　　　　　　　　表3-11

受潮程度	水泥状况	处理方法	适用方法
轻微	有松块,可以用手捏成粉末,无硬块	将松块、小球压成粉末,同时加强搅拌	经试验按实际强度使用
较重	部分结成硬块	筛除硬块,并将松快压碎	(1) 试验后按实际强度使用 (2) 用于不重要的受力小的部位 (3) 用于砌筑砂浆
严重	呈硬块状	将硬块压成粉末,换取25%硬块质量的新鲜水泥作强度试验	不能作为水泥使用,只可作掺合料或集料

思考与练习

1. 硅酸盐水泥的熟料矿物组成有哪些？它们单独与水作用时有何特征？
2. 在硅酸盐水泥生产中，加入石膏的作用是什么？掺入量一般为多少？掺入量过多或过少有什么影响？
3. 何为水泥的体积安定性？引起水泥体积安定性不良的原因有哪些？
4. 硅酸盐水泥有哪些技术性质？
5. 何为水泥的凝结时间？为什么要规定水泥的凝结时间？
6. 混合材料有哪些种类？掺入后的作用分别是什么？水泥中常掺入哪些活性材料？
7. 常用的掺入混合材料的硅酸盐水泥有哪些？简述掺入混合材料硅酸盐水泥的共性和特性？
8. 高铝水泥适用于哪些工程？
9. 装饰水泥有哪些？适用于哪些工程？
10. 水泥的储存和保管应注意哪些事项？受潮水泥应如何处理？

4 混 凝 土

学习目标
- 熟练掌握混凝土各组成材料的各项性质要求、测定方法及对混凝土性能的影响。
- 掌握混凝土拌合物的性质及其测定和调整方法。
- 掌握硬化混凝土的力学性质、变形性能和耐久性能及其影响因素。
- 掌握普通混凝土的配合比设计方法。

4.1 混凝土概述

4.1.1 混凝土的概念

广义上讲，混凝土是由胶凝材料、粗细骨料和水按适当的比例配合，拌制成混合物，经一定时间后硬而化成的人造石材。它是当今世界上用途最广、用量最大的人造土木工程材料，而且是重要的工程结构材料。

4.1.2 混凝土的分类

1. 按胶凝材料分类

（1）无机胶凝材料混凝土。如水泥混凝土、石膏混凝土、水玻璃混凝土等。
（2）有机胶凝材料混凝土。如沥青混凝土、树脂混凝土、聚合物混凝土等。

2. 按表观密度分类

（1）重混凝土。其干表观密度大于 $2800kg/m^3$。它采用密度很大的重集料——重晶石、铁矿石、铁屑等进行配制，也可同时采用钡水泥、锶水泥等重水泥用于配制。具有防射线的性能，故又称防辐射混凝土，主要用于核能工程的屏蔽结构材料。

（2）普通混凝土。其干表观密度为 $2000\sim2800kg/m^3$，一般多在 $2400kg/m^3$ 左右。它用普通的砂、石作为集料配制而成，为土木工程中最常用的面广量大的混凝土，通常简称混凝土，主要用作各种建筑的承重结构材料。

（3）轻混凝土。其干表观密度不大于 $1950kg/m^3$。它是采用轻粗集料、轻砂（或普通砂）、水泥和水配制而成的多孔结构的混凝土。其用途可分为结构用、保温隔热用等。

3. 按用途分类

可分为结构混凝土、装饰混凝土、防水混凝土、耐热混凝土、耐酸混凝土、大体积混凝土、防辐射混凝土、膨胀混凝土、道路混凝土等。

4. 按强度等级分类

根据混凝土的抗压强度 f_{cu}，可分为以下三类：

（1）普通混凝土。$f_{cu}<30MPa$ 为低强度混凝土；$30MPa \leqslant f_{cu}<60MPa$ 为中强度混凝土。

（2）高强混凝土。$f_{cu} \geqslant 60MPa$。

(3) 超高强混凝土。$f_{cu} \geqslant 100\text{MPa}$。

5. 按生产和施工方法分类

可分为预拌混凝土（商品混凝土）、泵送混凝土、喷射混凝土、碾压混凝土、压力灌装混凝土（预填集料混凝土）、挤压混凝土、离心混凝土、真空吸水混凝土、热拌混凝土等。

此外，混凝土可按 1m^3 水泥用量分为富混凝土（水泥含量 $\geqslant 230\text{kg}/\text{m}^3$）和贫混凝土（水泥含量 $\leqslant 170\text{kg}/\text{m}^3$）。泵送混凝土、自密实混凝土等都属于富浆混凝土；大坝用混凝土、碾压混凝土等都属于贫混凝土。

4.1.3 混凝土的特点

1. 优点

普通混凝土能在土木工程中得到广泛的应用，主要原因是它具有以下的优点：

(1) 原材料丰富，造价低廉。混凝土中砂石比例约占80%，而砂石作为地方性材料，可就地取材，价格品便宜。

(2) 混凝土拌合物具有良好的可塑性。可按工程结构要求浇筑成各种形状和任意尺寸的整体构件或预制构件。

(3) 配置灵活，适应性好。改变混凝土组成材料的品种及比例，可制得不同物理力学性能的混凝土，以满足各种工程的不同需要。

(4) 抗压强度高。硬化后的混凝土抗压强度一般为20～40MPa，高强混凝土可达到80～100MPa。因此很适合用作土木工程结构材料。

(5) 与钢筋具有牢固的粘结力，并且与钢筋的线膨胀系数基本相同，二者复合为钢筋混凝土后，能保证共同工作，大大扩展了混凝土的应用范围。

(6) 耐久性良好。混凝土在一般环境下不需要维护和保养，因此运营和维修的费用少。

(7) 耐火性好。普通混凝土的耐火性远比木材、钢筋和塑料好，可耐数小时的高温作用仍保持其力学性能。

(8) 生产能耗低。混凝土生产时的能源消耗远比烧土制品及金属材料低。

2. 缺点

(1) 自重大，比强度小。普通混凝土的容重为 $2400\text{kg}/\text{m}^3$，在土木工程中形成高梁、宽柱、厚基础，对高层、大跨度建筑不利。

(2) 抗拉强度低。一般抗拉强度只有抗压强度的 $1/20 \sim 1/10$，因此受拉时容易产生脆裂。

(3) 导热系数大。普通混凝土的导热系数为 $1.40\text{W}/(\text{m} \cdot \text{K})$，为红砖的两倍，故隔热性能较差。

(4) 硬化较慢，生产周期长。

虽然混凝土具有以上优点，但随着现代混凝土科学技术的发展，混凝土的不足之处已经得到很大改进。例如采用轻骨料，可使混凝土的自重和导热系数显著降低；在混凝土中掺入纤维或聚合物，可大大降低混凝土的脆性；混凝土中采用快硬性水泥或掺入早强剂、减水剂等，可明显缩短其硬化周期。由于混凝土具有以上这些重要的优点，因此许多比强度大的材料无法与之竞争。普通混凝土早已成为当代主要的土木工程材料，广泛运用于工业与民用建筑、水利工程、地下工程、公路、铁路、桥梁及各种国防建设工程中。

4.1.4 混凝土的发展方向

自 1824 年发明了波特兰水泥之后，1830 年前后就有了混凝土问世，1867 年又出现了钢筋混凝土。混凝土和钢筋混凝土的出现，是世界工程材料的重大变革，特别是钢筋混凝土的诞生，极大地扩展了混凝土的使用范围，被誉为是对混凝土的第一次革命。20 世纪 30 年代又制成了预应力钢筋混凝土，被誉为是混凝土的第二次重大革命。20 世纪 50 年代出现了自应力混凝土，而 20 世纪 70 年代出现的混凝土外加剂，特别是减水剂的使用，可使混凝土的强度很容易达到 60MPa 以上，给混凝土改性提供了很好的手段，因此被公认为是混凝土应用史上的第三次革命。20 世纪 80 年代以后，各国的混凝土研究工作者，均进入混凝土的深度理论研究和新产品开发。21 世纪，混凝土的发展方向在以下几个方面：

(1) 高性能化。主要体现在工作性好、高强度和耐久性强。

(2) 智能化。所谓智能化，就是在混凝土原有组分的基础上复合智能型组分，使混凝土材料成为具有自感知和记忆、自调节、自修复特性的多功能材料。自感知混凝土就是在混凝土基材中加入导电相以使混凝土具备本征自感应功能。例如，在混凝土中加入具有温敏性的碳纤维，使得混凝土具有热电效应和电热效应。

(3) 绿色化。混凝土虽然拥有众多优势，但其对环境的影响却不能忽视。绿色技术的发展引导混凝土向节能减排、循环使用的方向发展。以工业废料代替水泥可实现节能减排。许多工业废料，如煤热电厂排放的粉煤灰、炼钢厂排放的粒化高炉矿渣（磨细）、工业燃煤后留下的未能充分燃烧的煤矸石（磨细）、生产硅铁合金及硅金属制品时排放的硅灰等都可以用来部分代替水泥，而不降低混凝土的性能。事实上，这些工业废料等量代替水泥后，如果配料得当，甚至能大幅度提高混凝土的各种性能，如强度和耐久性能。将工业废料（如高炉矿渣和煤矸石）和建筑垃圾（如拆迁的废砖和废旧混凝土）破碎后，经过分级、清洗和配比都可以制成再生骨料（即再生砂石），再用其部分或全部代替天然骨料制成混凝土（即再生混凝土）。这种再生骨料的替代率越高，混凝土的绿色度就越高。

4.2 普通混凝土的组成材料

普通混凝土是由水泥、水、砂子和石子组成的，另外还常掺入适量的外加剂和掺合料。由此可知，混凝土并不是匀质物质，其组成复杂，所以影响混凝土性能的因素很多。

4.2.1 混凝土中各组成材料的作用

在混凝土的组成材料中，砂、石是骨料（又称集料），砂称为细骨料（或细集料），石称为组骨料（或粗集料）。骨料在混凝土起骨架作用，其中小颗粒填充大颗粒的空隙，并可抑制混凝土收缩（图 4-1）。

水泥和水组成水泥浆，它包裹在所有粗、细骨料的表面并填充在骨料空隙中。在混凝土硬化前，水泥浆起润滑作用，赋

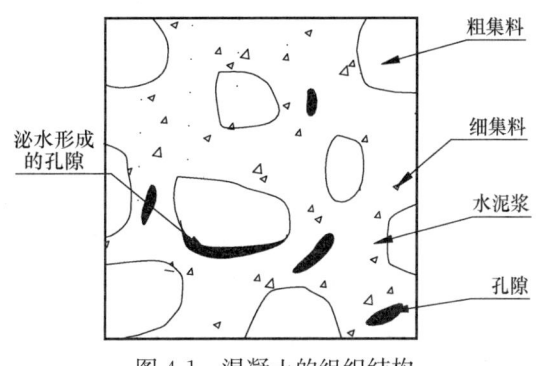

图 4-1 混凝土的组织结构

予混凝土拌合物流动性，便于施工；混凝土硬化后，起胶结作用，把骨料胶结成为整体，使混凝土产生强度，成为坚硬的人造石材。

4.2.2 水泥

水泥是混凝土中最重要的组分，合理选用水泥包括以下两个方面的问题。

1. 水泥品种的选择

水泥是混凝土中的重要组分，同时也是造价最高的组分。配制混凝土时，应根据工程性质与特点、工程所处的环境及施工条件，按照所掌握的各种水泥特征进行合理选择水泥品种。对于一般建筑结构及预制构件的普通混凝土，宜采用硅酸盐水泥；高强混凝土和有抗冻要求的混凝土宜采用硅酸盐水泥或普通硅酸盐水泥；大体积混凝土宜采用中、低热硅酸盐水泥或低热矿渣硅酸盐水泥。在满足使用要求的前提下，应尽量选择价格较低的水泥品种，以降低混凝土的工程造价。

2. 水泥强度等级的选择

水泥强度等级的选择，应与混凝土的设计强度等级相适应，原则是配制高强度等级的混凝土选用高强度等级的水泥，低强度等级的混凝土选用低强度等级的水泥。对于普通混凝土，水泥强度等级为混凝土强度等级的 1.5~2.0 倍；配制高强混凝土时，可选择水泥强度等级为混凝土强度等级的 0.9~1.5 倍。

若采用低强度等级水泥来配制高强度混凝土，为满足强度要求必然使水泥用量过多，不仅不经济，而且使混凝土的收缩和水化热增大。为克服收缩和水化热大的问题，施工时必将采用很小的水胶比，这样又会造成混凝土太干，施工困难，不易捣实，使混凝土的质量不能保证。

若采用高强度等级水泥来配制低强度混凝土，单从强度考虑，只需少量水泥就可满足要求，但是为了满足混凝土拌合物和易性及耐久性的要求，就必须在保持水胶比不变的情况下增加水泥浆的用量，这样使混凝土强度大大高于设计强度，也不经济。当实际工程中受供应条件限制而发生这种情况时，可在高强度水泥中掺入一定的掺合料（粉煤灰等），可使问题得到较好的解决。

4.2.3 细骨料

根据国家标准《建设用砂》GB/T 14684—2011 的规定，颗粒粒径为 $150\mu m$ ~ 4.75mm 的骨料称为细骨料。颗粒粒径大于 4.75mm 的骨料为粗骨料。通常在混凝土中，骨料占混凝土总体积的 70%~80%，因此骨料质量的优劣，对混凝土各项性能的影响很大。

1. 砂的种类和特性

砂按产源分为天然砂、人工砂两类。天然砂包括河砂、湖砂、淡化海砂和山砂；人工砂包括机制砂和混合砂。天然砂由天然岩石经自然条件作用而形成。河砂和湖砂因长期经受流水和波浪的冲洗，颗粒较圆，比较洁净，且分布较广，一般工程都采用这类砂。海砂因长期受到海流冲刷，比较洁净且粒度一般比较整齐，但常混合有贝壳及盐类等有害杂质，对混凝土不利。在配制钢筋混凝土时，海砂中 Cl^- 的含量不应大于 0.06%。山砂是从山谷或旧河床中采运得到，其颗粒多带棱角，表面粗糙，含泥量和有机物杂质较多，使用时应加以限制。机制砂是由天然砂破碎而成，其颗粒富有棱角，比较洁净，但砂中片状颗粒及细粉含量较大，且成本较高，只有缺乏天然砂时才采用。混合砂是由机制砂和天然砂混合而成的砂，其性能取决于原料砂的质量及其配置情况。

河沙和海砂经水流冲刷，颗粒多为近似球状，且表面少棱角、较光滑，配制的混凝土流动性往往比山砂或机制砂好，但与水泥的粘结性能相对较差；山砂和机制砂表面较粗糙，多棱角，故混凝土拌合物的流动性相对较差，但与水泥的粘结性能较好。水胶比相等时，山砂或机制砂配制的混凝土强度略高；而流动性相同时，因山砂和机制砂用水量较大，故混凝土强度相近。

《建设用砂》GB/T 14684—2011 根据砂的技术要求，将砂分为Ⅰ类、Ⅱ类和Ⅲ类。Ⅰ类砂宜用于配制强度等级大于 C60 的混凝土，Ⅱ类砂宜用于强度等级为 C30～C60 及有抗冻、抗渗或其他要求的混凝土，Ⅲ类砂宜用于配制强度等级小于 C30 的混凝土和建筑砂浆。

2. 砂的技术要求

细骨料质量的优劣，直接影响到混凝土质量的好坏。《建设用砂》GB/T 14684—2011 对砂的质量提出了下列要求。

(1) 有害物质含量

砂中的有害杂质主要有云母、有机物、硫化物、硫酸盐、氯化物、贝壳以及煤屑轻物质等。砂中的云母为表面光滑的小薄片，与水泥浆的粘结差，会影响混凝土的强度和耐久性。硫化物、硫酸盐、氯化物和有机物对水泥有侵蚀作用。砂中有害物质含量限值见表 4-1。

砂中有害物质含量限值　　　　　　　　表 4-1

项　目	Ⅰ类	Ⅱ类	Ⅲ类
云母（按质量计）/%	≤1.0	≤2.0	≤2.0
硫化物与硫酸盐含量（以 SO_3 质量计）/%	≤0.5	≤0.5	≤0.5
有机物含（用比色法试验）	合格	合格	合格
轻物质（按质量计）/%	≤1.0	≤1.0	≤1.0
氯化物（以氯离子质量计）/%	≤0.01	≤0.02	≤0.06
贝壳（按质量计）/%	≤3.0	≤5.0	≤8.0

(2) 含泥量、石粉含量和泥块含量

含泥量是指天然砂中粒径小于 $75\mu m$ 的颗粒含量。石粉含量是指人工砂中粒径小于 $75\mu m$ 的颗粒含量。泥块含量指原粒径大于 1.18mm，经水浸洗、手捏后小于 $600\mu m$ 的颗粒含量。天然砂中含泥量和泥块含量见表 4-2。

天然砂中含泥量和泥块含量　　　　　　　表 4-2

项　目	Ⅰ类	Ⅱ类	Ⅲ类
含泥量（按质量计）/%	≤1.0	≤3.0	≤5.0
泥块含量（按质量计）/%	0	≤1.0	≤2.0

(3) 坚固性

天然砂由天然岩石经自然风化作用而成，人工砂也会含大量风化岩体，在冻融或干湿循环作用下可能继续风化，因此对某些重要工程或特殊环境下的混凝土用砂，应做坚固性检验。如严寒地区室外工程并处于湿潮或干湿交替状态下的混凝土、有腐蚀介质存在或处于水位升降区的混凝土等。根据《建设用砂》的规定，砂的坚固性应采用硫酸钠溶液浸泡→烘干→浸泡循环试验法检验，测定 5 个循环后的质量损失率。指标应符合表 4-3 的要求。

砂的坚固性指标　　　　　　　　　　　　　　　表 4-3

项　　目	Ⅰ类	Ⅱ类	Ⅲ类
循环后质量损失（%）	≤8	≤8	≤10

人工砂除了要满足表 4-3 的条件以外，还需采用压碎指标法进行实验，其相应的指标值均应符合表 4-4 的规定。

压　碎　指　标　　　　　　　　　　　　　　　表 4-4

项　　目	Ⅰ类	Ⅱ类	Ⅲ类
单级最大压碎指标（%）	≤20	≤25	≤30

(4) 碱-骨料反应

碱-骨料反应是指水泥、外加剂等混凝土组成物及环境中的碱，与骨料中碱活性矿物在潮湿环境下缓慢发生反应并导致混凝土开裂破坏的膨胀反应。

混凝土用砂中不能含有活性二氧化硅等物质，以免产生碱-骨料反应而导致混凝土破坏。因此《建设用砂》规定，混凝土用砂经碱-骨料反应试验后，由该砂制备的试件应无裂缝、酥裂及胶体外溢的现象，且试件养护 6 个月龄期的膨胀率值应小于 0.1%。

(5) 表观密度、堆积密度、空隙率

砂的表观密度应≥2500kg/m³，堆积密度应≥1400kg/m³，空隙率≥44%。

(6) 粗细程度与颗粒级配

砂的粗细程度是指不同粒径的砂粒混合体平均粒径的大小。砂的粗细程度通常用细度模数（M_x）表示。其值并不等于平均粒径，但能较准确地反映砂的粗细程度。细度模数越大，表示砂越粗，单位质量的总表面积（或比表面积）越小；M_x 越小，则表示砂比表面积越大。

砂的颗粒级配是指粒径大小不同的砂粒相互搭配的情况。良好的级配应当能使骨料的空隙率和总表面积均较小，从而使所需水泥浆量较少，而且还可以提高混凝土的密实度、强度及其他性能。砂颗粒级配示意图见图 4-2。

1) 砂的细度模数的测定

砂的粗细程度和颗粒级配用筛分析方法测定，用细度模数表示粗细，用级配区表示砂的级配。根据《建设用砂》规定，筛分析是用一套公称直径为 4.75mm，2.36mm，1.18mm，0.600mm，0.300mm，0.150mm 的方孔标准筛，将 500g 干砂由粗到细依次过筛，称量各筛上的筛余量 m_i（g），计算各筛上的分计筛余率 a_i（%），再计算累计筛余率 A_i（%）。a_i 和 A_i 的计算关系见表 4-5。

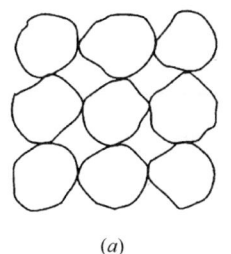 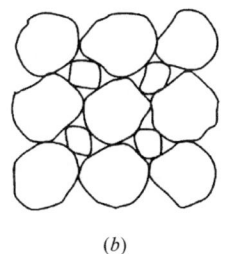 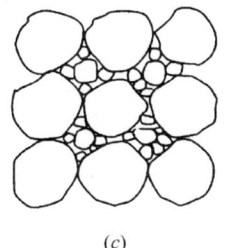

(a)　　　　　　　　(b)　　　　　　　　(c)

图 4-2　砂颗粒级配示意图

累计筛余与分计筛余计算关系　　　　　　表 4-5

筛孔尺寸（mm）	筛余量（g）	分计筛余 a_i（%）	累计筛余 A_i（%）
4.75	m_1	$a_1=m_1/m$	$A_1=a_1$
2.36	m_2	$a_2=m_2/m$	$A_2=a_1+a_2$
1.18	m_3	$a_3=m_3/m$	$A_3=a_1+a_2+a_3$
0.60	m_4	$a_4=m_4/m$	$A_4=a_1+a_2+a_3+a_4$
0.300	m_5	$a_5=m_5/m$	$A_5=a_1+a_2+a_3+a_4+a_5$
0.150	m_6	$a_6=m_6/m$	$A_6=a_1+a_2+a_3+a_4+a_5+a_6$
<0.150	$m_底$	$m=m_1+m_2+m_3+m_4+m_5+m_6+m_底=500g$	

值得说明的是，《普通混凝土用砂、石质量及检验方法标准》JGJ 52—2006 规定筛孔尺寸分别为 5.00mm，2.50mm，1.25mm，0.630mm，0.315mm 及 0.160mm。其测试和计算方法均相同，目前混凝土行业普遍采用该标准。

细度模数根据下式计算（精确至 0.01）：

$$M_x = \frac{(A_2+A_3+A_4+A_5+A_6)-5A_1}{100-A_1}$$

普通混凝土用砂的细度模数范围一般为 3.7~1.6。其中 $M_x=3.7\sim3.1$ 为粗砂，$M_x=3.0\sim2.3$ 为中砂，$M_x=2.2\sim1.6$ 为细砂。$M_x>3.7$ 时为特粗砂，$M_x=1.5\sim0.7$ 时为特细砂。

2）砂的颗粒级配的判定

砂的颗粒级配根据各筛的累计筛余百分率评定砂级配，具体见表 4-6。以累计筛余百分率为纵坐标，筛孔尺寸为横坐标，根据表 4-6 的级区可绘制Ⅰ、Ⅱ、Ⅲ级配区的筛分曲线，如图 4-3 所示，在筛分曲线上可以直观地分析砂的颗粒级配优劣。Ⅰ区砂偏粗，Ⅱ区砂粗细适中，Ⅲ区砂偏细。配制混凝土时宜优先选用Ⅱ区砂。当采用Ⅰ区砂时，应当适当提高砂率，并保证足够的水泥用量，以满足混凝土的和易性。当采用Ⅲ

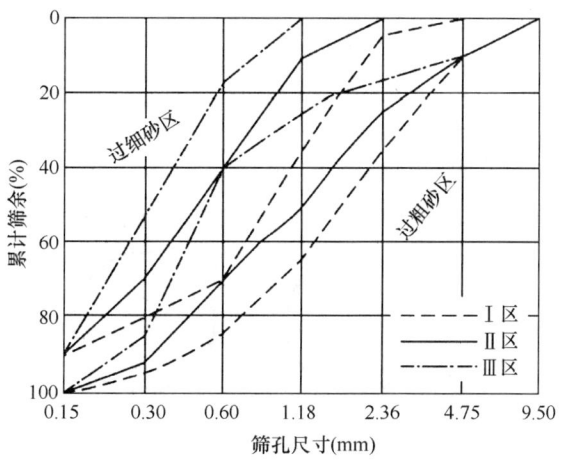

图 4-3　砂的级配曲线

区砂时，宜适当降低砂率，以保证混凝土强度。

砂的颗粒级配区　　　　　表 4-6

方孔孔径 (mm)	累计筛余（%）		
	Ⅰ区	Ⅱ区	Ⅲ区
9.50mm	0	0	0
4.75mm	10～0	10～0	10～0
2.36mm	35～5	25～0	15～0
1.18mm	65～35	50～10	25～0
600μm	85～71	70～41	40～16
300μm	95～80	92～70	85～55
150μm	100～90	100～90	100～90

【例 4-1】已知干砂 500g 的筛分析试验结果见表 4-7，试分析该试样的粗细程度。

试验结果数据　　　　　表 4-7

筛孔尺寸（mm）	4.75	2.36	1.18	0.600	0.300	0.150	<0.15
筛余量（g）	15	75	70	100	120	100	20

解： 分计筛余率和累计筛余率计算结果列于表 4-8。

试验结果数据　　　　　表 4-8

筛孔尺寸（mm）	4.75	2.36	1.18	0.600	0.300	0.150	<0.15
筛余量（g）	15	75	70	100	120	100	20
分计筛余 a_i（%）	3	15	14	20	24	20	4
累计筛余 A_i（%）	3	18	32	52	76	96	100

计算细度模数：

$$M_x = \frac{(A_2 + A_3 + A_4 + A_5 + A_6) - 5A_1}{100 - A_1} = \frac{(18 + 32 + 52 + 76 + 96) - 5 \times 3}{100 - 3}$$

$$= 2.67 \in (2.3, 3.0)$$

因此，该砂属于中砂，筛上的累计筛余率也均落在Ⅱ级配区规定的范围内，因此可以判定该砂为Ⅱ级配。

(7) 砂的含水状态

砂根据含水状态可分为绝干状态、气干状态、饱和面干状态和湿润状态，见图 4-4。

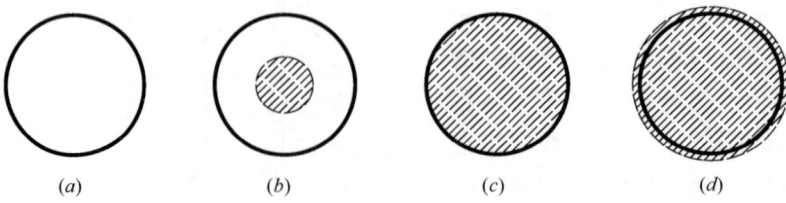

图 4-4 砂的含水量示意图
(a) 绝干状态；(b) 气干状态；(c) 饱和面干状态；(d) 湿润状态

① 绝干状态。砂粒内外不含任何水,通常在(105±5)℃条件下烘干而得。

② 气干状态。砂粒表面干燥,内部孔隙中部分含水。气干状态是指室内或室外空气平衡的含水状态,其含水量的大小与空气相对湿度和温度密切相关。

③ 饱和面干状态。砂粒表面干燥,内部孔隙全部吸水饱和。水利工程上通常采用饱和面干状态计量砂用量。

④ 湿润状态。砂粒内部吸水饱和,表面还含有部分表面水。施工现场,特别是雨后出现此种状况,搅拌混凝土中计量砂用量时,要扣除砂中的含水量。同样,计量水用量时,要扣除砂中带入的水量。

4.2.4 粗骨料

1. 石的种类和特性

颗粒粒径大于4.75mm的骨料为粗骨料。混凝土工程中常用的有碎石和卵石两大类,图4-5所示。碎石为岩石(有时采用大块卵石,称为碎卵石)经破碎、筛分而得;卵石多为自然形成的河卵石经筛分而得。通常根据卵石和碎石的技术要求分为Ⅰ类、Ⅱ类和Ⅲ类。Ⅰ类用于强度等级大于C60的混凝土;Ⅱ类用于C30~C60的混凝土;Ⅲ类用于小于C30的混凝土。

图4-5 卵石与碎石示意图

碎石表面比卵石粗糙,且多棱角,因此,拌制的混合物流动性较差,但与水泥粘结强度较高,配合比相同时,混凝土强度相对较高。卵石表面较光滑、少棱角,因此拌合物的流动性较好,但粘结性能较差,强度相对较低。但若保持流动性相同,由于卵石比碎石用水量少,因此卵石混凝土的强度并不一定低。

2. 石的技术要求

(1) 有害物质含量

与细骨料中的有害杂质一样,主要有黏土、硫化物及硫酸盐、有机物等。根据《建设用卵石、碎石》GB/T 14685—2011的规定,应该符合表4-9的要求。

石中有害物质含量限值 表4-9

项 目	Ⅰ类	Ⅱ类	Ⅲ类
硫化物与硫酸盐含量(以SO_3质量计)(%)	≤0.5	≤1.0	≤1.0
有机物	合格	合格	合格

(2) 含泥量和泥块含量

含泥量是指天然砂中粒径小于75μm的颗粒含量。泥块含量指原粒径大于4.75mm,

经水浸洗、手捏后小于 2.36mm 的颗粒含量。石中含泥量和泥块含量应符合表 4-10 的要求。

石中含泥量和泥块含量 表 4-10

项　目	Ⅰ类	Ⅱ类	Ⅲ类
含泥量（按质量计）/%	≤0.5	≤1.0	≤1.5
泥块含量（按质量计）/%	0	≤0.2	≤0.5

（3）坚固性

石的坚固性是指卵石、碎石在自然风化和其他外界物理化学因素作用下抵抗破裂的能力。和测定砂的坚固性的方式相同，采用硫酸钠溶液浸泡→烘干→浸泡循环试验法检验，测定 5 个循环后的质量损失率。其指标应符合表 4-11 的要求。

石的坚固性指标 表 4-11

项　目	Ⅰ类	Ⅱ类	Ⅲ类
循环后质量损失（%）	≤5	≤8	≤12

（4）碱-骨料反应

根据质量标准规定，普通混凝土用碎石和卵石的碱活性骨料检验方法及其要求与砂子相同。对于重要工程的混凝土用石子，应首先检测其含有的碱活性骨料的品种、类型及含量。混凝土用砂经碱-骨料反应试验后，由该砂制备的试件应无裂缝、酥裂及胶体外溢的现象，且试件养护 6 个月龄期的膨胀率值应小于 0.10%。

（5）颗粒级配及最大粒径

石的颗粒级配分为连续级配和间断级配。连续级配是指颗粒的尺寸由小到大连续分级，其中每一级石子都占适当的比例。连续级配的粗骨料配制的混凝土和易性良好，不易发生分层、离析的现象，是建筑工程中最常用的级配方法。

间断级配是指剔除中间一级或几级的石子级配。单粒级由于粒径差别较小，可避免连续粒径中较大粒径石子在堆放及装卸过程中的颗粒离析现象。工程中一般不宜单独采用单一的单粒级配制混凝土，因为它的空隙较大，耗用水泥较多，单粒级宜用于组合成所要求级配的连续粒级，也可与连续粒级混合使用，以改善其级配。间断级配的最大优点是空隙率低，可以制成高密实的混凝土，而且水泥用量小。但是由于间断级配中石子颗粒粒径相差较大，容易使混凝土拌合物分层离析，施工难度增大。同时，因剔除某些中间颗粒，造成石子资源不能充分利用，故在工程中应用较少。间断级配较适宜于配制稠硬性拌合物，并须采用强力振捣。

混凝土所用粗骨料的公称粒级上限称为最大粒径，骨料粒径越大其表面积越小，通常空隙率也相应减小，因此所需的水泥浆或砂浆数量也将相应减少，有利于节约水泥、降低成本，并改善混凝土的性能。所以在条件许可的情况下，应尽量选用较大粒径的骨料。但在实际工程中，骨料的最大粒径受到多种条件的限制。根据《混凝土结构施工规范》GB 50666—2011，有下列规定：

①最大粒径不得大于构件最小截面尺寸的 1/4，同时不得大于钢筋净距的 3/4。

②对于混凝土实心板，最大粒径不宜超过板厚的 1/3，且不得大于 40mm。

③对于泵送混凝土,当泵送高度在 50m 以下时,最大粒径与输送管内径之比,碎石不宜大于 1∶3;卵石不宜大于 1∶2.5。

④对大体积混凝土(如混凝土坝或围堤)或疏筋混凝土,往往受到搅拌设备和运输、成型设备条件的限制。有时为了节省水泥、降低收缩,可在大体积混凝土中抛入大块石(或称毛石),称作抛石混凝土。

(6) 表观密度、连续级配松散堆积空隙率

石的表观密度应≥2600kg/m³,连续级配松散堆积空隙率见表 4-12。

连续级配松散堆积空隙率 表 4-12

项 目	Ⅰ类	Ⅱ类	Ⅲ类
空隙率(%)	≤43	≤45	≤47

(7) 颗粒形状

粗骨料的颗粒形状以近立方体或近球状体为最佳,但在岩石破碎产生碎石的过程中往往产生一定量的针、片状,使骨料的空隙率增大,降低了混凝土的强度,特别是抗折强度。针状是指长度大于该颗粒所属粒级平均粒径的 2.4 倍的颗粒;片状是指厚度小于平均粒径 0.4 倍的颗粒。各类别粗骨料针片状含量要符合表 4-13 的要求。

针、片状颗粒含量 表 4-13

项 目	Ⅰ类	Ⅱ类	Ⅲ类
针、片状颗粒总含量(按质量计)/%	≤5	≤10	≤15

(8) 强度

为保证混凝土的强度,粗骨料必须质地致密,具有足够高的强度。碎石和卵石的强度采用岩石立方体强度和压碎值指标两种方式表示。当混凝土强度等级≥C60、对石子强度有严格要求、对质量有争议中任何一种情况出现时,应进行岩石抗压强度检验。对经常性的生产质量控制则采用压碎指标值检验。

岩石立方体强度检验,是将碎石或卵石制成标准试件(边长为 50mm 的立方体或直径与高均为 50mm 的圆柱体),在水饱和状态下,测定其极限强度与设计所要求的强度等级之比,作为岩石强度指标。现行标准《建筑用卵石、碎石》GB/T 14685—2011 规定:在水饱和状态下,岩石试件的抗压极限强度,火成岩不应低于 80MPa,变质岩不应低于 60MPa,水成岩不应低于 30 MPa。

压碎值指标是将 9.5~19mm 的石子 m_0 克,装入专用试样筒中,施加 200kN 的荷载,卸载后用孔径 2.36mm 的筛子筛去被压碎的细粒,称量筛余,计作 m_1,则压碎指标 δ_n 按下式计算:

$$\delta_n = \frac{m_0 - m_1}{m_0} \times 100\%$$

式中 δ_n——压碎指标(%);

m_0——试样的质量(g);

m_1——压碎试验后筛余的试样质量(g)。

压碎值越小,表示石子强度越高,反之亦然。各类别骨料的压碎指标应符合表 4-14

的要求。

粗骨料压碎指标值　　　　　　　表 4-14

类　别	Ⅰ类	Ⅱ类	Ⅲ类
碎石（%）	≤10	≤20	≤30
卵石（%）	≤12	≤14	≤16

4.2.5　拌合用水

水是混凝土的主要组成材料之一，用于拌合、养护混凝土的水应满足下列要求：

(1) 不影响混凝土的凝结、硬化。
(2) 无损于混凝土的强度和耐久性。
(3) 不加快钢筋的腐蚀和导致预应力钢筋的脆断。
(4) 不污染混凝土的表面等。

1. 水的类型和应用选择

混凝土拌合用水按水源可分为饮用水、地表水、地下水、再生水、海水以及经适当处理或处置后的工业废水等。符合国家标准的饮用水，可直接用于拌制和养护混凝土。地表水或地下水，首次使用时，必须进行适用性检验，合格才能使用。海水只允许用来拌制素混凝土，不得用于拌制钢筋混凝土、预应力混凝土和有饰面要求的混凝土。工业废水必须经过检验，经处理合格后方可使用。生活污水不能用作拌制混凝土。

2. 水的技术要求

(1) 有害物质含量控制

混凝土拌合用水中的有害物质含量应符合《混凝土用水标准》JGJ 63—2006 规定。

(2) 对混凝土凝结时间的影响

用待检验水与蒸馏水（或符合国家标准的生活用水）进行水泥凝结时间试验，两者的初凝时间差及终凝时间差，均不得大于 30min，待检验水拌制的水泥浆的凝结时间尚应符合国家水泥标准的规定。

(3) 对混凝土强度的影响

用待检验水配制水泥胶砂或混凝土，并测定其 3d 和 28d 的抗压强度，其强度值不应低于饮用水拌制的相应水泥胶砂或混凝土抗压强度的 90%。

4.2.6　外加剂

在水泥混凝土拌合物中掺入的不超过水泥质量 5%（特殊情况除外）并能使水泥混凝土的使用性能得到一定程度改善的物质，称为水泥混凝土外加剂。

外加剂作为混凝土的第五组分，不包括生产水泥时加入的混合材料、石膏和助磨剂，也不同于在混凝土拌制时掺入的大量掺和料。外加剂的掺量虽小，但其技术经济效果却十分显著。

1. 外加剂的作用

(1) 改善混凝土拌合物的和易性，利于机械化施工，保证混凝土的浇筑质量。
(2) 减少养护时间，加快模板周转，提早对预应力混凝土放张，加快施工进度。
(3) 提高混凝土的强度密实度、耐久性、抗渗性等，提高混凝土的质量。
(4) 节约水泥，降低混凝土的成本。

2. 外加剂的分类

混凝土外加剂的种类繁多，功能多样，通常分为以下几种：

（1）改变混凝土拌合物流动性的外加剂，包括各种减水剂、引气剂和泵送剂等。

（2）调节混凝土凝结时间、硬化性能的外加剂，包括缓凝剂、早强剂和速凝剂。

（3）改善混凝土耐久性的外加剂，包括引气剂、防水剂和阻锈剂等。

（4）改善混凝土其他性能的外加剂，包括加气剂、膨胀剂、防冻剂、防水剂和泵送剂等。

目前建筑工程中应用较多和较成熟的外加剂有减水剂、早强剂、引气剂和缓凝剂等。

3. 常用的混凝土外加剂

（1）减水剂

减水剂是在保持混凝土坍落度基本不变的条件下，能减少拌合用水的外加剂，或在保持混凝土拌合物用水量不变的情况下，增大混凝土坍落度的外加剂。

减水剂的技术经济效果：

① 在原配合比不变的条件下，即用水量和水胶比不变时，可以增大混凝土拌合物的坍落度（100~200mm），且不影响混凝土的强度。

② 在保持流动性和水泥用量不变时，可显著减少拌合用水量（10%~20%），从而降低水灰比，使混凝土的强度得到提高（提高15%~20%），早期强度提高约30%~50%。

③保持混凝土强度和流动性不变，可节约水泥用量10%~15%。

④提高了混凝土的耐久性。

由于减水剂的掺入，显著地改善了混凝土的孔结构，使混凝土的密实度提高，透水性可降低40%~80%，从而提高了混凝土的抗渗、抗冻、抗化学腐蚀等能力。

⑤掺入减水剂后，还可以改善混凝土拌合物的泌水、离析现象，减慢水泥水化放热速度，延缓混凝土拌合物的凝结时间。

（2）引气剂

引气剂是指在搅拌过程中能引入大量分布均匀的、稳定而封闭的微小气泡的外加剂。引气剂在每立方米混凝土中可生成500~3000个直径为50~1250nm（大多在200μm以下）的独立气泡。

引气剂对混凝土的作用：

①改善混凝土拌合物的和易性

大量微小封闭的球状气泡在混凝土拌合物内形成，如同滚珠一样，减少了颗粒间的摩擦阻力，减少了泌水和离析，改善了混凝土拌合物的保水性、黏聚性。

②显著提高混凝土的抗渗性、抗冻性

大量均匀分布的封闭气泡切断了混凝土中的毛细管渗水通道，改变了混凝土的孔结构，使混凝土抗渗性显著提高。

③降低混凝土强度

由于大量气泡的存在，减少了混凝土的有效受力面积，使混凝土强度有所降低。混凝土的含气量每增加1%，其抗压强度将降低4%~5%，抗折强度降低2%~3%。

引气剂可用于抗渗混凝土、抗冻混凝土、抗硫酸侵蚀混凝土和泌水严重混凝土等，但引气剂不宜用于蒸养混凝土及预应力钢筋混凝土。

近年来，引气剂逐渐被引气型减水剂所代替，因为它不但能减水且有引气作用，能提高混凝土的强度，节约水泥。

(3) 缓凝剂

缓凝剂是指能延缓混凝土的凝结时间，并对混凝土后期强度发展无不利影响的外加剂。

缓凝剂的缓凝作用是由于在水泥颗粒表面形成了不溶性物质，使水泥悬浮体的稳定程度提高并抑制水泥颗粒凝聚，因而延缓了水泥的水化和凝聚。

缓凝剂具有缓凝、减水、降低水化热和增强混凝土后期抗压强度的作用，对钢筋也无锈蚀作用，主要适用于大体积混凝土、炎热气候下施工的混凝土、需长时间停放或长距离运输的混凝土。缓凝剂不宜用在日最低气温5℃以下施工的混凝土，也不宜单独用于有早强要求的混凝土及蒸养混凝土。常用的缓凝剂有酒石酸钠、柠檬酸、糖蜜、含氧有机酸和多元醇等，其掺量一般为水泥质量的0.01%~0.20%。掺量过大会使混凝土硬化时间过长，强度严重下降。

(4) 早强剂

能提高混凝土早期的强度，并对后期强度无显著影响的外加剂，称为早强剂。

早强能加速水泥的水化和硬化，缩短养护周期，使混凝土在短期内即能达到拆模强度，从而提高模板和场地的周转率，加快施工进度。早强剂常用于混凝土的快速低温施工，特别适用于冬季施工或紧急抢修工程。

常用的早强剂有：氯化物系（如$CaCl_2$，$NaCl$）、硫酸盐系（如Na_2SO_4等）。但掺了氯化钙的早强剂，会加速钢筋的锈蚀，为此氯化钙的掺和量应加以限制，通常对于配筋混凝土不得超过1%；无筋混凝土掺量亦不宜超过3%。为了防止氯化钙对钢筋的锈蚀，氯化钙一般与阻锈剂（$NaNO_2$）复合使用。

(5) 防冻剂

防冻剂是指在规定温度下，能显著降低混凝土冰点，使混凝土液相不冻结或仅部分冻结，以保证水泥的水化作用，并在一定时间内获得预期强度的外加剂。

常用的防冻剂有氯盐类（氯化钙、氯化钠）；氯盐阻锈类（以氯盐与亚硝酸钠阻锈剂复合而成）；无氯盐类（以硝酸盐、亚硝酸盐、碳酸盐、乙酸钠或尿素复合而成）。

氯盐类防冻剂适用于无筋混凝土；氯盐阻锈类防冻剂适用于钢筋混凝土；无氯盐类防冻剂可用于钢筋混凝土工程和预应力钢筋混凝土工程。硝酸盐、亚硝酸盐、碳酸盐易引起钢筋的腐蚀，故不适用于预应力钢筋混凝土以及与镀锌钢材或与铝铁相接触部位的钢筋混凝土结构。

防冻剂用于负温条件下施工的混凝土。目前，国产防冻剂适于在−15~0℃的气温下使用，当在更低气温下施工时，应增加相应的混凝土冬季施工措施，如暖棚法、原料（砂、石、水）预热法等。

(6) 速凝剂

速凝剂是指能使混凝土迅速凝结硬化的外加剂。大部分速凝剂的主要成分为铝酸钠（铝氧熟料），此外还有碳酸钠、铝酸钙、氟硅酸锌、氟硅酸镁、氯化亚铁、硫酸铝、三氯化铝等盐类。国产的速凝剂主要有"红星1型""711型"和"782型"等。

速凝剂产生速凝的原因是：速凝剂中的铝酸钠、碳酸钠在碱溶液中迅速与水泥中的石膏反应生成硫酸钠，使石膏丧失缓凝作用或迅速生成钙矾石。

速凝剂主要用于喷射混凝土和喷射砂浆，也可用于需要速凝的其他混凝土。喷射混凝土是利用喷射机中的压缩空气，将混凝土喷射到基体（岩石、坚土等）表面，并迅速硬化产生强度的一种混凝土。它主要用于矿山井巷、隧道、涵洞及地下工程的岩壁衬砌、坡面支护等。用于喷射混凝土的速凝剂主要起三种作用：①抵抗喷射混凝土因重力而引起的脱落和空鼓；②提高喷射混凝土的粘结力，缩短间隙时间，增大一次喷射厚度，减少回弹率；③提高早期强度时发挥结构的承载能力。为了降低喷射混凝土 28d 强度损失率，降低回弹率，减少粉尘，可将高效减水剂与速凝剂复合使用。速凝剂的发展方向是液态复合速凝剂。

（7）膨胀剂

膨胀剂是指能使混凝土产生一定体积膨胀的外加剂。混凝土中采用的膨胀剂有硫铝酸钙类、氧化钙类和硫铝酸钙-氧化钙类三类。

膨胀剂不仅使混凝土体积产生了适度的膨胀，减少了混凝土的收缩，而且能填充、堵塞和隔断混凝土中的毛细孔及其他孔隙，从而改善混凝土的孔结构，提高混凝土的密实度、抗渗性和抗裂性。因此，膨胀剂常用于补偿收缩混凝土、填充用膨胀混凝土、灌浆用膨胀砂浆和自应力混凝土。

（8）防水剂

防水剂是指能降低混凝土在静水压力下透水性的外加剂，包括无机化合物类、有机化合物类、混合物类和复合类。

防水剂可用于工业与民用建筑的屋面、地下室、隧道、巷道、给排水池、水泵站等有防水抗渗要求的混凝土工程。含氯盐的防水剂可用于素混凝土、钢筋混凝土工程，严禁用于预应力混凝土工程，其他严禁使用的范围与早强剂及早强型减水剂的规定相同。

4.3 混凝土的主要技术性能

混凝土的主要技术性能包括两个部分：①混凝土硬化之前的性能，主要是混凝土拌合物的和易性；②混凝土硬化之后的性能，包括强度、变形性能和耐久性等。

4.3.1 混凝土拌合物的和易性

1. 和易性的概念及内容

尚未凝结硬化的混凝土称为新拌混凝土或混凝土拌合物。新拌混凝土的和易性（亦称工作性），是指混凝土拌合物易于施工操作（如拌合、运输、浇筑、振捣）且能够形成均匀、密实、稳定的混凝土的性能。

和易性是混凝土的一项综合技术性质，具体包括流动性、黏聚性和保水性。

（1）流动性：拌合物在自重或机械振捣作用下，易于产生流动并能均匀密实填满模板的性能。流动性反映混凝土拌合物的稀稠程度，直接影响施工的难易程度和混凝土的浇筑质量。若拌合物太干稠，则混凝土难以捣实，易造成内部孔隙；若拌合物过稀，振捣后混凝土易出现水泥砂浆和水上浮而粗骨料下沉的分层离析现象，影响混凝土的整体均匀性。

（2）黏聚性：拌合物内部材料之间有一定的凝聚力，在自重和一定的外力作用下，能保持整体性和稳定性而不会产生分层和离析现象的性能。黏聚性差的混凝土拌合物，粗骨料和砂浆容易分离，振捣后易出现蜂窝和空洞现象。

(3) 保水性：拌合物具有一定的保持内部水分的能力。保水性差，拌合物容易泌水，并在混凝土内形成贯通的泌水通道，不但影响混凝土的密实性、降低强度，还会影响混凝土的抗渗性、抗冻性和耐久性。

流动性、黏聚性和保水性既相互联系又相互矛盾。流动性过大，将影响黏聚性和保水性，反之亦然。因此实际工程中应在流动性基本满足施工的条件下，力求保证黏聚性和保水性，从而得到和易性满足要求的拌合物。

2. 和易性的检验方法

目前国内外尚无能够全面反映混凝土拌合物和易性的测定方法。按国标《普通混凝土拌合物性能试验方法标准》GB/T 50080—2016 的规定，混凝土拌合物的流动性可采用坍落度和维勃稠度两种试验方法。在工地和试验室，通常是在测定拌合物流动性的同时，以直观经验评定黏聚性和保水性。

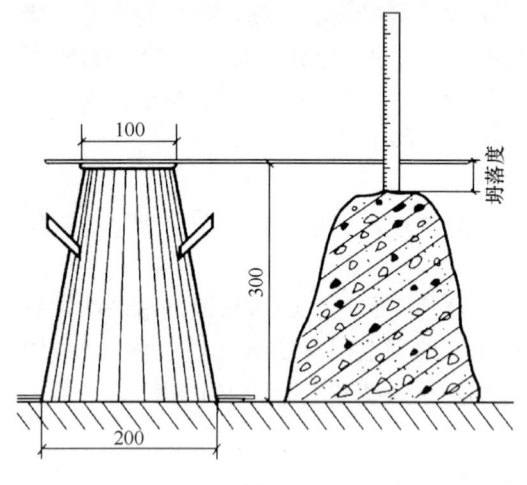

图 4-6 坍落度测定示意图

(1) 坍落度法

坍落度法适用于骨料最大粒径不大于 40mm，坍落度值不小于 10mm 的塑性和流动性混凝土拌合物稠度的测定。将拌合物按规定的试验方法装入坍落度筒内，然后按规定的方法垂直提起坍落度筒，当试件不再继续坍落或坍落时间达 30s 时，用钢尺测量出筒高与坍落后混凝土试体最高点之间的高度差（图 4-6），即为混凝土的坍落度，以 mm 为单位。坍落度筒的提离过程时间宜控制在 3～7s。

测定坍落度的同时，必须辅助直观评定拌合物的黏聚性、保水性，以综合评价拌合物的和易性。做法：用捣棒在已坍落的混凝土拌合物锥体一侧轻轻敲打，若锥体整体渐渐下沉，表示黏聚性良好；若锥体突然倒塌、部分崩裂或发生离析现象，则表示黏聚性不好。

保水性是以混凝土拌合物中稀浆析出的程度来评定的。坍落度筒提起后，如有较多的稀浆从底部析出，锥体部分也因失浆而骨料外露，则表明拌合物保水性不好；如坍落度筒提起后无稀浆或仅有少量稀浆由底部析出，则表示此混凝土拌合物保水性良好。

对于石子最大粒径大于 40mm 的混凝土拌合物，目前尚无理想的试验方法，国外做法是先将大于 40mm 的石子筛除后再用坍落度法试验。

《混凝土质量控制标准》GB 50164—2011 的规定：混凝土坍落度实测值与要求坍落度间的允许偏差应符合表 4-15 中的规定，混凝土按坍落度的分级见表 4-16。

混凝土实测坍落度和要求坍落度之间的允许偏差　　　表 4-15

混凝土要求坍落度（mm）	允许偏差（mm）
≤40	±10
50～90	±20
≥100	±30

4 混凝土

混凝土按坍落度的分级 表 4-16

坍落度（mm）	级别	类别
<10	—	干硬性混凝土
10~40	S1	低塑性混凝土
50~90	S2	塑性混凝土
100~150	S3	流动性混凝土
160~210	S4	大流动性混凝土
≥220	S5	

注：坍落度检验结果，在分级评定时，取舍至邻近的整 10mm。

（2）维勃稠度法

此法适用于骨料最大粒径不大于 40mm、坍落度小于 10mm、维勃稠度在 5~30s 之间的混凝土拌合物稠度的测定。测法是按坍落度试验方法，将新拌混凝土装入坍落度筒再拔去坍落度筒，并在新拌混凝土顶上置一透明圆盘。开动振动台的同时，启动秒表并观察拌合物下落情况。当透明圆盘下面全部布满水泥浆时，按停秒表，记录时间，以秒计（精确至 1s），即为混凝土拌合物的维勃稠度值。维勃稠度试验装置如图 4-7 所示。根据混凝土拌合物的维勃稠度值，可将混凝土分为 5 级，见表 4-17。

混凝土按维勃稠度的分级 表 4-17

维勃稠度（s）	级别	类别
≥31	V0	超干硬性混凝土
30~21	V1	特干硬性混凝土
20~11	V2	干硬性混凝土
10~6	V3	半干硬性混凝土
5~3	V4	—

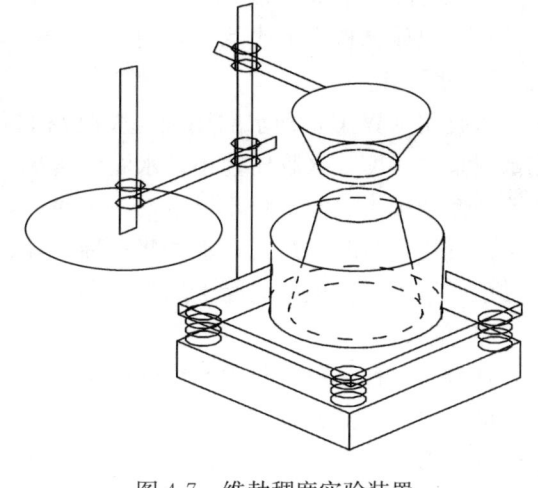

图 4-7 维勃稠度实验装置

3. 混凝土流动性的选择

当设计图纸上标明有和易性指标（稠度）的要求时，可按所要求的坍落度值选择混凝土。当设计图纸上没有坍落度的要求时，根据结构物的类型和施工条件选择合理的坍落度值。具体根据结构的构件尺寸大小、配筋疏密和施工捣实方法来确定。当构件截面尺寸较小或钢筋较密，或采用人工振捣时，可选择坍落度较小的混凝土。

应该值得注意的是，正确选择混凝土拌合物的坍落度对保证混凝土的施工质量和节约水泥具有重大意义。在选择坍落度时，原则上应该在不妨碍施工操作并能保证混凝土振捣密实的条件下尽可能采用较小的坍落度，以节约水泥并获得质量较高的混凝土。混凝土浇筑时的坍落度应满足表 4-18 的要求。

混凝土浇筑时的坍落度 表 4-18

序号	结 构 种 类	坍落度（mm）	
		振动器捣实	人工捣实
1	基础或地基等的垫层	10～30	20～40
	无配筋的大体积结构（挡土墙、基础、厚大块体等）或配筋稀疏的结构	10～30	35～50
2	板、梁和大型及中型截面的柱子等	35～50	55～70
3	配筋密列的结构（薄壁、斗仓、筒仓、细柱等）	55～70	75～90
4	配筋特密的其他结构	75～90	90～120

其他情况的工作性指标，可按下列说明选定：

（1）用干硬性混凝土时采用的工作度，应根据结构种类和振捣设备通过试验后确定。

（2）需要配制大坍落度混凝土时，应掺用外加剂。

（3）浇筑在曲面或斜面的混凝土的坍落度，应根据实际情况试验选定，避免流淌。

（4）轻骨料混凝土的坍落度，可相应减少 10～20mm。

4．影响和易性的主要因素

（1）组成材料用量比例的影响

1）水胶比

水胶比（W/C）即水的用量与胶凝材料用量（水泥等）用量之比。水胶比的大小决定水泥浆的稠度，水胶比越小，水泥浆越稠。当水胶浆与骨料用量一定时，混凝土拌合物的流动性便越小。当水胶比过小，由于水泥浆干稠，会导致施工困难，影响混凝土的浇筑质量；反之，水胶比过大，水泥浆过稀，拌合物会产生流浆、离析现象。因此，水胶比不宜过小或过大，应根据混凝土的强度和耐久性要求合理地选用。

2）集浆比

骨料（也称集料）与水泥浆的用量比称为集浆比。在骨料量一定的情况下，集浆比的大小可用水泥浆的数量表示。集浆比越小，表示水泥浆用量越多，拌合物的流动性越大。水泥浆过多，不仅不经济，而且会使拌合物的均匀、稳定性变差，出现流浆现象。

无论是提高水胶比还是减小集浆比，实质都是增加拌合物的用水量。可见，用水量是对混凝土拌合物稠度起决定性作用的因素。实验证明，在骨料用量一定的情况下，所需拌合用水量基本上是一定的。即使水泥用量有所变动（每立方米混凝土用量增减 50～100kg 也无影响，这一关系称为恒定用水量法则。

必须指出，在施工中为了保证混凝土的强度和耐久性，不准用单纯改变用水量的办法来使拌合物达到施工要求的稠度。

3）砂率

砂率是混凝土中砂的质量（m_s）占砂、石（m_g）总质量的百分率。即：

$$\beta_s = \frac{m_s}{m_s + m_g} \times 100\%$$

砂在混凝土拌合物中起着填充粗骨料空隙的作用。与粗骨料比，砂具有粒径小、比表面积大的特点。因而,砂率的改变会使骨料的总表面积和空隙率都产生显著的变化。

当砂率过大时,骨料的总表面积和空隙率均增大。当混凝土中的水泥浆量一定的情况下,骨料颗粒表面的水泥浆层将相对减薄,拌合物就显得干稠,流动性就变小。如要保持水泥浆量不变,则需增加水泥浆,就要多消耗水泥。

当砂率过小时,拌合物中石子过多而砂子过少,形成的砂浆量不足以包裹石子的表面,并不能填满石子的空隙。在石子没有足够的砂浆润滑层时,不仅会降低混凝土拌合物的流动性,也会严重影响其黏聚性和保水性,使混凝土产生骨料离析,水泥浆流失,甚至出现溃散的现象。

当砂率适宜时,砂不但能填满石子的空隙,而且还能保证粗骨料间有一定厚度的砂浆层以减小粗骨料的滑动阻力,使拌合物有较好的流动性,这个适宜的砂率称为合理砂率。合理砂率是在用水量及水泥用量一定的情况下,能使新拌混凝土获得最大的流动性,并保持良好的黏聚性和保水性时的砂率值(图4-8);或者在坍落度不变的情况下,使新拌混凝土在具有较好流动性、黏聚性与保水性的同时,使水泥用量达到最小的砂率值(图4-9)。

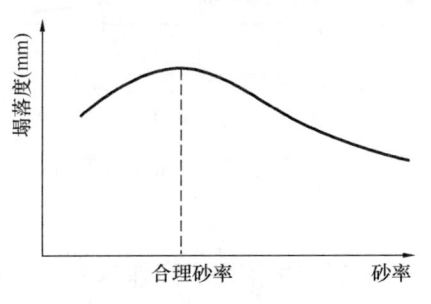

图 4-8 坍落度与砂率的关系
(水和水泥用量一定)

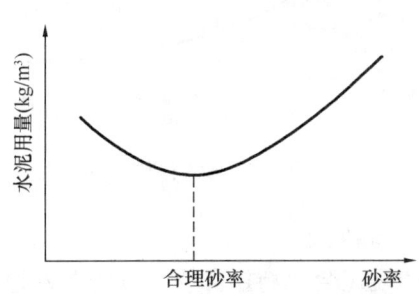

图 4-9 水泥用量与砂率的关系
(坍落度相同)

(2) 组成材料性质的影响

1) 水泥品种

水泥对拌合物和易性的影响主要反映在需水量上。而水泥的品种、细度、矿物组成及混合材料的掺量等都会影响水泥的需水量。需水量不同,在相同配合比时,拌合物稠度也不同。这是因为不同品种的水泥密度不同,使用密度小的品种的水泥时,同质量的水泥体积比普通水泥的大,因此当用水量相同的情况下,混凝土就显得更稠。一般来说,普通水泥混凝土拌合物比矿渣水泥和火山灰水泥的和易性好。矿渣水泥拌合物的黏聚性差,易泌水离析;火山灰水泥流动性小,但黏聚性较好。

2) 骨料的种类、粗细程度和颗粒级配

河砂和卵石多呈卵圆形,表面光滑无棱角,拌制的混凝土拌合物比碎石和山砂拌制的拌合物流动性好。采用较大粒径的、级配良好的砂石,因其总表面积和空隙率小,包裹骨料表面空隙用的水泥浆用量小,因此拌合物的流动性也较好。

3) 外加剂

在混凝土拌合物中掺入减水剂或引气剂,流动性明显提高,引气剂还可以有效改善混凝土拌合物的黏聚性和保水性,二者还分别对硬化混凝土的强度与耐久性起着十分重要的作用。

(3) 时间及环境条件的影响

1) 时间

搅拌制备的混凝土拌合物，随着时间的延长，会变得越来越干稠，坍落度会逐渐减小，这是由于拌合物中的一些水分逐渐被骨料吸收，一部分水蒸发，部分水泥产生凝结作用。坍落度与拌合物存放时间的关系见图4-10。

2) 温度

拌合物的流动性随着温度的升高而减小，温度升高10℃，坍落度减小20~40mm。这是由于温度升高会加速水泥的水化，增加水分的蒸发，夏季施工必须注意这一点。温度对坍落度的影响见图4-11。

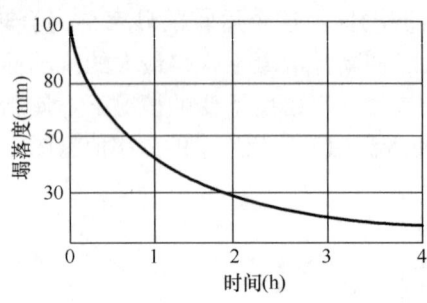

图4-10 坍落度与拌合物存放时间的关系　　图4-11 温度对坍落度的影响

3) 湿度和风速

湿度和风速会影响拌合物水分的蒸发速率，因而影响坍落度。风速越大、大气的湿度越低，拌合物的坍落度损失越快。

(4) 搅拌方式和搅拌时间的影响

1) 搅拌方式

《混凝土结构工程施工规范》GB 50666—2011规定，根据搅拌机的类型和容量，规定最小搅拌时间为1~3min。在较短的时间内，搅拌得越完全、越彻底，混凝土拌合物的和易性越好。

2) 搅拌时间

由于混凝土拌合后水泥立即水化，使水化产物不断增多、游离水逐渐减少，因此拌合物的流动性将随着时间的增长而不断降低。拌合物从搅拌到捣实的这段时间里，随着时间的增加，坍落度将逐渐减小，称为坍落度损失。

在实际施工中，搅拌时间不足，拌合物的工作性就差，质量也不均匀。适当延长搅拌时间，可以获得较好的和易性。但搅拌时间过长，流动性反而降低，严重时会影响混凝土的浇筑和捣实。

5. 改善混凝土拌合物和易性的措施

(1) 调节混凝土的材料组成

① 采用适宜的水泥品种和掺和材料。

② 改善砂、石（特别是石子）的级配，尽量采用较粗的骨料。

③ 采用合理砂率，尽可能降低砂率，有利于提高混凝土的质量和节约水泥。

④ 当混凝土拌合物坍落度太小时，维持水胶比（W/C）不变，适当增加水泥浆的用

量；当拌合物坍落度太大，但黏聚性良好时，可保持砂率不变，适当增加砂、石用量。

（2）掺加各种外加剂

在拌合物中加入少量外加剂（如减水剂、引气剂等），能使拌合物在不增加水泥浆用量的前提下，有效地改善工作性、增大流动性、改善黏聚性、降低泌水性，并且由于改变了混凝土结构，还能提高混凝土的耐久性。

（3）改进拌合物的施工工艺

采用高效率的搅拌设备和振捣设备，既可以改善拌合物的和易性，又可在较小的坍落度情况下获得较高的密实度。

考虑到工程实际，在施工中因原材料（水泥、砂、石）已限定，砂率往往已采用合理砂率值，因此，在保证混凝土质量的前提下，只能采取减小集浆比（即保持水胶比不变，增加水泥浆用量）或掺入外加剂的措施来改善拌合物的和易性。现代商品混凝土，在远距离运输时，为了减小坍落度损失，还经常采用二次加水法，即在搅拌站拌合时只加入大部分的水，剩下少部分水在快到施工现场时再加入，然后迅速搅拌以获得较好的坍落度。

4.3.2 硬化混凝土的主要技术性质

1. 力学性质

（1）立方体抗压强度标准值和强度等级

1）立方体抗压强度

按照标准制作方法制成边长为 150mm 的立方体试件，立即用不透水的薄膜覆盖表面。拆模后在标准养护条件（温度为 20±2℃，相对湿度为 95% 以上）的标准养护室中养护，或在温度为 20±2℃ 的不流动的 Ca(OH)$_2$ 饱和溶液中养护，养护至 28d 龄期，用标准试验方法测定其抗压强度值，即为混凝土立方体试件抗压强度（简称立方体抗压强度），以 f_{cu} 表示，见图 4-12，按下式计算，单位以 MPa(N/mm^2) 计。

$$f_{cu} = \frac{F}{A}$$

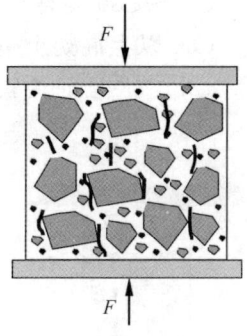

图 4-12 混凝土立方体抗压强度试验

式中 F——试件破坏荷载，单位为 N；
      A——试件承压面积，单位为 mm^2。

一组三个试件，按照混凝土强度评定方法确定每组试件的强度代表值。按照《混凝土结构工程施工质量验收规范》GB 50204—2015 的规定，混凝土立方体的最小尺寸应根据粗骨料的最大粒径确定，当采用非标准尺寸试件时，应将其抗压强度乘以换算系数（表4-19），折算为标准试件的立方体抗压强度。

试件尺寸换算系数　　　　　表 4-19

试件种类	试件尺寸（mm）	粗骨料最大粒径（mm）	换算系数
标准试件	150×150×150	40	1.00
非标准试件	100×100×100	31.5	0.95
	200×200×200	63	1.05

2) 立方体抗压强度标准值 $f_{cu,k}$

立方体抗压强度标准值是按照标准方法制作和养护的边长为 150mm 的立方体试件，在 28d 龄期用标准试验方法测得的抗压强度总体分布中的一个值，强度低于该值的百分率不超过 5%（即具有 95% 保证率的抗压强度值），单位为 MPa，以 $f_{cu,k}$ 表示。

3) 强度等级

混凝土强度等级是根据立方体抗压强度标准值来确定的。强度等级用符号 C 和立方体抗压强度标准值两项内容表示。例如"C30"即表示混凝土立方体抗压强度标准值 $f_{cu,k}$=30MPa。

我国现行规范《混凝土结构设计规范》GB 50010—2010 规定：混凝土强度按立方体抗压强度标准值划分为 C15、C20、C25、C30、C35、C40、C45、C50、C55、C60、C65、C75 和 C80 共 14 个等级。而按照《混凝土质量控制标准》GB 50164—2011 规定，混凝土强度按立方体抗压强度标准值划分为 C15、C20、C25、C30、C35、C40、C45、C50、C55、C60、C65、C70、C75、C80、C85、C90、C95 和 C100 共 18 个等级。混凝土结构设计时根据建筑物的不同部位和承受荷载的不同，采用不同强度等级的混凝土，一般为：

C15 混凝土主要用于垫层、基础、地坪及受力不大的结构；

C15～C25 混凝土用于普通混凝土结构的梁、板、柱、楼梯等；

C25～C30 混凝土用于大跨度结构、耐久性要求较高的结构、预制构件等；

C30 以上混凝土用于预应力钢筋混凝土结构，高层建筑的梁柱，特种结构。

(2) 混凝土轴心抗压强度 f_{cp}

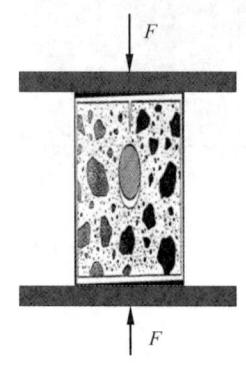

图 4-13 混凝土轴心抗压强度试验

混凝土轴心抗压强度又称棱柱体抗压强度。在实际工程中，立方体的钢筋混凝土结构形式是极少的，大部分是棱柱体或圆柱体。为了使所测得的混凝土强度接近混凝土结构的实际受力情况，在钢筋混凝土结构计算中，计算轴心受压构件（柱、桁架腹杆）时，都是采用混凝土的轴心抗压强度（f_{cp}）作为依据。轴心抗压强度值（f_{cp}）约为立方体抗压强度值（f_{cu}）的 0.7～0.8。

根据《普通混凝土力学性能试验方法标准》GB/T 50081—2002 规定，混凝土轴心抗压强度（f_{cp}）应采用 150mm×150mm×300mm 的棱柱体作为标准试件，见图 4-13，轴心抗压强度值 f_{cp} 按照下式计算：

$$f_{cp} = \frac{F}{A}$$

式中 F——试件破坏荷载，单位为 N；
A——试件承压面积，单位为 mm²。

(3) 混凝土抗拉强度 f_{ts}

混凝土的抗拉强度很低，只有抗压强度的 1/20～1/10。直接受拉时，很小的变形就会产生脆性破坏。钢筋混凝土结构设计中，不考虑混凝土承受的拉力（结构中的拉力由钢筋承受），但是抗拉强度对混凝土的抗裂性具有重要意义，它是结构设计中确定混凝土抗裂度的重要指标。有时还用抗拉强度间接衡量混凝土与钢筋间的黏结强度。测定混凝土抗拉强度主要采用劈裂试验法，如图 4-14 所示。

劈裂试验是采用边长为 150mm 的立方体试件，在立方体试件中心面内施加两个方向相反，均匀分布的压应力，当压力增大至一定程度时，试件就沿劈裂面破坏，简称劈拉抗拉强度（f_{ts}），单位以 MPa（N/mm²）计。按照下式计算（精确至 0.01MPa）：

$$f_{ts} = \frac{2F}{\pi A} = 0.637 \frac{F}{A}$$

式中　F——试件破坏荷载，单位为 N；

　　　A——试件劈裂面积，单位为 mm²。

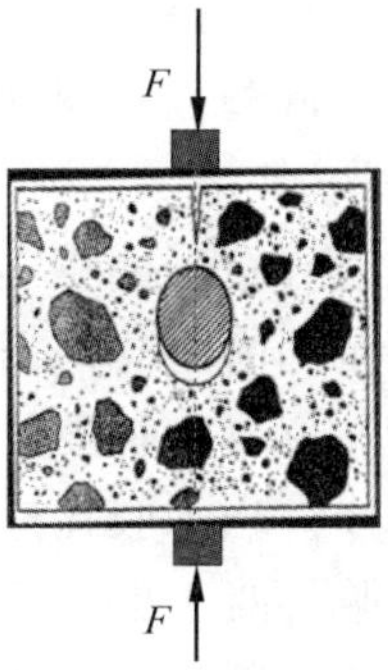

混凝土的劈裂抗拉强度与混凝土标准立方体抗压强度之间的关系，可用经验公式表达，如下：

$$f_{ts} = 0.35 f_{cu}^{3/4}$$

图 4-14　混凝土劈裂强度试验

（4）影响混凝土强度的因素

1）水泥强度等级及水胶比

水泥强度等级和水胶比是影响混凝土强度最主要的因素，也是决定性因素。这是由于普通混凝土的受力破坏主要发生于水泥石与骨料的界面，因为这些部位往往存在有许多孔隙、水隙和潜在微裂缝等结构缺陷，是混凝土中的薄弱环节。骨料破坏的可能性较小，因为混凝土中骨料本身的强度往往大大超过水泥石及截面的强度。由此可知，混凝土的强度主要取决于水泥石强度及其与骨料表面的黏结强度，而这些强度又决定于水泥强度等级和水胶比的大小。

水泥的强度等级。水泥是混凝土的胶结材料，水泥强度等级的高低直接影响着混凝土强度的高低。在配合比相同的条件下，水泥强度越高，水泥石的强度及其与骨料的黏结力越大，制成的混凝土强度也越高。试验证明，混凝土的强度与水泥强度成正比例关系。

水胶比。在拌制混凝土时，为了获得必要的流动性，常需加入较多的水（约占水泥质量的 40%～70%）。水泥完全水化所需的结合水，一般只占水泥质量的 10%～25%。当混凝土硬化后，多余的水分或残留在混凝土中，或蒸发并在混凝土中形成各种不同尺寸的孔隙，使混凝土的密实度和强度大大降低。因此，在水泥强度和其他条件相同的情况下，混凝土强度主要取决于水胶比，这一规律常称为水胶比定则。水胶比越小，水泥石强度及与骨料的黏结强度越大，混凝土强度越高。但是若水胶比太小，拌合物过于干硬，在一定的捣实成型条件下，无法保证浇灌质量，混凝土中将出现较多的蜂窝、孔洞，强度反而会下降。实验表明，混凝土的强度随水胶比的增大而降低，而与胶水比呈直线关系。混凝土抗压强度与水胶比和胶水比的关系见图 4-15 和图 4-16。

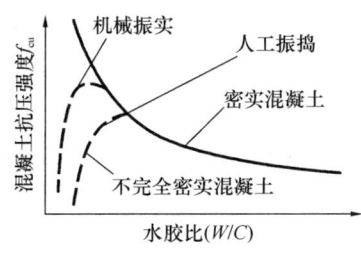

图 4-15　混凝土抗压强度与水胶比的关系

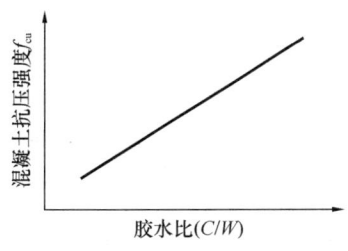

图 4-16　混凝土抗压强度与胶水比的关系

2) 骨料

混凝土骨料级配良好、砂率适当时，由于组成了坚强密实的骨架，有利于强度提高。

碎石表面粗糙富有棱角，与水泥石胶结性好，且骨料颗粒间有嵌固作用，所以在原材料及坍落度相同情况下，用碎石拌制的混凝土较用卵石时强度高。当水胶比小于0.40时，碎石混凝土强度可比卵石混凝土高约三分之一。但随着水胶比的增大，二者强度差值逐渐减小。当水胶比达0.65后，二者的强度差异就不太显著了。这是因为当水胶比很小时，影响混凝土的主要矛盾是截面强度，而当水胶比很大时，则水泥石强度成为主要矛盾。

集浆比对混凝土的强度也有一定的影响，特别是对高强度的混凝土更为明显。实验证明，水胶比一定，增加水泥浆用量，可增大拌合物的流动性，使混凝土易于成型，强度提高。但过多的水泥浆体，易使硬化的混凝土产生较大的收缩，形成较多的孔隙，反而降低了混凝土的强度。

3) 施工条件

施工条件是确保混凝土结构均匀密实、硬化正常、达到设计强度的基本条件。采用机械搅拌比人工搅拌的拌合物更均匀。实践证明，在相同配合比和成型密实条件下，机械搅拌的混凝土强度一般要比人工搅拌的高约10%。

采用机械捣固比人工捣固更密实，特别是在拌制低流动性混凝土时效果更明显。由于震动暂时破坏了水泥浆的凝聚结构，降低了水泥浆的黏度，同时骨料间的摩擦阻力也大大减小，从而使混凝土拌合物的流动性提高，得以很好地填满模板，且内部孔隙减少，有利混凝土的密实度和强度的提高。

4) 养护条件

养护温度对混凝土早期强度的影响尤为显著。一般情况下，当温度在4～40℃范围内，养护温度提高，可以促进水泥的溶解、水化和硬化，提高混凝土的早期强度。不同品种的水泥，对温度有不同的适应性，因此需要有不同的养护温度。对于硅酸盐水泥和普通水泥，若养护温度过高（40℃以上），水泥水化速率加快，生成的大量水化产物来不及转移、扩散。而使水化反应变慢，混凝土后期强度反而降低。对于掺入大量混合材料的水泥（如矿渣、火山灰、粉煤灰水泥等）而言，因为有二次水化反应，提高养护温度不但能加快水泥的早期水化速度，而且对混凝土后期强度增长有利。混凝土强度与养护温度的关系见图4-17。

养护湿度是决定水泥能否正常水化的必要条件。适宜的湿度，有利于水化反应的进行，混凝土强度增长较快；如果湿度

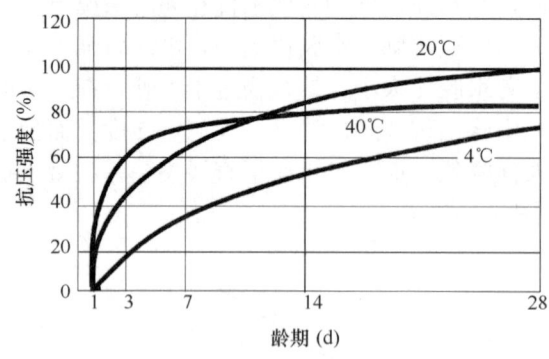

图4-17 混凝土强度与养护温度的关系

不够，混凝土会失水干燥，甚至停止水化。这不仅会严重降低混凝土的强度，而且会因水泥水化作用未能完成，使混凝土结构疏松，影响混凝土的耐久性。所以，为了使混凝土正常硬化，在成型后除了维持周围环境必需的温度以外，还要保持必需的湿度。施工现场养护的混凝土多采用自然养护（自然条件下养护），其养护温度随气温而变化。为保持潮湿

状态，在混凝土凝结以后，表面应覆盖草袋等物并不断浇水保湿。使用普通水泥时，浇水保湿应不少于 7d；使用矿渣水泥和火山灰水泥或在施工中掺用减水剂时，不少于 14d；对于有抗渗要求的混凝土，不少于 14d。混凝土强度与养护湿度的关系见图 4-18。

5）养护龄期

在正常条件下养护，混凝土的强度随龄期增长而提高。最初 7～14d 内，强度增

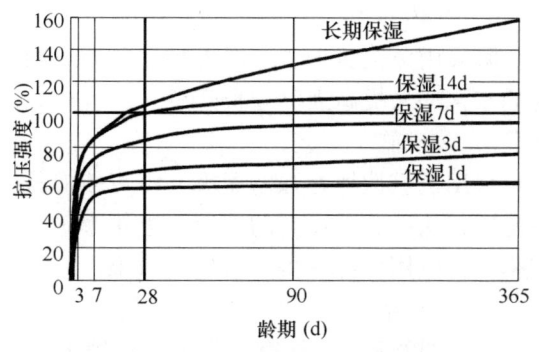

图 4-18 混凝土强度与养护湿度的关系

长较快，28d 以后增长缓慢并趋于平缓，所以混凝土强度以 28d 强度作为评定的依据。但强度增长速度因水泥品种和养护条件而不同，如矿渣水泥 7d 的强度约为 28d 强度的 42%～54%；普通水泥 7d 强度约为 28d 强度的 58%～65%，但 28d 后两种水泥强度的增长基本相同。

在标准养护条件下，普通水泥混凝土强度的发展大致与其龄期的对数成正比例关系，可利用这种关系估算不同龄期的混凝土强度：

$$\frac{f_n}{f_{28}} = \frac{\lg n}{\lg 28}$$

式中　n——养护龄期，单位为天（d），并且 $n \geqslant 3d$；

　　　f_n——混凝土 n 天龄期的抗压强度（MPa）；

　　　f_{28}——凝土 28 天龄期的抗压强度。

（5）提高混凝土强度的措施

实际工程中为了加快施工进度，提高模板的周转效率，常需提高混凝土的早期强度，可采取以下几种方法：

1）采用高强度等级水泥和早强型水泥

硅酸盐水泥和普通水泥的早期强度较其他水泥高，对于紧急抢修工程、桥梁拼装接头、严寒的冬季施工，以及其他要求早期强度较高的结构物，可优先选用早强型水泥配制混凝土。

2）采用低水胶比的干硬性混凝土

降低水胶比是提高混凝土强度最有效的途径。在低水胶比的干硬性混凝土拌合物中，游离水少，硬化后留下的孔隙少，因此得到的混凝土密实度高，强度也得到显著提高。但水胶比减小过多，将影响拌合物流动性，造成施工困难，为此一般采取同时掺加混凝土减水剂的办法，可使混凝土在低水胶比的情况下，仍然具有良好的和易性。

3）掺加外加剂

掺加外加剂是提高混凝土强度的有效方法之一，减水剂和早强剂都能对混凝土强度发展起到明显的作用。尤其是在高强混凝土（强度等级大于 C60）的设计中，采用高效减水剂已成为关键的技术措施。但需指出的是，早强剂只可提高混凝土的早期强度，而对 28d 强度影响不大。

4）湿热养护

除采用蒸汽养护、蒸压养护、冬季集料预热等预热技术措施外，还可利用蓄存水泥本身的水化热来提高强度增长速度。

5）改进施工工艺

采用机械搅拌合强力振捣，都可使混凝土拌合物在低水胶比的情况下更加均匀、密实地浇筑，从而获得更高的强度。近年来，高速搅拌法、二次投料振捣法等新的施工工艺在工程中的应用，都取得了较好的效果。

6）调整龄期

随龄期的延续，混凝土强度会持续上升。实践证明，混凝土的龄期在3～6个月内时，强度较28d会提高25%～50%。工程某些部位的混凝土在6个月后才能满载使用，则该部位的强度可以适当降低，以节约水泥。但具体使用时，应该得到设计、管理单位的批准。

2. 变形性能

（1）非荷载作用下的变形

1）沉降收缩

混凝土拌合物在刚成型后，固体颗粒下沉，表面产生泌水而使混凝土的体积减小，又称塑性收缩，其收缩值约为1%。在桥梁墩台等大体积混凝土中，由于沉降收缩可能产生沉降裂缝。

2）化学收缩

由于水泥水化产物的体积比水化反应前物质的总体积（包括水的体积）要小，因而会使混凝土产生收缩。化学收缩是不能恢复的，收缩值随龄期增长而增加，40d以后逐渐趋于稳定。但收缩率一般很小，在限制应力下不会对结构物产生破坏作用，但会在混凝土内部产生微细裂缝。

3）干湿变形

干湿变形是混凝土最常见的非荷载变形，主要表现为干缩湿胀。

混凝土在干燥空气中硬化时，随着水分的逐渐蒸发，体积将逐渐发生收缩。而在水中或潮湿条件下养护时，混凝土的干缩将减少或略产生膨胀。但混凝土收缩值较膨胀值大，当混凝土产生干缩后，即使长期放在水中，仍有残留变形，残余收缩为缩量的30%～60%。

混凝土干缩后会在表面产生细微裂缝。当干缩变形受到约束时，常会引起构件的翘曲或开裂，影响混凝土的耐久性。因此，应通过调节骨料级配、增大粗骨料的粒径、减少水泥浆用量、选择合适的水泥品种、采用振动捣实、加强早期养护等措施来减小混凝土的干缩。

4）碳化收缩

水泥水化生成的氢氧化钙与空气中的二氧化碳发生反应，从而引起混凝土体积减小的收缩称为碳化收缩。碳化收缩的程度与空气的相对湿度有关，当相对湿度为30%～50%时，收缩值最大。碳化收缩过程常伴随着干燥收缩，在混凝土表面产生拉应力，导致混凝土表面产生细微裂缝。

5）温度变形

混凝土具有热胀冷缩的性质，温度升高1℃，每米约膨胀0.01mm。温度变形对大体积混凝土和大面积工程极为不利。

由于混凝土是热的不良导体，水泥水化初期产生的大量水化热难于散发，浇筑大体积混凝土时内外部温差可达50～80℃，这将使混凝土由于内部显著的体积膨胀和外部的冷却收缩，在表面产生较大的拉应力。当外部混凝土所受拉应力一旦超过混凝土当时的极限抗拉强度，就会产生裂缝。因此大体积混凝土工程，应采用低热水泥，减少水泥用量，采用人工降温等措施，尽可能降低混凝土的发热量。一般的钢筋混凝土结构，应每隔一段距离设置一道长度伸缩缝，或采取在结构物中设置温度钢筋等措施。

（2）荷载作用下的变形

1）混凝土在短期荷载作用下的变形

混凝土是一种非均质材料，是一种包含胶凝材料、砂、石、游离水、气泡等组成的不均匀的三相组合材料。在外力作用下，既产生弹性变形，又产生塑性变形，如图4-19所示。

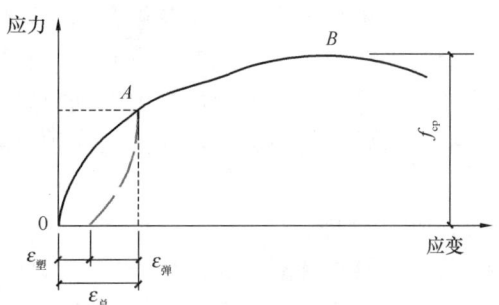

图4-19 混凝土在压力作用下的应力-应变曲线

混凝土的应力与应变的比值称为弹性模量，弹性模量随着应力增大而降低。《普通混凝土力学性能试验方法》GB/T 50081—2002规定：混凝土采用150mm×150mm×300mm的棱柱体试件，以40%的轴心抗压强度f_a为荷载值，经3次循环加荷、卸荷的重复作用后，测得的应力与应变的比值，即为混凝土的弹性模量（割线模量）。

弹性模量反映应力与应变之间的物理关系。因混凝土是弹塑性体，随荷载的不同，应力与应变之间的比值也在变化，也就是说混凝土的弹性模量不是定值。在计算混凝土结构的变形、裂缝开展及大体积混凝土的温度应力时，均需知道混凝土的弹性模量。C15～C60混凝土的弹性模量为$1.75～3.60×10^4$MPa。

当混凝土的骨料含量较多、水泥石的水胶比较小、养护较好、养护龄期较长时，混凝土的弹性模量就较大。

2）混凝土在长期荷载作用下的变形

混凝土在长期荷载作用下，除了产生瞬间的弹性变形和塑性变形外，还会产生随时间而增长的非弹性变形。这种在长期荷载作用下，随时间而增长的变形称为徐变，也称蠕变。混凝土的变形与荷载作用时间的关系如图4-20所示。

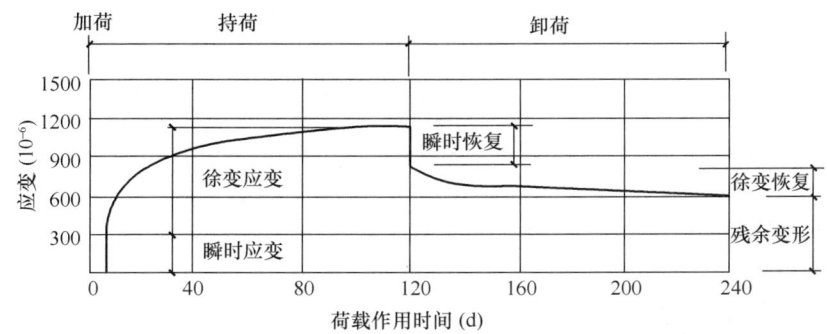

图4-20 混凝土的变形与荷载作用时间的关系曲线

当卸荷后，混凝土将产生稍小于原瞬时应变的恢复，称为瞬时恢复。其后还有一个随时间而减小的应变恢复称为徐变恢复。最后残留下来不能恢复的应变称为残余变形。

一般认为，混凝土的徐变是由于水泥石中的凝胶体，在长期荷载作用的黏性流动所引起的，以及凝胶体内吸附水在长期荷载作用下向毛细孔迁移的结果。混凝土的徐变在受荷初期增长较快，以后逐渐变慢，2~3年后可以稳定下来。

徐变的产生主要取决于水泥石的数量和龄期。水泥用量越大，水胶比越大，养护越不充分，龄期越短的混凝土，其徐变越大；大气湿度越小，荷载应力越大，徐变越大。

混凝土在受压、受拉或受弯时，均有徐变现象。在预应力钢筋混凝土桥梁构件中，混凝土的徐变可使钢筋的预加应力受到损失。但是，徐变也能消除钢筋混凝土的部分应力集中，使应力较均匀地分布，对于大体积混凝土，能消除一部分由于温度变形所产生的破坏应力。

3. 耐久性能

耐久性是指混凝土在使用条件下抵抗周围环境各种因素长期作用的能力。混凝土耐久性主要包括抗冻性、抗渗性、抗侵蚀性、碳化性和抗碱-骨料反应等。

（1）抗冻性

抗冻性是指混凝土在吸水饱和状态下，经受多次冻融循环作用仍能保持持外观的完整性，强度也不严重降低的性能。

混凝土的抗冻性通常用抗冻等级来表示。抗冻等级以标准养护28d龄期的混凝土标准试件，饱水后，在-15~+20℃条件下进行冻融循环，以同时满足强度损失不超过25%、质量损失不超过5%时的最大冻融循环次数来表示。混凝土的抗冻等级有F10，F15，F25，F50，F100，F150，F200，F250，F300，共9个等级。《普通混凝土配合比设计规程》JGJ 55—2011中规定，抗冻等级不小于F50级的混凝土称为抗冻混凝土。

混凝土受冻融循环破坏的原因，是因为混凝土内部孔隙中的水在负温下结冰后体积膨胀形成的静压力，这种压力产生的内应力超过混凝土的抗拉强度，混凝土便产生裂缝，多次冻融循环使裂缝不断扩展直至破坏。

混凝土抗冻性主要取决于混凝土的结构特征、混凝土的空隙率及孔隙特征（孔隙数量、孔径大小、孔隙分布、孔隙的连通与闭合）和含水程度等因素。较密实的或具有闭口孔隙的混凝土抗冻性能较好。因此，提高混凝土抗冻性的关键是提高混凝土的密实度或改变混凝土的孔隙特征。

（2）抗渗性

抗渗性是指混凝土抵抗水、油等液体在压力作用下渗透的性能。它直接影响混凝土的抗冻性和抗侵蚀性。

混凝土的抗渗性用抗渗等级来确定。它是以28d龄期的标准试件，按照标准实验方法试验，以试件所能承受的最大净水压力来确定。混凝土的抗渗等级共有P4、P6、P8、P10、P12五个等级。他们分别表示能抵抗0.4、0.6、0.8、1.0、1.2MPa的净水压力而不渗水。《普通混凝土设计规程》JGJ 55—2011中规定，抗渗等级等于或大于P6级的混凝土称为抗渗混凝土。

混凝土渗水的主要原因是由于内部孔隙形成连通的渗水通道。提高混凝土抗渗性应通过选择适当的水泥品种和足够的水泥用量、降低水胶比、加强振捣和养护等途径，改善混凝土中的孔隙结构，减少连通孔隙。

(3) 抗侵蚀性

混凝土所处环境中含有侵蚀介质时，混凝土便会遭受侵蚀，通常有软水侵蚀、硫酸盐侵蚀、镁盐侵蚀、碳酸侵蚀、一般酸侵蚀与强碱侵蚀等。此时，对混凝土必须提出抗侵蚀要求，其中应尤其重视海水的侵蚀问题。混凝土的抗侵蚀性主要要取决于其所用水泥的品种及混凝土的密实度。密实度较高或具有封闭孔隙的混凝土，环境水等不易侵入，混凝土的抗腐蚀性能较强。所以，提高混凝土抗侵蚀性的措施，主要是合理选用水泥品种、降低水胶比、提高混凝土的密实度，以及尽量减少混凝土中的开口孔隙。

氯盐环境（海水、除冰盐等）下的钢筋混凝土，应采用较大掺量的矿物掺合料，且应为低水胶比，以保证混凝土的密实度。单掺粉煤灰时掺量不应小于30%，单掺磨细矿渣时不宜小于50%，最好复合两种以上掺用，对于侵蚀非常严重的环境，可掺5%硅灰。

(4) 碳化作用

混凝土的碳化，是指混凝土内水泥石中的氢氧化钙与空气中的二氧化碳，在湿度适宜时发生化学反应，生成碳酸钙和水，也称中性化。混凝土的碳化，是二氧化碳由表及里逐渐向混凝土内部扩散的过程。碳化引起水泥石化学组成及组织结构的变化，对混凝土的碱度、强度和收缩产生影响。

碳化对混凝土性能既有有利的影响，也有不利的影响。其不利影响，首先是碱度降低，减弱了对钢筋的保护作用。这是因为混凝土中水泥水化生成大量的氢氧化钙，使钢筋处在碱性环境中而在表面生成一层钝化膜，保护钢筋不易腐蚀。但当碳化深度穿透混凝土保护层而达到钢筋表面时，钢筋钝化膜被破坏而发生锈蚀，此时产生体积膨胀，致使混凝土保护层开裂，混凝土的开裂会加剧二氧化碳、水、氧等有害介质的进入，从而加剧碳化的进行和钢筋的锈蚀，最后导致混凝土产生顺着钢筋方向的裂缝而破坏。另外，碳化作用会增加混凝土的收缩，引起混凝土表面产生拉应力而出现微细裂缝，从而降低混凝土抗折强度及抗渗能力。

其有利影响是碳化作用产生的碳酸钙填充了水泥石的孔隙，以及碳化时放出的水分有助于未水化水泥的水化，从而可以提高混凝土碳化层的密实度，对提高抗压强度有利。如混凝土预制桩往往利用碳化作用来提高混凝土的表面硬度。

影响碳化速度的主要因素有：环境中二氧化碳的浓度、水泥品种、水胶比和环境湿度等。二氧化碳浓度高，碳化速度快；当环境中的相对湿度在50%～70%时，碳化速度最快，当相对湿度小于25%或在水中时碳化将停止；水胶比小的混凝土较密实，二氧化碳和水不易侵入，碳化速度就减慢；掺混合材料的水泥碱度较低，碳化速度随混合材料掺量的增多而加快。

在实际工程中，为减少碳化作用对混凝土的不利影响，通常采取以下措施：

① 在混凝土结构设计时采取合适的保护层；
② 根据工程所处环境及使用条件，合理选用水泥品种；
③ 使用减水剂，改善混凝土和易性，提高混凝土密实度；
④ 采用水胶比小的混凝土；
⑤ 加强施工质量控制，加强养护，保证振捣质量；
⑥ 在混凝土表面涂刷保护涂层。

(5) 碱-骨料反应

碱-骨料反应是指混凝土内水泥中的碱性氧化物（K_2O、Na_2O），与骨料中的活性二氧化硅发生化学反应，生成碱-硅酸凝胶，其吸水后会产生很大的体积膨胀（约3倍以上），从而导致混凝土产生膨胀开裂而破坏。

碱-骨料反应进行得十分缓慢，其引起的破坏往往要经过若干年后才会出现，且为不可逆的破坏，难以修复。为了避免发生碱-骨料反应，必须将问题消灭在发生之前。对于重要工程所使用的粗细骨料，均应进行碱活性检验，在检验判定骨料为有潜在危害时，应采取如下措施：

① 使用含碱量小于0.6%的水泥或采用能抑制碱-骨料反应的掺合料；
② 当使用含钾、钠离子的混凝土外加剂时，必须进行专门试验；
③ 当采用海砂配制时，砂中氯离子含量不应大于0.06%；
④ 对预应力混凝土不宜用海砂，若必须使用时，应经淡水冲洗至氯离子含量不大于0.02%。
⑤ 经检验判定为属碱-碳酸盐反应的骨料，不宜用于配制混凝土。

4.4　普通混凝土的配合比设计

所谓混凝土配合比，是指单位体积的混凝土中各组成材料的质量比例。确定这种数量关系的工作，就称为混凝土配合比设计。

4.4.1　普通混凝土配合比设计的基本要求

《普通混凝土配合比设计规程》JGJ 55—2011规定，混凝土配合比设计应满足混凝土配制强度及其他力学性能、拌合物性能、长期性能和耐久性能的设计要求。混凝土配合比设计的基本要求包括以下4个方面：

(1) 满足结构设计的强度等级要求。
(2) 满足施工方面对混凝土拌合物的和易性要求。
(3) 满足与工程所处环境耐久性要求（如抗渗性、抗冻性及抗侵蚀性等）。
(4) 符合经济原则，即节约水泥以降低混凝土成本。

4.4.2　普通混凝土配合比设计的3个参数

水胶比、单位用水量和砂率是混凝土配合比设计的3个基本参数。因此，混凝土配合比设计主要是正确地确定这3个参数，以保证配制出满足工程要求的混凝土。

混凝土配合比设计中确定3个参数的原则是：

(1) 在满足混凝土的强度和耐久性基础上，确定混凝土的水胶比；
(2) 在满足混凝土施工要求的和易性基础上，根据粗骨料种类和规格确定混凝土的单位用水量；
(3) 砂在集料中的数量应以填充石子空隙后略有富余的原则来确定。

4.4.3　普通混凝土配合比设计资料准备

配合比设计之前，必须掌握混凝土工程的具体性质、原材料性质、施工工艺和施工水平等方面的资料。

(1) 原材料情况

1) 水泥品种和实际强度、密度。
2) 砂、石特征。砂石的品种，表观密度及堆积密度，含水率，颗粒级配；砂的细度模数、石子的最大粒径、压碎值。
3) 拌合水水质及水源。
4) 矿物掺合料的品种及掺量。
5) 外加剂品种、名称、特性、适宜剂量。

(2) 混凝土强度等级

(3) 工程耐久性要求

混凝土所处的环境条件、抗渗、抗冻、耐磨等性能。

(4) 施工条件及工程性质

包括搅拌合振捣方式、要求的坍落度、施工单位的施工及管理水平、构件形状及尺寸、钢筋的最小净距等。

4.4.4 普通混凝土配合比设计的步骤

混凝土配合比设计分四步进行，此过程共需确定 4 个配合比。

第一步：计算——确定计算配合比；

第二步：试配、试验、调整——确定试拌配合比；

第三步：成型、养护、测定强度——确定试验配合比；

第四步：换算——确定施工配合比。

根据《普通混凝土配合比设计规程》JGJ 55—2011 的规定，混凝土配合比设计的步骤如下：

1. 计算配合比

计算配合比的计算根据如下步骤进行：

(1) 确定混凝土的配制强度

当混凝土的设计强度等级小于 C60 时，配制强度应按下式确定：

$$f_{cu,o} \geq f_{cu,k} + 1.645\sigma$$

式中　$f_{cu,o}$——混凝土配制强度（MPa）；

　　　$f_{cu,k}$——混凝土立方体抗压强度标准值，取混凝土的设计强度等级值（MPa）；

　　　σ——混凝土强度标准差（MPa）。

当设计强度等级≥C60 时，配制强度应按下式计算：

$$f_{cu,o} \geq 1.15 f_{cu,k}$$

标准差 σ 的确定：当具有近 1 个月~3 个月的同一品种、同一强度等级混凝土的强度资料，且试件组数不小于 30 时，其混凝土强度标准差 σ 应按下式计算：

$$\sigma = \sqrt{\frac{\sum_{i=1}^{n} f_{cu,i}^2 - n m_{f_{cu}}^2}{n-1}}$$

式中　σ——混凝土强度标准差；

　　　$f_{cu,i}$——第 i 组的试件强度（MPa）；

　　　$m_{f_{cu}}$——n 组试件的强度平均值（MPa）；

　　　n——试件组数。

对于强度等级不大于 C30 的混凝土，当混凝土强度标准差计算值不小于 3.0MPa 时，应按上式计算。计算结果取值；当混凝土强度标准差计算值小于 3.0MPa 时，应取 3.0MPa。

对于强度等级 C30~C60 的混凝土，当混凝土强度标准差计算值不小于 4.0MPa 时，应按上式计算。计算结果取值；当混凝土强度标准计算值小于 4.0MPa 时，应取 4.0MPa。

当没有近期的同一品种、同一强度等级混凝土的强度资料时，其混凝土的强度标准差 σ 应按表 4-20 取值。

标准差 σ 值 表 4-20

混凝土强度等级	≤C20	C25~C45	C50~C55
标准差 σ 值（MPa）	4.0	5.0	6.0

(2) 确定水胶比

当混凝土的强度等级≤C60 时，混凝土水胶比宜按下式确定：

$$\frac{W}{B} = \frac{\alpha_a \cdot f_b}{f_{cu,o} + \alpha_a \cdot \alpha_b \cdot f_b}$$

式中　W/B——混凝土水胶比；
　　　α_a, α_b——混凝土强度回归系数。根据工程所使用的原材料，通过试验建立的水胶比与混凝土强度关系式来确定；当不具备上述试验统计资料时，可按表格 4-21 取值。
　　　f_b——胶凝材料 28d 胶砂强度（MPa），可根据现行国家标准《水泥胶砂强度检验方法（ISO 法）》GB/T 17671—1999 实测。当无实测值时，可按下式计算：

$$f_b = \gamma_f \gamma_s f_{ce}$$

式中　γ_f, γ_s——粉煤灰影响系数和粒化高炉矿渣影响系数，可按表 4-22 取值。
　　　f_{ce}——水泥 28d 胶砂强度（MPa），可实测。当无实测资料时，可按下式计算：

$$f_{ce} = \gamma_c f_{ce,g}$$

式中　$f_{ce,g}$——水泥强度等级值（MPa），为水泥强度等级值的富余系数；
　　　γ_c——水泥强度等级值富余系数。可按实际统计资料确定，当缺乏资料时，也可按表 4-23 选用。

回归系数 α_a, α_b 取值表 表 4-21

回归系数 \ 粗骨料品种	碎石	卵石
α_a	0.53	0.49
α_b	0.20	0.13

粉煤灰影响系数 γ_f 和粒化高炉矿渣影响系数 γ_s　　　　表 4-22

掺量（%）	种类	粉煤灰影响系数（γ_f）	粒化高炉矿渣影响系数（γ_s）
0		1.00	1.00
10		0.85～0.95	1.00
20		0.75～0.85	0.95～1.00
30		0.65～0.75	0.90～1.00
40		0.55～0.65	0.80～0.90
50		—	0.70～0.85

注：1. 采用Ⅰ级、Ⅱ级粉煤灰宜取上限值；
　　2. 采用 S75 级粒化高炉矿渣粉宜取下限值，采用 S95 级粒化高炉矿渣粉宜取上限值，采用 S105 级粒化高炉矿渣粉可取上限值加 0.05；
　　3. 当超出表中的掺量时，粉煤灰和粒化高炉矿渣粉影响系数应经试验确定。

水泥强度等级值富余系数（γ_c）　　　　表 4-23

水泥强度等级	32.5	42.5	52.5
富余系数	1.12	1.16	1.10

《混凝土结构设计规范》GB 50010—2010 对设计使用年限为 50 年的混凝土结构材料的最大水胶比做出了规定（表 4-24）。

结构混凝土材料的耐久性基本要求　　　　表 4-24

环境等级	最大水胶比	最低强度等级	最大氯离子含量（%）	最大碱含量（kg/m³）
一	0.60	C20	0.30	不限制
二 a	0.55	C25	0.20	3.0
二 b	0.50（0.55）	C30（C25）	0.15	
三 a	0.45（0.50）	C35（C30）	0.15	
三 b	0.40	C40	0.10	

注：1. 氯离子含量系指其占胶凝材料总量的百分比；
　　2. 预应力构件混凝土中的最大氯离子含量为 0.05%；最低混凝土强度等级应按表中的规定提高两个等级；
　　3. 素混凝土构件的水胶比及最低强度等级的要求可适当放松；
　　4. 有可靠工程经验时，二类环境中的最低混凝土强度等级可降低一个等级；
　　5. 处于严寒和寒冷地区二 b、三 a 类环境中的混凝土应使用引气剂，并可采用括号中的有关参数；
　　6. 当使用非碱活性骨料时，对混凝土中的碱含量可不做限制。

（3）确定单位用水量和外加剂用量

每立方米干硬性或塑性混凝土的用水量 m_{w0} 应符合下列规定：

① 混凝土水胶比在 0.40～0.80 范围内时，可按表 4-25 和表 4-26 选取；
② 混凝土水胶比小于 0.40 时，可通过试验确定。

干硬性混凝土用水量（kg/m³）　　　　　　表 4-25

拌合物稠度		卵石最大公称粒径（mm）			碎石最大公称粒径（mm）		
项目	指标	10.0	20.0	40.0	16.0	20.0	40.0
维勃稠度（s）	16～20	175	160	145	180	170	155
	11～15	180	165	150	185	175	160
	5～10	185	170	155	190	180	165

塑性混凝土用水量（kg/m³）　　　　　　表 4-26

拌合物稠度		卵石最大公称粒径（mm）				碎石最大公称粒径（mm）			
项目	指标	10.0	20.0	31.5	40.0	16.0	20.0	31.5	40.0
坍落度（mm）	10～30	190	170	160	150	200	185	175	165
	35～50	200	180	170	160	210	195	185	175
	55～70	210	190	180	170	220	205	195	185
	75～90	215	195	185	175	230	215	205	195

注：1. 本表用水量系采用中砂时的取值。采用细砂时，每立方米混凝土用水量可增加 5～10kg；采用粗砂时，可减少 5～10kg。
2. 掺用矿物掺合料的外加剂时，水量应相应调整。

掺外加剂时，每立方米流动性或大流动性混凝土的用水量 m_{wo} 可按下式计算：

$$m_{wo} = m'_{wo}(1-\beta)$$

式中　m_{wo}——计算配合比每立方米的用水量（kg/m³）；

m'_{wo}——未掺外加剂时推定的满足实际坍落度要求的每立方米混凝土用水量（kg/m³），以表 4-22 中 90mm 坍落度的用水量为基础，按每增大 20mm 坍落度相应增加 5kg/m³ 用水量来计算；当坍落度增大到 180mm 以上时，随坍落度相应增加的用水量可减少；

β——外加剂的减水率（%），应经混凝土试验确定。

每立方米混凝土中外加剂用量应按下式计算：

$$m_{ao} = m'_{bo}\beta_a$$

式中　m_{ao}——计算配合比每立方米混凝土中外加剂用量（kg/m³）；

m'_{bo}——计算配合比每立方米混凝土中胶凝材料的用量（kg/m³）；

β_a——外加剂掺量（%），应经混凝土试验确定。

（4）确定胶凝材料、矿物掺合料和水泥用量

每立方米混凝土胶凝材料用量 m_{bo} 应按下式计算：

$$m_{bo} = \frac{m_{wo}}{W/B}$$

式中　m_{bo}——计算配合比每立方米混凝土中胶凝材料的用量（kg/m³）；

m_{wo}——计算配合比每立方米混凝土中用水量（kg/m³）；

W/B——混凝土水胶比。

《普通混凝土设计规程》JGJ 55—2011 规定了工业与民用建筑的最小胶凝材料用量的限值（表 4-27）。当计算出的胶凝材料用量小于表 4-27 中的用量时，按表格中的用量

取值。

混凝土最小胶凝材料用量　　表 4-27

最大水胶比	最小胶凝材料用量（kg/m³）		
	素混凝土	钢筋混凝土	预应力混凝土
0.60	250	280	300
0.55	280	300	300
0.50	320		
≤0.45	330		

每立方米混凝土中矿物掺合料用量应按下式计算：

$$m_{fo} = m_{bo}\beta_f$$

式中　m_{fo}——计算配合比每立方米混凝土的矿物掺合料用量（kg/m³）；
　　　β_f——矿物掺合料掺量（％），应通过试验确定，若没有试验资料，采用硅酸盐水泥或普通硅酸盐水泥时，钢筋混凝土中矿物掺合料最大掺量可按表 4-28 确定，预应力混凝土中矿物掺合料最大产量可按表 4-29 确定。对基础大体积混凝土，粉煤灰、粒化高炉矿渣粉和复合掺合料的最大掺量可增加 5％。采用掺量大于 30％的 C 类粉煤灰的混凝土应以实际使用的水泥和粉煤灰掺量进行安定性检验。

钢筋混凝土中矿物掺合料最大掺量　　表 4-28

矿物掺合料种类	水胶比	最大掺量（％）	
		采用硅酸盐水泥	采用普通硅酸盐水泥
粉煤灰	≤0.40	45	35
	>0.40	60	30
粒化高炉矿渣粉	≤0.40	65	55
	>0.40	55	45
铁渣粉	—	30	20
磷渣粉	—	30	20
硅灰	—	10	10
复合掺合料	≤0.40	65	55
	>0.40	55	45

注：1. 采用其他硅酸盐水泥时，宜将水泥混合材掺量 20％以上的混合材量计入矿物掺合料；
　　2. 复合掺合料各组分的掺量不宜超过单掺时的最大掺量；
　　3. 在混合使用两种或两种以上矿物掺合料时，矿物掺合料总掺量应符合表中复合掺合料的规定。

预应力混凝土中矿物掺合料最大掺量　　表 4-29

矿物掺合料种类	水胶比	最大掺量（％）	
		采用硅酸盐水泥	采用普通硅酸盐水泥
粉煤灰	≤0.40	35	30
	>0.40	25	20

续表

矿物掺合料种类	水胶比	最大掺量（%）	
		采用硅酸盐水泥	采用普通硅酸盐水泥
粒化高炉矿渣粉	≤0.40	55	45
	>0.40	45	35
铁渣粉	—	20	10
磷渣粉	—	20	10
硅灰	—	10	10
复合掺合料	≤0.40	55	45
	>0.40	45	35

注：1. 采用其他硅酸盐水泥时，宜将水泥混合材掺量20%以上的混合材量计入矿物掺合料；
  2. 复合掺合料各组分的掺量不宜超过单掺时的最大掺量；
  3. 在混合使用两种或两种以上矿物掺合料时，矿物掺合料总掺量应符合表中复合掺合料的规定。

每立方米混凝土的水泥用量 m_{co} 应按下式计算：

$$m_{co} = m_{bo} - m_{fo}$$

式中　m_{co}——计算配合比每立方米混凝土中水泥的用量（kg/m³）。

（5）确定砂率

砂率（β_s）应根据骨料的技术指标、混凝土拌合物的性能和施工要求，参考既有历史资料确定。当缺乏砂率的历史资料时，混凝土砂率的确定应符合下列规定：

1）坍落度小于10mm的混凝土，其砂率应经试验确定；

2）坍落度为10～60mm的混凝土砂率，可根据粗骨料的品种、最大公称粒径及水胶比，按表4-30确定。

3）坍落度大于60mm的混凝土砂率，可经试验确定，也可在表4-28的基础上，按坍落度每增大20mm，砂率增大1%的幅度予以调整。

混凝土的砂率　　　　　　　表4-30

水胶比 (W/B)	卵石最大公称粒径（mm）			碎石最大公称粒径（mm）		
	10.0	20.0	40.0	16.0	20.0	40.0
0.40	26～32	25～31	24～30	30～35	29～34	27～32
0.50	30～35	29～34	28～33	33～38	32～37	30～35
0.60	33～38	32～37	31～36	36～41	35～40	33～38
0.70	36～41	35～40	34～39	39～44	38～43	36～41

注：1. 本表数值系中砂的选用砂率，对细砂或粗砂，可相应减少或增大砂率；
  2. 采用人工砂配制混凝土时，砂率可适当增大；
  3. 只用一个单粒级骨料配制混凝土时，砂率应适当增大。

（6）确定粗、细骨料用量

粗、细骨料用量的计算法有质量法和体积法两种。

当采用质量法计算混凝土配合比时,粗、细骨料用量应按下列公式计算:

$$\begin{cases} m_{fo} + m_{co} + m_{so} + m_{go} + m_{wo} = m_{cp} \\ \beta_s = \dfrac{m_{so}}{m_{so} + m_{go}} \times 100\% \end{cases}$$

式中　m_{so}——计算配合比每立方米混凝土中细骨料用量（kg/m³）;

　　　m_{go}——计算配合比每立方米混凝土中粗骨料用量（kg/m³）;

　　　β_s——混凝土砂率（%）;

　　　m_{cp}——每立方米混凝土拌合物的假定质量（kg）,可取 2350~2450kg/m³。

当采用体积法计算混凝土配合比时,粗、细骨料用量应按下列公式计算:

$$\begin{cases} \dfrac{m_{fo}}{\rho_f} + \dfrac{m_{co}}{\rho_c} + \dfrac{m_{so}}{\rho_s} + \dfrac{m_{go}}{\rho_g} + \dfrac{m_{wo}}{\rho_w} + 0.01\alpha = 1 \\ \beta_s = \dfrac{m_{so}}{m_{so} + m_{go}} \times 100\% \end{cases}$$

式中　ρ_f——矿物掺合料密度（kg/m³）,可按现行国家标准《水泥密度测定方法》GB/T 208—2014 测定;

　　　ρ_c——水泥密度（kg/m³）,可按现行国家标准《水泥密度测定方法》GB/T 208—2014 测定,也可取 2900~3100kg/m³;

　　　ρ_s——细骨料的表观密度（kg/m³）,应按现行行业标准《普通混凝土用砂、石质量及检验方法标准》JGJ 52—2006 测定;

　　　ρ_g——粗骨料的表观密度（kg/m³）,应按现行行业标准《普通混凝土用砂、石质量及检验方法标准》JGJ 52—2006 测定;

　　　ρ_w——水的密度（kg/m³）,取 1000kg/m³;

　　　α——混凝土的含气量百分数,在不使用引气剂或引气型外加剂时,取值为 1。

（7）确定配合比

计算配合比主要有以下两种表示方法:

1）以 1m³ 混凝土中各组成材料的实际用量表示;

2）以组成材料的用量之比表示,$m_{co} : m_{fo} : m_{so} : m_{go} : m_{wo}$。

2. 通过试配、调整确定试拌配合比

计算配合比多是借助经验公式或经验资料查得的,因而不一定能满足实际工程的和易性要求。《普通混凝土配合比设计规程》JGJ 55—2011 规定:在计算配合比的基础上应进行试拌。计算水胶比宜保持不变,并应通过调整配合比其他参数使混凝土拌合物性能符合设计和施工要求,然后修正计算配合比,提出试拌配合比。

每盘混凝土试配的最小搅拌量应符合表 4-31 的规定,并不应小于搅拌机公称容量的 1/4 且不应大于搅拌机公称容量。按计算配合比换算称取混凝土的各原材料,搅拌后测定坍落度或维勃稠度,并观察其黏聚性和保水性。当坍落度或维勃稠度不能满足要求或黏聚性、保水性不好时,应在保证水胶比不变的条件下相应调整用水量或砂率,直到混凝土拌合物的和易性满足要求为止。

混凝土试配的最小搅拌量　　　　　　　　　　表 4-31

粗骨料最大公称粒径（mm）	拌合物数量（L）
≤31.5	20
40	25

可按以下原则进行调整：

（1）当坍落度太小时，应保持水胶比不变，适当增加水与胶凝材料用量。一般用水量每增加 2%～3%，坍落度增加 10mm。

（2）当坍落度太大但黏性良好时，可保持砂率不变，增加粗、细骨料的用量。每次调整都要对各种材料的调整量进行记录，调整后要重新进行坍落度试验，调整至和易性符合要求后，测定混凝土拌合物的实际表观密度，并提出供混凝土强度试验用的试拌配合比。

试拌配合比每立方米混凝土的各种材料用量可按下式计算：

1）水泥用量

$$m_{ca} = \frac{m'_{co}}{m'_{co} + m'_{fo} + m'_{wo} + m'_{so} + m'_{go}} \times \rho_{oc,t}$$

2）矿物掺合料用量：

$$m_{fa} = \frac{m'_{fo}}{m'_{co} + m'_{fo} + m'_{wo} + m'_{so} + m'_{go}} \times \rho_{oc,t}$$

3）水的用量：

$$m_{wa} = \frac{m'_{fo}}{m'_{co} + m'_{fo} + m'_{wo} + m'_{so} + m'_{go}} \times \rho_{oc,t}$$

4）砂的用量：

$$m_{sa} = \frac{m'_{fo}}{m'_{co} + m'_{fo} + m'_{wo} + m'_{so} + m'_{go}} \times \rho_{oc,t}$$

5）石子的用量：

$$m_{ga} = \frac{m'_{fo}}{m'_{co} + m'_{fo} + m'_{wo} + m'_{so} + m'_{go}} \times \rho_{oc,t}$$

式中 m'_{co}，m'_{fo}，m'_{wo}，m'_{so}，m'_{go} 分别为调整后，试拌混凝土的水泥、矿物掺合料、水、砂、石子的用量，单位为 kg/m³；$\rho_{oc,t}$ 为调整后混凝土拌合物的实测表观密度（kg/m³）。

3. 确定试验配合比

经和易性调整得出的试拌配合比仅仅满足混凝土和易性要求，其水胶比不一定合适，即强度不一定能满足要求，还需在试拌配合比的基础上进行混凝土强度试验，并应符合下列规定：

（1）应采用三个不同的配合比，其中一个应是试拌配合比，另外两个配合比的水胶比宜较试拌配合比分别增加和减少 0.05，用水量应与试拌配合比相同，砂率可分别增加和减少 1%。

（2）进行混凝土强度试验时，拌合物性能应符合设计和施工要求。

（3）进行混凝土强度试验时，每个配合比应至少制作一组试件，并应标准养护到 28d 或设计规定龄期时试压。

配合比调整应符合下列规定：

（1）由试验得出的混凝土强度试验结果，宜绘制强度和胶水比的线性关系图或插值法确定略大于配制强度对应的胶水比。

（2）在试拌配合比的基础上，用水量 m_w 和外加剂用量 m_a 应根据确定的水胶比做调整。

（3）胶凝材料用量 m_b 应以用水量乘以确定的胶水比计算得出。

（4）粗骨料用量 m_g 和细骨料用量 m_s 应根据水量和胶凝材料用量进行调整。

配合比调整后的混凝土拌合物的表观密度应按下式计算：

$$\rho_{c,c} = m_c + m_f + m_g + m_s + m_w$$

式中 $\rho_{c,c}$——混凝土拌合物的表观密度计算值（kg/m³）；

m_c——每立方米混凝土中水泥的用量（kg/m³）；

m_f——每立方米混凝土中矿物掺合料的用量（kg/m³）；

m_g——每立方米混凝土中粗骨料的用量（kg/m³）；

m_s——每立方米混凝土中细骨料的用量（kg/m³）；

m_w——每立方米混凝土中水的用量（kg/m³）。

混凝土配合比校正系数应按下式计算：

$$\delta = \frac{\rho_{c,t}}{\rho_{c,c}}$$

式中 δ——混凝土配合比校正系数；

$\rho_{c,t}$——混凝土拌合物的表观密度实测值（kg/m³）。

当混凝土拌和物表观密度实测值与计算值之差的绝对值不超过计算值的2%时，配合比可维持不变；若二者之差超过2%时，应将配合比中每项材料用量均乘以校正系数 δ，即为确定的混凝土试验配合比。

4．计算施工配合比

试验室确定配合比是以干燥状态骨料为准，而工地存放的砂、石材料都含有一定的水分，故现场材料的实际用量应按砂、石含水情况进行修正，修正后的配合比为施工配合比。

假定现场砂的含水率为 $a\%$，石子的含水率为 $b\%$，经换算后，每立方米混凝土各材料的用量为：

水泥：$m'_c = m_c$

矿物掺合料：$m'_f = m_f$

砂：$m'_s = m_s(1 + a\%)$

石子：$m'_g = m_g(1 + b\%)$

水：$m'_w = m_w - m_s a\% - m_g b\%$

4.4.5 普通混凝土配合比设计的示例

【例4-2】某工程现浇室内钢筋混凝土梁（一类环境），混凝土设计强度等级为C30。施工采用机械拌合、振捣，选择的混凝土拌和物的坍落度为35～50mm。施工单位无混凝土统计资料。所用原材料如下：

1）水泥：普通硅酸盐水泥，强度等级为42.5MPa，实测28d抗压强度为48.2MPa，

密度 $\rho = 3100 \text{kg/m}^3$。

2) 粉煤灰：Ⅱ级粉煤灰，密度 $\rho_f = 2200 \text{kg/m}^3$，掺量 20%。

3) 砂：中砂，级配 2 区合格，表观密度 $\rho_s = 2650 \text{kg/m}^3$。

4) 石子：碎石，最大粒径为 20mm，表观密度 $\rho_g = 2700 \text{kg/m}^3$。

5) 水：自来水，密度 $\rho_w = 1000 \text{kg/m}^3$。

6) 施工现场砂的含水率为 3%，碎石含水率 2%。

设计该混凝土的配合比，并换算为施工配合比。

解：

（1）计算配合比

1) 确定混凝土的配制强度

查表 4-20，当混凝土强度等级为 C30 时，取 $\sigma = 5.0$，则：

$$f_{cu,o} = f_{cu,k} + 1.645\sigma = 30.0 + 1.645 \times 5.0 = 38.2 \text{MPa}$$

2) 确定水胶比

查表 4-21，回归系数 $\alpha_a = 0.53$，$\alpha_b = 0.20$；查表 4-22，$\gamma_f = 0.85$，$\gamma_s = 1.00$，则：

$$f_b = \gamma_f \gamma_s f_{ce} = 0.85 \times 1.00 \times 48.2 = 40.97 \text{MPa}$$

$$\frac{W}{B} = \frac{\alpha_a \cdot f_b}{f_{cu,o} + \alpha_a \cdot \alpha_b \cdot f_b} = \frac{0.53 \times 40.97}{38.2 + 0.53 \times 0.20 \times 40.97} = 0.51$$

查表 4-24，可知一类环境允许的最大水胶比为 0.60，取 $W/B = 0.51$。

3) 确定胶凝材料、矿物掺合料和水泥用量

胶凝材料用量：

$$m_{bo} = \frac{m_{wo}}{W/B} = \frac{195}{0.51} = 382 \text{kg}$$

查表 4-27，可知满足最小胶凝材料用量，因此取 $m_{bo} = 382 \text{kg}$。

粉煤灰用量：$m_{fo} = m_{bo}\beta_f = 382 \times 20\% = 76 \text{kg}$；

水泥用量：$m_{co} = m_{bo} - m_{fo} = 382 - 76 = 306 \text{kg}$。

4) 确定砂率

查表 4-30，用线性内插法，求得 $\beta_s = 35\%$。

5) 确定单位用水量

查表 4-26，取 $m_{wo} = 195 \text{kg/m}^3$。

6) 确定粗、细骨料用量

① 质量法

假定每立方米混凝土拌合物的假定质量 $m_{cp} = 2400 \text{kg/m}^3$，有：

$$\begin{cases} m_{fo} + m_{co} + m_{so} + m_{go} + m_{wo} = m_{cp} \\ \beta_s = \dfrac{m_{so}}{m_{so} + m_{go}} \times 100\% \end{cases}$$

得 $m_{so} + m_{go} = 2400 - 195 - 76 - 306 = 1823 \text{kg}$

$m_{so} = 0.35 \times 1823 = 638 \text{kg}$

$m_{go} = 1823 - 638 = 1185 \text{kg}$

故混凝土配合比为 $m_{co} : m_{fo} : m_{wo} : m_{so} : m_{go} = 306 : 76 : 195 : 638 : 1185$

② 体积法

$$\begin{cases}\dfrac{m_{fo}}{\rho_f}+\dfrac{m_{co}}{\rho_c}+\dfrac{m_{so}}{\rho_s}+\dfrac{m_{go}}{\rho_g}+\dfrac{m_{wo}}{\rho_w}+0.01\alpha=1\\ \beta_s=\dfrac{m_{so}}{m_{so}+m_{go}}\times100\%\end{cases}$$

取 $\alpha=1$，得 $m_{so}=622$kg，$m_{go}=1155$kg。故混凝土计算配合比为：

$m_{co}:m_{fo}:m_{wo}:m_{so}:m_{go}=306:76:195:622:1155$

(2) 通过试配、调整确定试拌配合比

1) 和易性调整

以体积法计算所得配合比为例。试拌 20L 混凝土，其材料用量如下：

水泥：$0.02\times306=6.12$kg

粉煤灰：$0.02\times76=1.52$kg

水：$0.02\times195=3.9$kg

砂：$0.02\times622=12.44$kg

石：$0.02\times1155=23.1$kg

按上述用量称量并搅拌均匀，坍落度为 20mm。按照调整原则，保持水胶比不变，增加用水量及胶凝材料用量 5%，即用水量增加到 $3.9\times(1+5\%)=4.10$kg，水泥用量增加到 $6.12\times(1+5\%)=6.43$kg，粉煤灰用量增加到 $1.52\times(1+5\%)=1.60$kg，实测混凝土拌合物的表观密度是 2330kg/m³，混凝土试拌配合比各种材料用量如下：

水泥用量：$m_{ca}=\dfrac{m'_{co}}{m'_{co}+m'_{fo}+m'_{wo}+m'_{so}+m'_{go}}\times\rho_{oc,t}$

$=\dfrac{6.43}{6.43+1.60+4.10+12.44+23.1}\times2330=314$kg

粉煤灰用量：$m_{fa}=\dfrac{m'_{fo}}{m'_{co}+m'_{fo}+m'_{wo}+m'_{so}+m'_{go}}\times\rho_{oc,t}$

$=\dfrac{1.60}{6.43+1.60+4.10+12.44+23.1}\times2330=78$kg

水用量：$m_{wa}=\dfrac{m'_{fo}}{m'_{co}+m'_{fo}+m'_{wo}+m'_{so}+m'_{go}}\times\rho_{oc,t}$

$=\dfrac{4.10}{6.43+1.60+4.10+12.44+23.1}\times2330=200$kg

砂用量：$m_{sa}=\dfrac{m'_{fo}}{m'_{co}+m'_{fo}+m'_{wo}+m'_{so}+m'_{go}}\times\rho_{oc,t}$

$=\dfrac{12.44}{6.43+1.60+4.10+12.44+23.1}\times2330=608$kg

石用量：$m_{ga}=\dfrac{m'_{fo}}{m'_{co}+m'_{fo}+m'_{wo}+m'_{so}+m'_{go}}\times\rho_{oc,t}$

$=\dfrac{23.1}{6.43+1.60+4.10+12.44+23.1}\times2330=1129$kg

2) 强度复核

采用 0.46，0.51，0.56 共 3 个不同的水胶比计算配合比，试拌测定坍落度均符合要求，标准养护 28d 后，测得的抗压强度见表 4-32。

不同水胶比的混凝土立方体抗压强度　　　　表 4-32

水胶比	混凝土立方体抗压强度（MPa）
0.46	39.3
0.51	38.4
0.56	37.7

用图解法，当立方体抗压强度为 38.2MPa 时，相应的胶水比为 1.91，其水胶比为 0.52。

（3）确定试验配合比

试验室配合比的计算，见表 4-30。

1）按强度检验结果修正配合比

用水量：取试样配合比中的用水量 $m_w=200$kg

胶凝材料用量：$m_b = \dfrac{m_w}{W/B} = \dfrac{200}{0.52} = 385$kg

粉煤灰用量：$m_f = m_b \beta_f = 385 \times 20\% = 77$kg

水泥用量：$m_c = m_b - m_f = 385 - 77 = 308$kg

砂、石用量，由：

$$\begin{cases} \dfrac{m_c}{\rho_c} + \dfrac{m_f}{\rho_f} + \dfrac{m_s}{\rho_s} + \dfrac{m_g}{\rho_g} + \dfrac{m_w}{\rho_w} + 0.01\alpha = 1 \\ \beta_s = \dfrac{m_s}{m_s + m_g} \times 100\% \end{cases}$$

取 $\alpha=1$，联立方程组，得 $m_s=616$kg，$m_g=1142$kg。

2）按实测表观密度修正配合比

根据符合强度要求的配合比试拌混凝土，测得混凝土拌合物的实测表观密度为 $\rho_{c,t}=2330$kg/m³。

混凝土拌合物表观密度的计算值为：

$\rho_{c,c} = m_c + m_f + m_g + m_s + m_w = 308 + 77 + 200 + 616 + 1142 = 2343$kg/m³

由于混凝土拌合物表观密度的计算值与实测值之间的绝对值不超过计算值的 2%，故配合比维持不变。

混凝土的试验配合比　　　　表 4-33

材料名称	水泥	粉煤灰	水	砂	石
每立方米混凝土材料用量（kg/m³）	308	77	200	616	1142

3）计算施工配合比

水泥：$m'_c = 308$kg

粉煤灰：$m'_f = 77$kg

砂：$m'_s = 616 \times (1 + 3\%) = 634$kg

石：$m'_g = 1142 \times (1 + 2\%) = 1165$kg

水：$m'_w = 200 - 616 \times 3\% - 1142 \times 2\% = 159$kg

4.5 其他种类混凝土

4.5.1 轻混凝土

轻混凝土，是指干表观密度小于 1950kg/m³ 的混凝土，包括轻骨料混凝土、多孔混凝土和无砂大孔混凝土。在此仅介绍轻骨料混凝土。

《轻骨料混凝土技术规程》JGJ 51—2002 规定，用轻粗骨料、轻砂（或普通砂）、水泥和水配制而成的混凝土，称为轻骨料混凝土。而按其细骨料不同，又分为全轻混凝土（粗、细骨料均为轻骨料）和砂轻混凝土（细骨料全部或部分为普通砂）。

1. 轻骨料

轻骨料可分为轻粗骨料和轻细骨料。按照《轻集料及其试验方法 第 1 部分：轻集料》GB/T 17431.1—2010 规定，凡粒径大于 5mm，堆积密度小于 1200kg/m³ 的轻质骨料，称为轻粗骨料；凡粒径不大于 5mm，堆积密度小于 1200kg/m³ 的轻质骨料，称为轻细骨料（或轻砂）。

轻骨料按其来源可分为工业废渣轻骨料，如粉煤灰陶粒、自燃煤矸石、膨胀矿渣珠、煤渣等；天然轻骨料，如浮石、火山渣等；人造轻骨料，如页岩陶粒、黏土陶粒、膨胀珍珠岩等。按其粒形可分为圆球型、普通型和碎石型三种。

轻骨料的技术要求，主要包括密度等级、筒压强度、颗粒级配、吸水率及软化系数等四项。此外，对粒型系数、有害物质含量也提出了要求。

（1）堆积密度

轻骨料堆积密度的大小，将影响轻骨料混凝土的体积密度和性能。轻粗骨料按其堆积密度（kg/m³）分为 200、300、400、500、600、700、800、900、1000、1100、1200 等 11 个密度等级；轻细骨料分为 500、600、700、800、900、1000、1100、1200 等 8 个密度等级。

（2）粗细程度与颗粒级配

保温及结构保温轻骨料混凝土用的轻粗骨料，其最大粒径不宜大于 40mm。结构轻骨料混凝土用的轻粗骨料，其最大粒径不宜大于 20mm。

轻粗骨料的级配应符合表 4-34 的要求，其自然级配的空隙率不应大于 50%。

轻粗骨料的级配 表 4-34

项目		筛孔尺寸			
		d_{min}	$0.5d_{max}$	d_{max}	$2d_{max}$
累计筛余（%）	圆球型 单一粒级	≥90	不规定	≤10	0
	普通型 混合级配	≥90	30～70	≤10	0
	碎石型 混合级配	≥90	40～60	≤10	0

轻砂的细度模数不宜大于 4.0；其大于 5mm 的累计筛余量不宜大于 10%。

（3）强度

轻粗骨料的强度对轻骨料混凝土的强度有很大影响。轻粗骨料的强度可由筒压强度和强度标号两种指标表示。《轻骨料混凝土技术规程》JGJ 51—2002 规定，采用筒压法测定轻粗骨料的强度，称筒压强度。筒压强度不能直接反应轻粗骨料在混凝土中的真实强度，它是一项间接反应粗骨料颗粒强度的指标。因此，规程还规定了采用强度等级来评定粗骨料的强度，对不同密度等级的轻粗骨料，其筒压强度和强度标号应符合表 4-35 的规定。

轻粗骨料的筒压强度及强度等级　　　　表 4-35

强度等级	筒压强度 f_a（MPa）		强度等级 f_{ak}（MPa）	
	碎石型	普通和圆球型	普通型	圆球型
300	0.2/0.3	0.3	3.5	3.5
400	0.4/0.5	0.5	5.0	5.0
500	0.6/1.0	1.0	7.5	7.5
600	0.8/1.5	2.0	10	15
700	1.0/2.0	3.0	15	20
800	1.2/2.5	4.0	20	25
900	1.5/3.0	5.0	25	30
1000	1.8/4.0	6.5	30	40

注：碎石型天然轻骨料取斜线左值；其他碎石型轻骨料取斜线右值。

（4）吸水率

轻骨料的吸水率一般比普通砂石大，因此将导致施工中混凝土拌合物的坍落度损失较大，并且影响到混凝土的水胶比和强度发展。在设计轻骨料混凝土的配合比时，如果采用干燥骨料，则必须根据骨料吸水率大小，再多加一部分被骨料吸收的附加水量。规程规定，轻砂和天然轻粗骨料的吸水率不做规定，其他轻粗骨料的吸水率不应大于 22%。

（5）有害物质含量及其他性能

轻骨料中严禁混入煅烧过的石灰石、白云石及硫化铁等不稳定的物质。轻骨料的有害含量和其他性能指标应不大于表 4-36 所列的规定值。

轻骨料性能指标　　　　表 4-36

项目名称	指标
抗冻性（F15 质量损失/%）	5
安定性（沸煮法，质量损失/%）	5
烧失量轻粗骨料（质量损失/%）	4
轻砂（质量损失/%）	5
硫酸盐含量（按 SO_3 计/%）	1
氯盐含量（按 Cl 计/%）	0.02
含泥量（质量百分数）	3
有机杂质（比色法检验）	不深于标准色

注：1. 煤渣烧失量可放宽至 15%；
　　2. 不宜含有黏土块。

2. 轻骨料混凝土的技术性质

（1）和易性

轻骨料具有体积密度小、表面多孔粗糙、吸水性强等特点。因此。其混凝土拌合物的和易性与普通混凝土有明显不同。轻骨料混凝土拌合物的黏聚性和保水性好，但流动性差。若加大流动性，则骨料上浮，易离析，并且降低其强度，因此必须控制用水量。

因骨料吸水率大，使得加在混凝土中的水一部分将被轻骨料吸收，余下部分供水泥水化和赋予拌合物流动性。因而拌合物的用水量应由两部分组成：一部分为使拌合物获得要求流动性的用水量，称为净用水量；另一部分为轻骨料1小时的吸水量，称为附加水量。

选坍落度时，考虑振捣成型的混凝土中轻骨料水分可能释出，故轻骨料混凝土的坍落度应比普通混凝土坍落度值减少10～20mm。

（2）体积密度

轻骨料混凝土按其干体积密度分为14个等级，即由600～1900，每增加100kg/m³为一个等级，而每个密度等级有一定的变化范围，如800密度等级的变化范围为760～850kg/m³，900密度等级的为860～950kg/m³，其余依次类推。某一密度等级的轻骨料混凝土的密度标准值，则取该密度等级变化范围的上限，即取其密度等级值加50kg/m³。如1900的密度等级，其密度标准值取1950kg/m³。

（3）抗压强度

轻骨料混凝土按其立方体抗压强度标准值划分为13个强度等级：LC5.0，LC7.5，LC10，LC15，LC20，LC25，LC30，LC35，LC40，LC45，LC50，LC55，LC60。

轻骨料混凝土按其用途可分为三大类（表4-37）。

轻骨料混凝土按用途分类 表4-37

类别名称	混凝土强度等级的合理范围	混凝土密度等级的合理范围	用途
保温轻骨料混凝土	LC5.0	≤800	主要用于保温的维护结构或热工构筑物
结构保温轻骨料混凝土	LC5.0 LC7.5 LC10 LC15	800～1400	主要用于即承重又保温的围护结构
结构轻骨料混凝土	LC15 LC20 LC25 LC30 LC35 LC40 LC45 LC50 LC55 LC60	1400～1900	主要用于承重构件或构筑物

轻骨料强度虽低于普通骨料，但轻骨料混凝土仍可达到较高强度。原因在于轻骨料表面粗糙而多孔，轻骨料的吸水作用使其表面呈低水胶比，提高了轻骨料与水泥石的界面黏

结强度，使弱结合面变成了强结合面，混凝土受力时不是沿界面破坏，而是轻骨料本身先遭到破坏。对低强度的轻骨料混凝土，也可能是水泥石先开裂，然后裂缝向骨料延伸。因此，轻骨料混凝土的强度，主要取决于轻骨料的强度和水泥石的强度。

（4）变形性能

轻骨料混凝土的弹性模量小，一般为同强度等级普通混凝土的50%～70%。这有利于改善建筑物的抗震性能和抵抗动荷载的作用。增加混凝土组分中普通砂的含量，可以提高轻骨料混凝土的弹性模量。

由于轻骨料的弹性模量比普通骨料小。因此不能有效抵抗水泥石的收缩和变形，轻骨料混凝土的收缩和徐变，约比普通混凝土相应大20%～50%和30%～60%，热膨胀系数比普通混凝土小20%左右。

（5）热工性

轻骨料混凝土具有良好的保温性能。当其体积密度为1000kg/m³时，导热系数为0.28W/(m·K)，当体积密度为1400kg/m³和11800kg/m³时，导热系数相应为0.49W/(m·K)和0.87W/(m·K)。当含水率增大时，导热系数也将随之增大。

3. 轻骨料混凝土的应用

轻骨料混凝土的体积密度比普通混凝土减少了1/4～1/3，隔热性能改善，可使结构尺寸减小，增加建筑物使用面积，降低基础工程费用和材料运输费用，其综合效益良好。因此，轻骨料混凝土主要适用于高层和多层建筑、软土地基、大跨度结构、抗震结构、要求节能的建筑和旧建筑的加层等。

4.5.2 防水混凝土（抗渗混凝土）

防水混凝土是指抗渗等级等于或大于P6级的混凝土，主要用于水工工程、地下基础工程、屋面防水工程等。

防水混凝土一般是通过混凝土组成材料的质量改善，合理选择混凝土配合比和骨料级配，以及掺加适量外加剂，达到混凝土内部密实或是堵塞混凝土内部毛细管通路，使混凝土具有较高的抗渗性。目前，常用的抗渗混凝土有普通抗渗混凝土，外加剂抗渗混凝土和膨胀水泥抗渗混凝土。

1. 普通抗渗混凝土

普通抗渗混凝土，是以调整配合比的方法，提高混凝土自身密实性以满足抗渗要求的混凝土。其原理是在保证和易性前提下减小水胶比，以减小毛细孔的数量和孔径，同时适当提高水泥用量和砂率，在粗骨料周围形成质量良好和数量足够的砂浆包裹层，使粗骨料彼此隔离，以阻隔沿粗骨料相互连通的渗水孔网。

2. 外加剂抗渗混凝土

外加剂抗渗混凝土，是在混凝土中掺入适宜品种和数量的外加剂，改善混凝土内部结构，隔断或堵塞混凝土中的各种孔隙、裂缝及渗水通道，以达到改善抗渗性的一种混凝土。常用的外加剂有引气剂、防水剂、膨胀剂、减水剂或引气减水剂等。掺用引气剂的抗渗混凝土，其含气量宜控制在3%～5%。

3. 膨胀水泥抗渗混凝土

膨胀水泥抗渗混凝土，是采用膨胀水泥配制而成的混凝土。由于这种水泥在水化过程中能形成大量的钙矾石，会产生一定的体积膨胀，在有约束的条件下，能改善混凝土的孔结构，使毛细孔径减小，总孔隙率降低，从而使混凝土密实度、抗渗性提高。

4.5.3 聚合物混凝土

聚合物混凝土是指由有机聚合物、无机胶凝材料和骨料结合而成的一种新型混凝土。聚合物混凝土体现了有机聚合物和无机胶凝材料的优点，克服了水泥混凝土的一些缺点。聚合物混凝土按其组合及制作工艺可分为以下三种：

1. 聚合物水泥混凝土

用聚合物乳液（和水分散体）拌和物，并掺入砂或其他骨料制成的混凝土，称聚合物水泥混凝土（PCC）。聚合物的硬化和水泥的水化同时进行，聚合物能均匀分布于混凝土内，填充水泥水合物和骨料之间的空隙，与水泥水化物结合成一个整体，从而改善混凝土的抗渗性、耐蚀性、耐磨性及抗冲击性，并可提高抗拉及抗折强度。由于具制作简单，成本较低，故实际应用较多。目前主要用于现场浇注无缝地面、耐腐蚀性地面及修补混凝土路面、机场跑道面层和做防水层。

2. 聚合物浸渍混凝土

聚合物浸渍混凝土（PIC）是以混凝土为基材（被浸渍的材料），而将聚合物有机单体渗入混凝土中，然后再用加热或放射线照射的方法使其聚合，使混凝土与聚合物形成一整体。

在聚合物浸渍混凝土中，聚合物填充了混凝土的内部空隙，除了全部填充水泥浆中的毛细孔外，很可能也大量进入了胶孔，形成了连续的空间网络相互穿插，使聚合物混凝土形成了完整的结构。因此，这种混凝土具有高强度（抗压强度可达200MPa以上，抗拉强度可达10MPa以上），高防水性（几乎不吸水、不透水），以及抗冻性，抗冲击性，耐蚀性和耐磨性都有显著提高的特点。

这种混凝土适用于要求高强度、高耐久性的特殊结构，特别适用于储运液体的有筋管、无筋管、坑道等。在国外已用于耐高压的容器，如原子堆、液化天然气贮罐等。

3. 聚合物胶结混凝土

聚合物胶结混凝土又称树脂混凝土，是以合成树脂为胶结材料的一种聚合物混凝土。常用的合成树脂是环氧树脂、不饱和聚酯树脂等热固性树脂。这种混凝土具有较高的强度，良好的抗渗性，抗冻性，耐蚀性及耐磨性，并且有很强的黏结力，缺点是硬化时收缩大，耐火性差。这种混凝土适用于机场跑道面层，耐腐蚀的化工结构、混凝土构件的修复、堵缝材料等。但考虑到树脂的成本，目前限制了其在工程中的实际应用。

4.5.4 纤维混凝土

纤维混凝土是以普通混凝土为基体，外掺各种短切纤维材料而组成的复合材料。纤维材料按材质分有钢纤维、碳纤维、玻璃纤维、石棉及合成纤维等。按纤维弹性模量分，纤维材料有高弹性模量纤维，如钢纤维、玻璃纤维、碳纤维等；低弹性模量纤维，如尼龙纤维、聚乙烯纤维等。

在纤维混凝土中，纤维的含量、纤维的几何形状及其在混凝土中的分布状况，对纤维混凝土的性能有重要影响。通常，纤维的长径比为70～120，掺加的体积率为0.3%～8%，纤维在混凝土中起增强作用，可提高混凝土的抗压、抗拉、抗弯强度和冲击韧性，并能有效改善混凝土的脆性。纤维混凝土的冲击韧性约为普通混凝土的5～10倍，初裂抗弯强度提高2.5倍，劈裂强度提高2.5倍。混凝土掺入钢纤维后，抗压强度提高不大，但从受压破坏形式来看,破坏时无碎块、不崩裂,基本保持原来的外形,有较大的吸收变形的能力,也改善了韧性,是一种良好的抗冲击材料。

目前,纤维混凝土主要用于飞机跑道、高速公路、桥面、水坝覆面、桩头、屋面板、墙板、军事工程等要求高耐磨性、高抗冲击性和抗裂的部位及构件。

4.5.5 高强混凝土

强度等级在C60及其以上的混凝土称为高强混凝土。高强混凝土的特点是强度高、耐久性好、变形小,能适应现代工程结构向大跨度、重载、高耸发展和承受恶劣环境条件的需要。使用高强混凝土可获得明显的工程效益和经济效益。

思考与练习

1. 普通混凝土的组成材料有哪几种?在混凝土凝固硬化前后各起什么作用?
2. 何谓集料级配?混凝土的集料为什么要级配?集料级配良好的标准是什么?
3. 什么是混凝土拌合物的和易性?它有哪些含义?
4. 影响混凝土拌合物和易性的因素有哪些?如何影响?
5. 什么是合理砂率?合理砂率有何技术及经济意义?
6. 影响混凝土强度的因素有哪些?采用哪些措施可提高混凝土强度?
7. 采用矿渣水泥、卵石和天然砂配制混凝土,水灰比为0.5,制作100mm×100mm×100mm试件三块,在标准养护条件下养护7d后,测得破坏荷载分别为140kN,135kN,142kN。试估算:(1)该混凝土28d的标准立方体抗压强度。(2)该混凝土采用的矿渣水泥的强度等级。
8. 引起混凝土产生变形的因素有哪些?采用什么措施可减小混凝土的变形?
9. 采用哪些措施可提高混凝土的抗渗性?抗渗性大小对混凝土耐久性的其他方面有何影响?
10. 什么是减水剂?简述减水剂的作用机理和掺入减水剂的技术经济效果。
11. 常用的早强剂有哪些?它们的优缺点分别是什么?
12. 混凝土配合比设计的任务是什么?需要确定的三个参数是什么?怎样确定?
13. 简述混凝土质量控制的方法。
14. 轻集料混凝土的物理力学性能与普通混凝土相比,有何特点?
15. 现浇框架结构梁,混凝土设计强度等级C25,施工要求坍落度30~50mm,施工单位无历史统计资料。采用原料为:普通硅酸盐水泥,强度等级42.5级(实测28d强度46.6MPa),密度ρ_c=3000kg/m³;Ⅱ级粉煤灰,密度ρ_f=2200kg/m³,掺量30%;中砂,表观密度ρ_s=2600kg/m³;碎石,表观密度=2650kg/m³,最大粒径20mm;自来水。求混凝土计算配合比。
16. 某混凝土试拌调整后,各材料用量分别为水泥3.1kg、水1.86kg、砂6.24kg、碎石12.84kg,并测得拌合物体积密度为2450kg/m³。试求1m³混凝土中各材料的实际用量。

5 建 筑 砂 浆

学习目标
- 了解：抹面砂浆主要品种的性能要求及其配制方法；了解其他种类的建筑砂浆。
- 熟悉：建筑砂浆组成材料的技术要求以及砂浆与混凝土和易性的差别；不吸水基层砂浆与吸水基层砂浆强度影响因素的差别。
- 掌握：建筑砂浆分类、组成材料及其性质；建筑砂浆的主要技术性质；初步掌握建筑砂浆的配合比设计。

建筑砂浆是由胶凝材料（水泥、石灰、石膏等）、细骨料（砂、炉渣等）和水，有时也掺入某些掺合料，按一定比例配制并搅拌而成的。建筑砂浆和混凝土的区别在于砂浆中不含粗骨料。

建筑砂浆是建筑工程中，尤其是民用建筑中使用量较大的一种建筑材料。可用于砌筑砖石砌体、室内外抹灰、镶贴大理石、水磨石、瓷砖等饰面材料及填充管道及大型墙板的接缝，还可以制成具有特殊性能的砂浆，对结构进行特殊处理（保温、吸声、防水、防腐、装修等）。

建筑砂浆根据用途可分为砌筑砂浆、抹面砂浆。抹面砂浆包括普通抹面砂浆、装饰抹面砂浆、特种砂浆。特种砂浆又包括防水砂浆、保温砂浆、聚合物砂浆、吸声砂浆等。根据胶凝材料可分为水泥砂浆、石灰砂浆、混合砂浆等。混合砂浆又可分为水泥石灰砂浆、水泥黏土砂浆、石灰黏土砂浆、石灰粉煤灰砂浆等。

5.1 砌 筑 砂 浆

用于砌筑块体材料（砖、石、砌块等）使之成为砌体的砂浆，称为砌筑砂浆。砌筑砂浆是砖石砌体的重要组成部分，其主要作用是：

（1）将分散的块体材料牢固地粘结成为整体；
（2）使荷载能均匀地向下传递。

5.1.1 砌筑砂浆的材料组成及要求

砌筑砂浆是将砖、石、砌块黏结成砌体的砂浆，主要有水泥砂浆、水泥石灰混合砂浆。其组成材料主要有胶凝材料、细集料、掺合料、水和外加剂等。

1. 胶凝材料

常用的胶凝材料有水泥、石灰、石膏等。选用时根据使用环境、用途等合理选择。在干燥条件下使用的砂浆既可选用气硬性胶凝材料（石灰、石膏），也可选用水硬性胶凝材料（水泥）；潮湿环境或水中使用的砂浆，则必须选用水泥作为胶凝材料。

（1）水泥品种

水泥宜采用通用硅酸盐水泥或砌筑水泥，且应符合现行国家标准《通用硅酸盐水泥》GB 175—2007 和《砌筑水泥》GB/T 3183—2017 的规定。

（2）水泥强度等级

水泥强度等级应根据砂浆品种及强度等级的要求进行选择。M15 及以下强度等级的砌筑砂浆宜选用 32.5 级的通用硅酸盐水泥或砌筑水泥；M15 以上强度等级的砌筑砂浆宜选用 42.5 级通用硅酸盐水泥。

2. 细集料

砂是砌筑砂浆中的细集料，砂宜选用中砂。并应符合现行行业标准《普通混凝土用砂、石质量及检验方法标准》JGJ 52—2006 的规定，且应全部通过 4.75mm 的筛孔。具体选用应符合以下规定：

（1）坚固清洁，使用前必须过筛。

（2）级配适宜，最大粒径通常应控制在砂浆厚度的 1/5～1/4。通常砌筑砖砌体时，砂的最大粒径规定为 2.5mm，砌石时可采用最大粒径 5mm 的砂。

（3）砂中的含泥量应有所控制：水泥砂浆、混合砂浆的强度等级≥M5 时，含泥量应≤5%；强度等级<M5 时，含泥量应≤10%。若使用细砂配制砂浆时，砂中的含泥量应通过试验来确定。

（4）在冬季施工中，砂中不得含有冰块和直径大于 1cm 的冻结块。

（5）砂的温度应≤40℃。

3. 掺合料

为了改善砂浆的和易性，常向砂浆中掺入石灰膏、黏土膏及工业废料粉煤灰。有时还可以采用微沫剂来代替上述掺合料，可以有效地改善砂浆和易性，并可以简化工序，减轻环境污染。所以，近年来，微沫砂浆在工程上得到了广泛应用。常用的微沫剂是一种有机塑化剂（松香、碱和适量的水熬成的混合物），掺量一般为水泥重量的 0.005%～0.01%。

用生石灰生产石灰膏，应用孔径不大于 3mm×3mm 的筛网过滤，熟化时间不得少于 7 天，陈伏两周以上为宜；如用磨细生石灰粉生产石灰膏，其熟化时间不得小于 2 天，否则会因过火石灰颗粒熟化缓慢、体积膨胀，使已经硬化的砂浆产生鼓泡、崩裂现象。沉淀池中储存的石灰膏，应采取防止干燥、冻结和污染的措施。严禁使用脱水硬化的石灰膏。消石灰粉不得直接使用于砂浆中。磨细生石灰粉也必须熟化成石灰膏后方可使用。

为了保证电石膏的质量，要求按规定过滤后方可使用。因电石膏中乙炔含量大会对人体造成伤害，因此按规定检验合格后才可使用。

砂浆中加入粉煤灰、磨细矿粉等矿物掺合料时，掺合料的品质应符合国家现行的有关标准要求，掺量可经试验确定，粉煤灰不宜使用Ⅲ级粉煤灰。

4. 外加剂

为改善新拌砂浆的和易性与硬化后砂浆的各种性能或赋予砂浆某些特殊性能，常在砂浆中掺入适量外加剂。使用外加剂，不用再掺加石灰膏等掺加料就可获得良好的工作性，可以节约能源，保护自然资源。

混凝土中使用的外加剂，对砂浆也具有相应的作用，可以通过试验确定外加剂的品种和掺量。例如为改善砂浆和易性，提高砂浆的抗裂性、抗冻性及保温性，可掺入减水剂等外加剂；为增强砂浆的防水性和抗渗性，可掺入防水剂等；为增强砂浆的保温隔热性能，除选用轻质细骨料外,还可掺入引气剂提高砂浆的孔隙率。外加剂加入后应充分搅拌使其均匀分散,以防产生不良影响。

5. 水

拌制砂浆应采用饮用水,未经试验鉴定的非洁净水、生活污水、工业废水都不能用来拌制及养护砂浆。

5.1.2 砌筑砂浆的技术性质

砌筑砂浆的主要技术性质包括新拌砂浆的和易性、硬化后砂浆的强度和黏结强度,以及抗冻性、变形性等指标。

1. 和易性

和易性是指新拌制砂浆的工作性,即在施工中易于操作而且能保证工程质量的性质,包括流动性和保水性两方面。和易性好的砂浆,在运输和操作时,不会出现分层、泌水等现象,而且容易在粗糙的砖、石、砌块表面上铺成均匀的薄层,保证灰缝既饱满又密实,能够将砖、石、砌块很好地黏结成整体,而且可操作的时间较长,有利于施工操作。

(1)流动性(稠度)

1)概念:砂浆的流动性表示砂浆的稀稠程度,即砂浆在自重或外力作用下流动的性能。

2)评价指标:沉入度。

砂浆流动性一般可由施工操作经验来确定。实验室用砂浆稠度仪测定,即标准圆锥体在砂浆中的贯入深度称为沉入度,如图5-1所示,单位用mm表示。

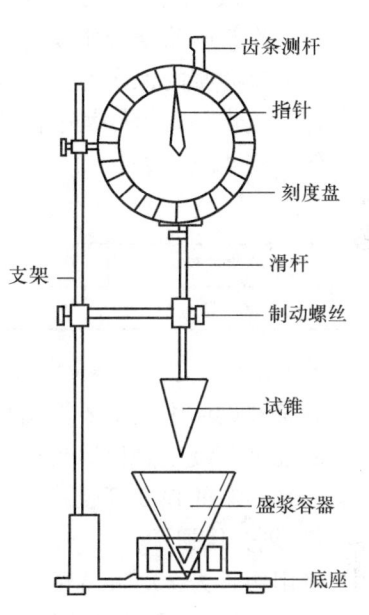

图 5-1 砂浆稠度测定示意图

砂浆流动性的选择主要与砌体种类、施工方法及天气情况有关。流动性过大,砂浆太稀,不仅铺砌困难,而且硬化后干缩变形大,强度降低;流动性过小,砂浆太稠,难于铺砌。一般情况下多孔吸水的砌体材料或干热的天气,砂浆的流动性应大些;而密实不吸水的材料或湿冷的天气,其流动性应小些。砂浆流动性可按表5-1选用。

砂浆的施工稠度 表 5-1

砌体种类	砂浆稠度(mm)
烧结普通砖砌体、粉煤灰砌体	70~90
混凝土砖砌体、灰砂砖砌体、普通混凝土小型空心砌块砌体	50~70
烧结多孔砖砌体、烧结空心砖砌体、轻集料混凝土小型空心砌块砌体、蒸压加气混凝土砌块砌体	60~80
石砌体	30~50

3)影响因素

①用水量;②胶凝材料的品种;③砂的粗细;④配合比。

(2)保水性

新拌砂浆能够保持水分的能力称为保水性。保水性也指砂浆中各项组成材料不易离析的性质,即搅拌好的砂浆在运输、存放、使用的过程中,砂浆中的水与胶凝材料及骨料分离快慢的性质。保水性良好的砂浆水分不易流失,易于摊铺成均匀密实的砂浆层;反之,保水性差的砂浆,易出现泌水、分层离析,同时由于水分易被砌体吸收,影响水泥的正常硬化,降低砂浆的黏结强度。

砂浆保水性可用分层度或保水率评定。考虑到我国目前砂浆品种日益增多,有些新品种砂浆用分层度试验来衡量砂浆各组分的稳定性或保持水分的能力已不太适宜,而且在砌筑砂浆实际试验应用中与保水率试验相比,分层度试验难操作、可复验性差且准确性低,所以在《砌筑砂浆配合比设计规程》JGJ/T 98—2010 中取消了分层度指标,规定用保水率衡量砌筑砂浆的保水性。砂浆保水率就是用规定稠度的新拌砂浆,按规定的方法进行吸水处理,吸水处理后砂浆中保留的水的质量,并用原始水量的质量百分数来表示。砌筑砂浆的保水率要求见表 5-2。

砌筑砂浆的保水率   表 5-2

砌筑砂浆品种	水泥砂浆	水泥混合砂浆	预拌砌筑砂浆
保水率(%)	≥80	≥84	≥88

2. 强度

砂浆在砌体中的主要作用是传递压力,所以,硬化后的砂浆应具有足够的抗压强度,砂浆的强度等级就是根据其抗压强度来划分的。

(1) 砂浆的强度等级

1) 划分依据

采用边长为 70.7mm 的立方体标准试块,一组共 6 块,在标准温度 20±3℃ 及一定湿度条件下养护 28 天的平均抗压极限强度作为划分依据。

2) 砂浆强度等级的分级

砌筑砂浆按抗压强度划分为若干强度等级。水泥砂浆及预拌砂浆的强度等级分为 M30、M25、M20、M15、M10、M7.5、M5,水泥混合砂浆的强度等级分为 M15、M10、M7.5、M5。砌筑砂浆强度的高低对于整个砌体强度有一定影响,但砌体强度的主要方面不是砂浆的强度,而在于砌筑材料本身的强度,各强度等级的砂浆应用如下:M5~M10 的砂浆用于一般工程的砌筑,M15 以上的砂浆用于特殊工程的砌筑。

(2) 砂浆强度影响因素

1) 底面材料

砌筑砂浆的强度与砌筑底面材料的吸水性能有直接关系。

① 用于不吸水底面砌筑时(如密实的石材)

砂浆的强度与混凝土相似,主要取决于水泥强度等级和水胶比,其计算式如下:

$$f_{mu} = 0.29 f_c (C/W - 0.4) \tag{5-1}$$

式中 f_{mu} ——砂浆的试配强度(MPa);

f_c ——水泥强度等级(MPa);

C/W ——胶水比。

② 用于吸水底面砌筑时(砖或其他多孔材料)

在原材料及 C/S 相同时，虽砂浆中的用水量不同，但因砂浆具有一定保水性，经过底面吸水后，保留在砂浆中的水分仍大致相同，故砂浆的强度主要决定于水泥强度等级及用量，与 W/C 无关，可用下式计算：

$$f_{\mathrm{mu}} = \frac{\alpha C f_{\mathrm{c}}}{1000} + \beta \tag{5-2}$$

式中　f_{mu}——砂浆的试配强度（MPa）；

　　　C——每 m³ 砂浆中的水泥用量（kg）；

　　　f_{c}——水泥实测强度，无实测资料时，可以直接取水泥强度等级标准值（MPa）；

　　　α、β——砂浆特征系数，$\alpha=3.03$，$\beta=-15.09$，也可以采用本地实测数值。

2）温度

砌筑砂浆强度的增长随着温度的增加而增加。

3）搅拌及使用时间

搅拌和使用砂浆的时间长短会直接影响砂浆的强度。砂浆应使用砂浆搅拌机拌制，有效拌合时间应不少于 1.5min。掺用微沫剂的砂浆，搅拌时间应适当延长，但最多也不要超过 6min。拌合好的砂浆，应在 4h 内用完。砌体中禁止使用过夜砂浆，因为它会严重影响砌体的强度。

3. 黏结力

砌筑砂浆必须具有足够的黏结力，才可使块状材料胶结为一个整体，其黏结力的大小，将影响砌体的抗剪强度、耐久性、稳定性及抗震能力等，因此对砂浆的黏结力也有一定的要求。

（1）影响因素

1）砂浆强度：一般来说，砂浆的强度越高，其黏结力越大；低强度砂浆，因加入的掺合料过多，其内部易收缩，使砂浆与底层材料的黏结力减弱。

2）砂浆本身的抗拉强度；

3）砌筑底面的潮湿程度；

4）砖石表面的清洁程度；

5）施工养护条件。

（2）施工中的注意事项：砌砖前应浇水润湿，保持表面不沾泥土。可以提高砂浆与砌筑材料之间的黏结力，保证砌体质量。

4. 砂浆的变形性能

砂浆在承受荷载，以及温度和湿度发生变化时，均会发生变形。如果变形过大或不均匀，就会引起开裂。例如抹面砂浆若产生较大收缩变形，会使面层产生裂纹或剥离等质量问题。因此要求砂浆具有较小的变形性。

砂浆变形性能的影响因素很多，有胶凝材料的种类和用量、用水量、细骨料的种类、质量以及外部环境条件等。实际工程中，可通过掺加抗裂性材料，提高砂浆的塑性、韧性，来改善砂浆的变形性能。如配制聚合物水泥砂浆、阻裂纤维水泥砂浆（以水泥砂浆为基体，以非连续的短纤维或者连续的长纤维作增强材料所组成的水泥基复合材料）、膨胀类材料抗裂砂浆等。

5. 耐久性

硬化后的砂浆要与砌体一起经受周围介质的物理化学作用，因而砂浆应具有一定的耐久性。试验证明，砂浆的耐久性随抗压强度的增大而提高，即它们之间存在一定的相关性。防水砂浆或直接受水和受冻融作用的砌体，对砂浆还应有抗渗和抗冻性要求。在砂浆配制中除控制水胶比外，常加入外加剂来改善抗渗和抗冻性能，如掺入减水剂、引气剂及防水剂等。并通过改进施工工艺，填塞砂浆的微孔和毛细孔，增加砂浆的密实度。砌筑砂浆的抗冻性要求见表 5-3。

砌筑砂浆的抗冻性要求　　　　表 5-3

使用条件	抗冻指标	质量损失率（%）	强度损失率（%）
夏热冬暖地区	F15	≤5	≤25
夏热冬冷地区	F25		
寒冷地区	F35		
严寒地区	F50		

砌筑砂浆应采用机械搅拌，搅拌要均匀。《砌体结构工程施工质量验收规范》GB 50203—2011 规定：水泥砂浆和水泥混合砂浆的搅拌时间不得少于 120s；水泥粉煤灰砂浆和掺用外加剂的砂浆搅拌时间不得少于 180s；掺液体增塑剂的砂浆，应先将水泥、砂干拌 30s 混合均匀后，再将混有增塑剂的水溶液倒入干混料中继续搅拌，搅拌时间为 210s；掺固体增塑剂的砂浆，应将水泥、砂和增塑剂干拌 30s 混合均匀后，再将水倒入继续搅拌 210s。有特殊要求时，搅拌时间或搅拌方式可按产品说明书的技术要求确定。工厂生产的预拌砂浆及加气混凝土砌块专用粘结砂浆的搅拌时间应按企业技术标准确定或产品说明书采用。

砂浆应随拌随用，必须在 4h 内使用完毕，不得使用过夜砂浆。试验资料表明，5MPa 强度的过夜砂浆，强度只能达到 3MPa；2.5MPa 强度的过夜砂浆只能达到 1.4MPa。

5.1.3　砌筑砂浆配合比设计

砂浆配合比用每立方米砂浆中各种材料的用量来表示。砌筑砂浆应根据工程类别及砌体部位的设计要求来选择砂浆的类别与强度等级，再按砂浆强度等级确定其配合比。

砂浆强度等级确定后，一般可以通过查有关资料或手册来选取砂浆配合比。如需计算及试验，较精确的确定砂浆配合比，可采用《砌筑砂浆配合比设计规程》JGJ/T 98—2010 中的设计方法，按照下列步骤进行：

(1) 计算砂浆试配强度 $f_{m,o}$（MPa）。
(2) 计算每立方米砂浆中的水泥用量 Q_c（kg）。
(3) 计算每立方米砂浆中掺加料用量 Q_D（kg）。
(4) 确定每立方米砂浆中砂用量 Q_S（kg）。
(5) 按砂浆稠度选择每立方米砂浆中用水量 Q_W（kg）。

1. 水泥混合砂浆配合比设计
(1) 确定砂浆的试配强度
1) 计算公式
砂浆试配强度按公式（5-3）确定：

$$f_{m,o} = k f_2 \tag{5-3}$$

式中　$f_{m,o}$——砂浆的试配强度，精确至 0.1MPa；
　　　f_2——砂浆抗压强度平均值（即设计强度等级值），精确至 0.1MPa；
　　　k——系数，按表 5-4 取值。

2) 砂浆强度等级的选择

砌筑砂浆的强度等级应根据工程类别及砌体部位选择。在一般建筑工程中，办公楼、教学楼及多层住宅等工程宜用 M5～M15 的砂浆；特别重要的砌体才使用 M15 以上的砂浆。

3) 砂浆现场强度标准差确定

① 当近期同一品种砂浆强度资料充足，现场标准差 σ 按数理统计方法算得。

② 当不具有近期统计资料时，现场标准差 σ 按表 5-4 取用。

砌筑砂浆强度标准差 σ 及 k 值　　　　表 5-4

施工水平	强度等级 σ(MPa)							k
	M5	M7.5	M10	M15	M20	M25	M30	
优良	1.00	1.50	2.00	3.00	4.00	5.00	6.00	1.15
一般	1.25	1.88	2.50	3.75	5.00	6.25	7.50	1.20
较差	1.50	2.25	3.00	4.50	6.00	7.50	9.00	1.25

注：摘自《砌筑砂浆配合比设计规程》JGJ 98—2010。

(2) 计算水泥用量 Q_c

1) 不吸水基底砂浆

由于不吸水基底砂浆的强度影响因素与混凝土相似，当砂浆试配强度确定后，可根据选用的水泥强度确定所需的水胶比，再根据施工稠度要求所得的单位体积砂浆用水量 Q_W，由公式 (5-4) 计算水泥用量。

$$Q_c = Q_W(C/W) \tag{5-4}$$

2) 多孔吸水基底砂浆

对于多孔吸水基底砂浆，按式 5-5 计算水泥用量：

$$Q_c = \frac{1000(f_{m,o} - \beta)}{\alpha \cdot f_{ce}} \tag{5-5}$$

式中　Q_c——1m³ 砂浆的水泥用量，精确至 1kg；
　　　f_{ce}——水泥的实测强度，精确至 0.1MPa；
　　　α、β——砂浆的特征系数，$\alpha = 3.03$；$\beta = -15.09$。

在无法取得水泥的实测强度值时，可按下式计算：

$$f_{ce} = \gamma_c f_{ce,k} \tag{5-6}$$

式中　$f_{ce,k}$——水泥强度等级值（MPa）；
　　　γ_c——水泥强度的富余系数，可按实际统计资料确定，无统计资料时可取 1.0。

当计算出水泥砂浆中的水泥计算用量不足 200kg/m³ 时，应按 200kg/m³ 选用。

(3) 计算掺合料用量 Q_D

$$Q_D = Q_A - Q_C \tag{5-7}$$

式中　Q_D——1m³ 砂浆的掺合料用量，精确至 1kg；

Q_A——1m³ 砂浆中水泥和掺合料的总量，精确至 1kg，可为 350kg。当计算出水泥用量已超过 350kg/m³，则不必采用掺合料，直接使用纯水泥砂浆即可。

（4）确定 Q_S 砂用量

每立方米砂浆中的砂用量，应以干燥状态（含水率<0.5%）的堆积密度值作为计算值。当含水率>0.5%时，应考虑砂的含水率，若含水率为 α%，则砂用量等于 Q_S（1+α%）。

（5）确定用水量 Q_W

每立方米砂浆中的用水量，按砂浆稠度等要求，可根据经验或按表 5-5 选用。

每立方米砂浆中用水量选用值　　　　表 5-5

砂浆品种	水泥混合砂浆	水泥砂浆
用水量（kg/m³）	210~310	270~330

注：1. 水泥混合砂浆中的用水量，不包括石灰膏或电石膏中的水；
　　2. 当采用细砂或粗砂时，用水量分别取上限或下限；
　　3. 稠度小于 70mm 时，用水量可小于下限；
　　4. 施工现场气候炎热或干燥季节，可酌量增大用水量。

2. 水泥砂浆配合比选用

根据试验及工程实践，供试配的水泥砂浆配合比可按表 5-6 选用，水泥粉煤灰砂浆材料用量可按表 5-7 选用。

每立方米水泥砂浆材料用量（kg）　　　　表 5-6

强度等级	水泥用量 Q_C	用砂量 Q_S	用水量 Q_W
M5	200~230	砂的堆积密度值	270~330
M7.5	230~260		
M10	260~290		
M15	290~330		
M20	340~400		
M25	360~410		
M30	430~480		

注：M15 及 M15 以下强度等级水泥砂浆宜用强度等级为 32.5 级的水泥；M15 以上强度等级的水泥砂浆，水泥强度等级为 42.5 级。

每立方米水泥粉煤灰砂浆材料用量（kg）　　　　表 5-7

砂浆强度等级	水泥、粉煤灰总量	粉煤灰	砂	用水量
M5	210~240	粉煤灰掺量可占胶凝材料总量的 15%~25%	砂的堆积密度值	270~330
M7.5	240~270			
M10	270~300			
M15	300~330			

注：表中水泥强度等级为 32.5。

3. 水泥砂浆配合比试配、调整和确定

按计算或查表所得配合比进行试拌,按《建筑砂浆基本性能试验方法标准》JGJ/T 70—2009测定砌筑砂浆拌合物的稠度和保水率,当不能满足要求时,应调整材料用量,直到符合要求为止,然后确定为试配时的砂浆基准配合比。

试配时至少应采用三个不同的配合比:基准配合比和按基准配合比中水泥用量分别增减10%的两个配合比。在保证稠度和保水率合格的条件下,可将用水量、掺合料用量和保水增稠材料用量作相应调整。

采用与工程实际相同的材料和搅拌方法试拌砂浆,分别测定不同配比砂浆的表观密度及强度,选定符合试配强度及和易性要求、水泥用量最少的配合比作为砂浆配合比。

根据拌合物的密度,校正材料的用量,保证每立方米砂浆中的用量准确。校正步骤如下:

(1) 按确定的砂浆配合比计算砂浆理论表观密度值 ρ_t(精确至 $10kg/m^3$):

$$\rho_t = Q_c + Q_D + Q_s + Q_w \tag{5-8}$$

(2) 根据砂浆的实测表观密度 ρ_c 计算校正系数:

$$\delta = \frac{\rho_c}{\rho_t} \tag{5-9}$$

(3) 当砂浆的实测表观密度与理论表观密度值之差的绝对值不超过理论值的2%时,配合比不做调整;当超过2%时,应将试配得到的配合比每项材料用量均乘以校正系数后,确定为砂浆设计配合比。

一般情况下水泥砂浆拌合物的表观密度不应小于 $1900kg/m^3$,水泥混合砂浆和预拌砂浆的表观密度不应小于 $1800kg/m^3$。

5.2 抹 面 砂 浆

抹面砂浆又称为抹灰砂浆,是指涂抹于建筑物或构筑物表面,使其外表平整美观,并有抵御周围环境侵蚀作用的砂浆。按照功能不同,抹面砂浆可分为普通抹面砂浆、装饰抹面砂浆、特种砂浆。

5.2.1 普通抹面砂浆

普通抹面砂浆的作用是保护建筑物不受风、雨、雪和大气中有害气体的侵蚀,提高砌体的耐久性,并使建筑砌体保持光洁,更加美观。抹面砂浆有外墙使用和内墙使用两种。

为了保证抹灰层表面平整,避免开裂与脱落,抹面砂浆通常分底层、中层和面层三个层次涂抹:

(1) 底层砂浆:主要起与基底材料粘结的作用。应根据基底材料的不同,选用不同种类的砂浆。例如砖墙常用白灰砂浆,当有防水、防潮要求时,则要选用水泥砂浆;对于混凝土基底,宜选用混合砂浆或水泥砂浆;板条、苇箔上的抹灰,多采用掺麻刀或玻璃丝的砂浆。

(2) 中层砂浆:主要起找平的作用。所使用的砂浆基本上与底层相同。

(3) 面层砂浆:主要起装饰作用并兼有保护墙体的作用。通常要求:使用较细的砂;施抹平整、色泽均匀;为了防止表面开裂,常掺入些麻刀或纸筋,以代替砂。

5.2.2 装饰抹面砂浆

装饰抹面砂浆的作用是用于室内外装饰以增加建筑物的美感，因而它应具有特殊的表面形式及不同的色泽与质感。

1. 组成材料

（1）胶凝材料：装饰抹面砂浆常以白水泥、石灰、石膏等为胶凝材料。

（2）骨料：以白色、浅色或彩色的天然砂、大理岩及花岗岩的石粒或特制的塑料色粒为骨料。

（3）矿物颜料：为了进一步满足人们对建筑艺术的需求，还可以利用各种矿物颜料调制成多种色彩，但所加入的颜料应具有耐碱、耐光和不溶解等性质。

2. 装饰砂浆表面的艺术处理

装饰砂浆的表面可以进行各种艺术性的处理，以形成不同形式的风格，达到不同的建筑艺术效果。如制成水磨石、水刷石、麻点、干粘石、粘花、拉毛、拉条及人造大理石等。但这些装饰工艺有它固有的缺点，如需要多层次湿作业、劳动强度大、效率低等。所以，近年来广泛以喷涂、弹涂或滚涂等新工艺来代替，效果较好。

5.2.3 特种砂浆

特种砂浆的品种很多，常见几种简介如下：

1. 防水砂浆

防水砂浆是在水泥砂浆中掺入防水剂配制而成的特种砂浆。防水砂浆常用来制作刚性防水层。这种刚性防水层只适用于不受振动和具有一定刚度的混凝土或砖石砌体工程。不适用于变形较大或可能产生不均匀沉降的建筑物。

防水剂的种类有：

（1）氯化物金属盐类：氯化物金属盐类防水剂，简称氯盐防水剂，这种防水剂掺入砂浆后，在砂浆凝结硬化过程中，能生成一种不透水的复盐，提高了砂浆的密实度，从而提高了砂浆的抗渗性。

（2）硅酸钠类：硅酸钠类防水剂又称四矾水玻璃防水剂〔蓝矾（硫酸铜）、明矾（钾铝矾）、红矾（重铬酸钾）、紫矾（铬矾）〕，这种防水剂掺入水泥砂浆后，形成大量胶体，可以堵塞毛细孔隙，提高了砂浆的防水性能。

（3）金属皂类：金属皂可以填充堵塞微细孔隙，提高了砂浆的防水性能。

防水剂的掺量：一般为水泥用量的3%～5%。

2. 保温砂浆

保温砂浆是指由阻隔型保温材料和砂浆材料混合而成的，用于构筑建筑表面保温层的一种建筑材料。主要用于建筑外墙保温，具有施工方便、耐久性好等优点。

市面上的保温砂浆主要为两种：

（1）无机保温砂浆（玻化微珠防火保温砂浆，复合硅酸铝保温砂浆，珍珠岩保温砂浆）：是一种用于建筑物内外墙粉刷的新型保温节能砂浆材料，以无机玻化微珠（又称闭孔膨胀珍珠岩）作为轻骨料，加由胶凝材料、抗裂添加剂及其他填充料等组成的干粉砂浆。具有节能利废、保温隔热、防火防冻、耐老化的优异性能以及低廉的价格等特点，有着广泛的市场需求。

（2）有机保温砂浆（胶粉聚苯颗粒保温砂浆）：是一种双组分的保温材料，主要由聚苯颗粒加由胶凝材料、抗裂添加剂及其他填充料等组成的干粉砂浆。

3. 聚合物水泥砂浆

聚合物水泥砂浆是指在水泥砂浆中加入聚合物乳液配制而成的特种砂浆。其黏结力很强、耐蚀、耐磨及抗渗性能都高于一般的水泥砂浆。主要用途为：提高装饰砂浆的黏结力、填补钢筋混凝土构件的裂缝、作为耐磨及耐侵蚀的面层。

4. 防护砂浆

防护砂浆在水泥砂浆中掺加具有特殊性能的细骨料，还可以得到具有其种防护能力的砂浆。例如：掺入重晶石砂（粉）时，砂浆具有防 X 射线的能力；掺入硼砂、硼酸等可配制成具有抗中子辐射能力的加硼水泥砂浆；掺入石英砂后可使砂浆的耐磨性大大提高等。

5. 干粉砂浆

干粉砂浆又称干混砂浆、干拌砂浆或干粉料，是将干粉状的骨料（砂子）、胶凝材料、化学添加剂等材料均匀混合，通过计算机计量控制、机械化生产，产品可以散装运到现场，作业时只需按一定比例加水搅拌均匀，即可直接使用的新型砂浆。

干粉砂浆具有质量稳定、施工效率高、收缩小、不起泡、保温、环保、节约成本等优点，在西方国家广泛使用。在发达国家，干粉砂浆的使用率已达 $80\%\sim90\%$。产品的包装形式可分为散装或袋装。干粉砂浆按性质和用途可分成两大类：

（1）普通干粉砂浆：此类砂浆用量较大，其性能与传统砂浆较接近，在材料配比中外加剂掺量较少，因而价格较为便宜。包括：用于砌筑工程的干粉砌筑砂浆、用于抹灰工程的干粉抹灰砂浆、用于地面工程的干粉地面砂浆。

（2）特种干粉砂浆：是指对性能有特殊要求的专用建筑、装饰类干粉砂浆，包括：瓷砖粘结砂浆、聚苯板粘结砂浆、外保温抹面砂浆等。

思考与练习

1. 砌筑砂浆的主要性质包括哪些？
2. 新拌砂浆的和易性包括哪两方面含义？如何测定？砂浆和易性不良对工程应用有何影响？
3. 何谓装饰砂浆？装饰砂浆的做法有哪些？

6 墙 体 材 料

学习目标
- 掌握烧结普通砖和烧结多孔砖的规格尺寸、技术要求和用途；
- 掌握加气混凝土砌块和普通混凝土小型空心砌块的技术要求及应用；
- 了解墙体板材的种类。

墙体材料是指用来砌筑、拼装或用其他方法构成承重或非承重墙体的材料。在一般房屋建筑中，墙体材料主要起着承重、围护和隔断等作用。墙体材料在房屋建筑材料中占有70%的比重，是建筑工程中非常重要的材料之一。

传统的墙体材料黏土砖要毁坏大量的农田，影响农业生产。而且黏土砖由于体积小、重量大，因此施工时劳动强度高，生产效率低，也严重影响建筑施工机械化和装配化的实现。为此，墙体材料的改革越来越受到重视。新型墙体材料发展较快，主要是因地制宜利用工业废料和地方资源。黏土砖也趋向孔多或空心率高的方向发展，使之节约大量农田和能源。总之，新型墙体材料正在向着质轻、高强、空心、大块、多样化、多功能等方向发展，力求减轻建筑自重，实现机械化、装配化施工，提高劳动生产率。因此，在建筑工程中，要合理选用墙体材料，不仅应考虑建筑物的功能、安全及造价等因素，还应关注其是否能够废物利用、是否能够保护环境。

目前，我国墙体材料的品种较多，总体归纳起来可分为砌墙砖、砌块和板材三大类。

6.1 砌 墙 砖

砌墙砖系指以黏土、工业废料或其他地方资源为主要原料，以不同工艺制造的、用于砌筑承重和非承重墙体的墙砖。砌墙砖是房屋建筑工程中主要的墙体材料，具有一定的抗压和抗折强度，外形多为直角六面体，其公称尺寸为240mm×115mm×53mm。

砌墙砖按照生产工艺分为烧结砖和非烧结砖。经焙烧而成的砖为烧结砖；经碳化或蒸汽（压）养护硬化而成的砖属于非烧结砖。按照孔洞率（砖上孔洞和槽的体积综合与按外阔尺寸算出的体积之比的百分率）的大小，砌墙砖分为实心砖、多孔砖和空心砖。实心砖是没有孔洞或孔洞率小于15%的砖；孔洞率不小于28%，孔洞的尺寸小而数量多的砖称为多孔砖；而孔洞率等于或大于40%，孔的尺寸大而数量少的砖称为空心砖。

6.1.1 烧结普通砖（代号FCB）

根据国家标准《烧结普通砖》GB/T 5101—2017中的规定，凡以黏土、页岩、煤矸石和粉煤灰、建筑渣土、淤泥、污泥等为主要原料，经成型、焙烧而成的砖，称为烧结普通砖。

1. 烧结普通砖的品种

(1) 按主要原料不同，烧结普通砖可分为：黏土砖（N）、页岩砖（Y）、煤矸石砖

(M)、粉煤灰砖（F）、建筑渣土砖（Z）、淤泥砖（U）、污泥砖（W）、其他固体废弃物砖（G）。其中，建筑渣土指建设工程开挖的适于制砖的废弃物。淤泥指沉积在江、河、湖底或岸（周）边的黏土质沉积物。污泥指在水处理过程中产生的半固态或固态物质。其他固体废弃物指基本性能满足制砖原材料要求，且不含对人体有害的物质和放射性元素超标的矿山废渣、工矿企业的固体废弃物等。采用两种原材料，掺配比质量大于50%以上的为主要原材料；采用3种或3种以上原材料，掺配比质量最大者为主要原材料。污泥掺量达到30%以上的可称为污泥砖。它们的生产工艺基本相同，其过程如下：

原料→配料调制→制坯→干燥→焙烧→成品

当采用页岩、煤矸石、粉煤灰为原料烧砖时，因其含有可燃成分，焙烧时可在砖内燃烧，不但节省燃料，还使坯体烧结均匀，提高了砖的质量。通常将用可燃性工业废料内部燃烧制成的砖称为内燃砖。

（2）按砖在焙烧时窑内温度分布的均匀性，烧结普通砖可分为正火砖，欠火砖和过火砖。在被烧温度范围内生产的砖称为正火砖，未达到焙烧温度范围生产的砖称为欠火砖，而超过焙烧温度范围生产的砖称为过火砖。欠火砖颜色浅、敲击时声音哑、孔隙率高、强度低、耐久性差，工程中不得使用欠火砖。过火砖颜色深、敲击声响亮、强度高，但往往变形大，变形不大的过火砖可用于基础等部位。

（3）按砖坯在窑内焙烧气氛及黏土中铁的氧化物的变化情况，烧结普通砖可分为红砖和青砖。在焙烧时，若使窑内氧气充足，使之在氧化气氛中焙烧，黏土中的铁元素被氧化成高价的Fe_2O_3，即红砖。若在焙烧的最后阶段使窑内缺氧，则窑内焙烧气氛呈还原气氛，砖中的高价氧化铁（Fe_2O_3）被还原成青灰色的低价氧化铁（FeO），即青砖。青砖和红砖的强度、硬度差不多，但青砖在抗氧化、水化、大气侵蚀等方面明显优于红砖，且成本较高。

2. 烧结普通砖的技术要求

（1）外形尺寸。烧结普通砖的外形为直角六面体，长240mm，宽115mm，高53mm。因此，在砌筑使用时，包括砂浆缝（10mm）在内，4块砖长、8块砖宽、16块砖厚都为1m，512块砖可砌1m³的砌体。一块砖，通常将240mm×115mm面称为大面，240mm×53mm面称为条面，115mm×53mm面称为顶面。烧结普通砖的平面名称及尺寸如图6-1所示。

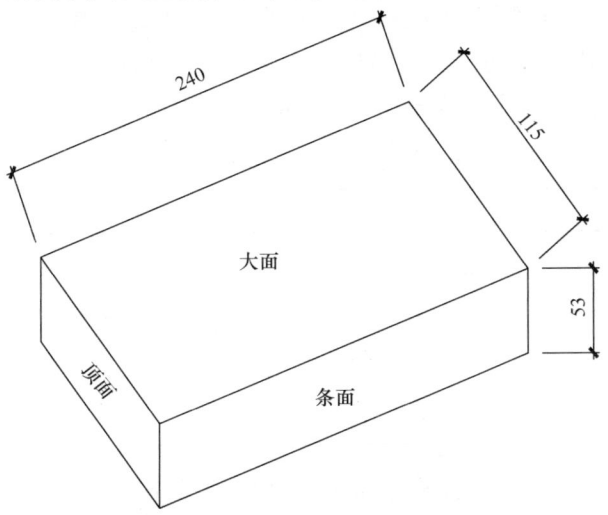

图6-1 烧结普通砖的平面名称及尺寸（单位：mm）

烧结普通砖的尺寸偏差应符合表 6-1 规定，否则，判不合格。砖的外观质量应符合表 6-2 的规定。

烧结普通砖的尺寸偏差（GB/T 5101—2017）（单位：mm） 表 6-1

公称尺寸（mm）	指标	
	样本平均偏差	样本极差（≤）
240	±2.0	6.0
115	±1.5	5.0
53	±1.5	4.0

烧结普通砖的外观质量（GB/T 5101—2017）（单位：mm） 表 6-2

公称尺寸		指标
（1）两条面高度差		≤2
（2）弯曲		≤2
（3）杂质凸出高度		≤2
（4）缺棱掉角的三个破坏尺寸		不得同时大于 5
（5）裂纹长度	1）大面上宽度方向及其延伸至条面的长度	≤30
	2）大面上长度方向及其延伸至顶面的长度或条顶面上水平裂纹的长度	≤50
（6）完整面		不得少于：一条面和一顶面

注：为砌筑挂浆而施加的凹凸纹、槽、压花等不算作缺陷。凡有下列缺陷之一者，不得称为完整面：
　　1）缺损在条面或顶面上造成的破坏面尺寸同时大于 10mm×10mm。
　　2）条面或顶面上裂纹宽度大于 1mm，其长度超过 30mm。
　　3）压陷、粘底、焦花在条面或顶面上的凹陷或凸出超过 2mm，区域尺寸同时大于 10mm×10mm。

（2）表观密度。烧结普通砖的表观密度因原料和生产方式不同而异，一般为 1600～1800kg/m³。

（3）吸水率。砖的吸水率与孔隙率的大小、孔隙特征及砖的焙烧程度有关，烧结普通砖的吸水率一般为 8%～16%，欠火砖吸水率大，过火砖吸水率小。

（4）强度等级。烧结普通砖分为 MU30、MU25、MU20、MU15、MU10 五个强度等级，强度等级的实验结果应符合表 6-3 的规定。否则，判不合格。

烧结普通砖的强度等级（GB/T 5101—2017）（单位：MPa） 表 6-3

强度等级	抗压强度平均值（$\bar{f}$）	强度标准值（f_k）
MU30	≥30.0	≥22.0
MU25	≥25.0	≥18.0
MU20	≥20.0	≥14.0
MU15	≥15.0	≥10.0
MU10	≥10.0	≥6.5

测定烧结普通砖的强度时，试样数量为 10 块，加荷速度为（5±0.5）kN/s。试验后按下式计算标准差 S 和抗压强度标准值 f_k。

$$S = \sqrt{\frac{1}{9}\sum_{i=1}^{10}(f_i - \bar{f})^2} \tag{6-1}$$

$$f_k = \bar{f} - 1.83S \tag{6-2}$$

式中 S——10 块试样的抗压强度标准差,单位为 MPa,精确至 0.01;

$\bar{f}$——10 块试样的抗压强度平均值,单位为 MPa,精确至 0.01;

f_i——单块试样抗压强度测定值,单位为 MPa,精确至 0.01;

f_k——抗压强度标准值,单位为 MPa,精确至 0.1。

(5) 抗风化性能。在干湿变化、温度变化、冻融变化等物理因素作用下,材料不破坏并长期保持原有性质的能力,称为砖的抗风化性能。抗风化性能是评定砖的耐久性的一项重要的综合性能,主要包括抗冻性、吸水率和饱和系数。用它们来评定砖的抗风化性能。砖的抗风化性能越好,表明砖的耐久性越好。

冻融试验是指吸水饱和的砖在 -15℃ 下经 15 次冻融循环,每块砖样不准许出现分层、掉皮、缺棱、掉角等冻坏现象,冻后裂纹长度不得大于表 6-2 中裂纹长度的规定,即为抗风化性能合格。否则,判不合格。

风化指数是指日气温从正温降至负温或负温升至正温的每年平均天数与每年从霜冻之日起至消失霜冻之日止这一期间降雨总量(以 mm 计)的平均值的乘积。根据《烧结普通砖》GB/T 5101—2017 的规定:风化指数≥12700 为严重风化区,风化指数<12700 为非严重风化区。我国黑龙江省、吉林省、辽宁省、内蒙古自治区、新疆维吾尔自治区、宁夏回族自治区、甘肃省、青海省、陕西省、山西省、河北省、北京市、天津市属严重风化地区,其他地区是非严重风化地区。

属严重风化区中的前 5 个地区的砖应进行冻融试验,其他地区砖的抗风化性能符合表 6-4 规定时可不做冻融试验,否则,必须进行冻融试验。淤泥砖、污泥砖、固体废弃物砖应进行冻融试验。

烧结普通砖的抗风化性能指标 (GB/T 5101—2017)　　　　表 6-4

砖种类	严重风化区				非严重风化区			
	5h 沸煮吸水率 (%)		饱和系数		5h 沸煮吸水率 (%)		饱和系数	
	平均值	单块最大值	平均值	单块最大值	平均值	单块最大值	平均值	单块最大值
黏土砖、建筑渣土砖	≤18	≤20	0.85	0.87	≤19	≤20	≤0.88	≤0.90
粉煤灰砖	≤21	≤23			≤23	≤25		
页岩砖	≤16	≤18	0.74	0.77	≤18	≤20	≤0.78	≤0.80
煤矸石砖								

(6) 泛霜(起霜、盐析、盐霜等)。在新砌筑的砖砌体表面,有时会出现一层白色的粉状物,这种现象称为泛霜,如图 6-2 所示。出现泛霜的原因是由于砖内含有较多的可溶性盐类(如硫酸钠等),这些盐类在砌筑施工时溶解于进入砖内的水中,随着水分蒸发而在砖表面产生的盐析现象。这些结晶的粉状物不仅有损于建筑物的外观,而且结晶膨胀也会引起砖表面的疏松,甚至剥落,破坏砖与砂浆的黏结,严重的还可降低墙体的承载力。《烧结普通砖》GB/T 5101—2017 中规定每块砖不准出现严重泛霜,否则,判不合格。

图 6-2 烧结普通砖表面的白霜

(7) 石灰爆裂。石灰爆裂是指烧结砖的砂质黏土原料中掺杂有石灰石，焙烧时被烧成生石灰留在砖内，在使用过程中生石灰会吸水形成消石灰而导致体积膨胀破坏，严重时甚至使砖砌体强度降低，直至破坏的现象。烧结普通砖的石灰爆裂应符合下列规定，否则，判不合格。

1) 破坏尺寸大于 2mm 且小于或等于 15mm 的爆裂区域，每组砖不得多于 15 处。其中大于 10mm 的不得多于 7 处。

2) 不准许出现最大破坏尺寸大于 15mm 的爆裂区域。

3) 试验后抗压强度损失不得大于 5MPa。

3. 烧结普通砖的产品标记

烧结普通砖的产品标记按产品名称的英文缩写、类别、强度等级和标准编号顺序编写，例如：烧结普通砖，强度等级 MU15 的黏土砖，其标记为：FCB-N-MU15-GB/T5101。

4. 烧结普通砖的优缺点及应用

烧结普通砖具有较高的强度、较好的耐久性及隔热、隔声、价格低廉等优点，加之原料广泛、工艺简单，所以是应用历史最久、应用范围最广泛的墙体材料。烧结普通砖可用来砌筑柱、拱、烟囱、地面及基础等，还可与轻骨料混凝土、加气混凝土、岩棉等复合砌筑成各种轻质墙体，在砌体中配置适当的钢筋或钢丝网也可制作柱、过梁等，代替钢筋混凝土柱、过梁使用。

烧结普通砖是传统的墙体材料，在我国一般建筑物墙体材料中一直占有很高的比重，其中主要是烧结黏土砖。由于烧结黏土砖多是毁田取土烧制，加上施工效率低、砌体自重大、抗震性能差等缺点，已远远不能适应现代建筑发展的需要。从 1997 年 1 月 1 日起，原建设部规定在框架结构中不允许使用烧结普通黏土砖，并率先在全国 14 个主要城市中施行。全国提倡大力发展非黏土砖，重视烧结多孔砖、烧结空心砖的推广应用，因地制宜地发展新型墙体材料。利用工业废料生产的粉煤灰砖、煤矸石砖、页岩砖等以及各种砌块、板材正在逐步发展起来，应将逐渐取代烧结普通砖。

6.1.2 烧结多孔砖

烧结多孔砖是以黏土、页岩、煤矸石、粉煤灰、淤泥（江河湖淤泥）及其他固体废弃物等为主要原料，经制坯成型、干燥、焙烧而成的孔洞率≥28%，孔的尺寸小而数量多的烧结砖。烧结多孔砖由于其强度高、保温性好，一般主要用于建筑物承重部位。

1. 烧结多孔砖的品种

按主要原料不同，烧结多孔砖可分为：黏土砖（N）、页岩砖（Y）、煤矸石砖（M）、粉煤灰砖（F）、淤泥砖（U）、固体废弃物砖（G）。它们的生产工艺与烧结普通砖基本相同。

2. 烧结多孔砖的技术要求

(1) 外形尺寸。烧结多孔砖一般为直角六面体，其规格尺寸为 290mm、240mm、190mm、180mm、140mm、115mm、90mm。

烧结多孔砖的砖孔形状有矩形长条孔、圆孔等多种，孔洞要求：孔径≤22mm、孔数多、孔洞方向垂直于承压面方向，如图6-3所示。烧结多孔砖尺寸允许偏差应符合表6-5的规定。

（2）外观质量。烧结多孔砖的外观质量应符合表6-6的要求。

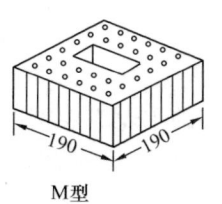
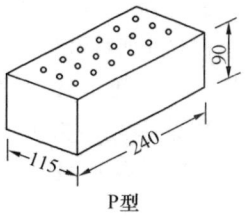

图6-3 烧结多孔砖

（3）强度等级。烧结多孔砖的孔洞多与承压面垂直，单孔尺寸小，孔洞分布均匀，强度较高。根据抗压强度将烧结多孔砖划分为MU30、MU25、MU20、MU15、MU10五个强度等级，见表6-7。

烧结多孔砖的尺寸允许偏差（GB 13544—2011）（单位：mm）　　　　表6-5

尺　寸	样本平均偏差	样本极差
>400	±3.0	≤10.0
300～400	±2.5	≤9.0
200～300	±2.5	≤8.0
100～200	±2.0	≤7.0
<100	±1.5	≤6.0

烧结多孔砖的外观质量要求（GB 13544—2011）（单位：mm）　　　　表6-6

项　目	指　标
1. 完整面	一条面和一顶面
2. 缺棱掉角的三个破坏尺寸	不得同时大于30
3. 裂纹长度	
1）大面（有孔面）上深入孔壁15mm以上宽度方向及其延伸到条面的长度	≤80
2）大面（有孔面）上深入孔壁15mm以上长度方向及其延伸到顶面的长度	≤100
3）条顶面上的水平裂纹	≤100
4. 杂质在砖面上造成的凸出高度	≤5

注：凡有下列缺陷之一者，不能称为完整面：
1）缺损在条面或顶面上造成的破坏面尺寸同时大于20mm×30mm。
2）条面或顶面上裂纹宽度大于1mm，其长度超过70mm。
3）压陷、焦花、粘底在条面或顶面上的凹陷或凸出超过2mm，区域最大投影尺寸同时大于20mm×30mm。

烧结多孔砖的强度等级（GB 13544—2011）（单位：MPa）　　　　表6-7

强度等级	抗压强度平均值（$\bar{f}$）	强度标准值（f_k）
MU30	≥30.0	≥22.0
MU25	≥25.0	≥18.0
MU20	≥20.0	≥14.0
MU15	≥15.0	≥10.0
MU10	≥10.0	≥6.5

测定烧结多孔砖的强度时，试样数量为 10 块，强度以大面（有孔面）抗压强度结果表示。试验后标准差 S 同公式 6-1，抗压强度标准值 f_k 同公式 6-2。

（4）密度等级

烧结多孔砖根据 3 块砖的干燥表观密度平均值将其密度等级分为 1000、1100、1200、1300 四个等级。具体应满足表 6-8 中数据。

烧结多孔砖密度等级（单位：kg/m³）　　　　　表 6-8

密度等级	3 块砖干燥表观密度平均值
1000	900～1000
1100	1000～1100
1200	1100～1200
1300	1200～1300

（5）烧结多孔砖的泛霜、石灰爆裂、抗风化性能等技术要求

泛霜：每块砖不允许出现严重泛霜。

石灰爆裂：①破坏尺寸＞2mm 且≤15mm 的爆裂区域，每组样砖不得多于 15 处。其中＞10mm 的不得多于 7 处。

②不允许出现破坏尺寸＞15mm 的爆裂区域。

抗风化性能：风化区的划分同烧结普通砖。

属严重风化区中的前 5 个地区的砖和其他地区以淤泥、固体废弃物为主要原料生产的砖必须进行冻融试验，其他地区以黏土、粉煤灰、页岩、煤矸石为主要原料生产的砖的抗风化性能符合表 6-9 规定时可不做冻融试验，否则，必须进行冻融试验。

烧结多孔砖的抗风化性能指标（GB 13544—2011）　　　　　表 6-9

砖种类	严重风化区				非严重风化区			
	5h 沸煮吸水率（%）		饱和系数		5h 沸煮吸水率（%）		饱和系数	
	平均值	单块最大值	平均值	单块最大值	平均值	单块最大值	平均值	单块最大值
黏土砖	≤21	≤23	≤0.85	≤0.87	≤23	≤25	≤0.88	≤0.90
粉煤灰砖	≤23	≤25			≤30	≤32		
页岩砖	≤16	≤18	≤0.74	≤0.77	≤18	≤20	≤0.78	≤0.80
煤矸石砖	≤19	≤21			≤21	≤23		

注：粉煤灰掺入量（体积比）小于 30%时，按黏土砖规定判定。

3. 烧结多孔砖的产品标记

烧结多孔砖的产品标记按产品名称、品种、规格、强度等级、密度等级和标准编号顺序编写。例如：规格尺寸 290mm×140mm×90mm、强度等级 MU25、密度 1200 级的黏土烧结多孔砖，其标记为：烧结多孔砖 N 290×140×90 MU25 1200 GB 13544—2011。

4. 烧结多孔砖的应用

用烧结多孔砖代替烧结普通砖，可使建筑物自重减轻 30% 左右，节约黏土 20%～30%，节省燃料 10%～20%，墙体施工功效提高 40%，并改善砖的隔热隔声性能，因此，应该大力推广使用。烧结多孔砖适用于多层建筑的内外承重墙体及高层框架建筑的填充墙

和隔墙。

6.1.3 烧结空心砖

烧结空心砖简称空心砖,是指以黏土、页岩、煤矸石、粉煤灰、淤泥(江、河、湖等淤泥)、建筑渣土及其他固体废弃物为主要原料,经焙烧而成的具有竖向孔洞(孔洞率不小于40%,孔的尺寸大而数量少)的砖。烧结空心砖的孔洞垂直于顶面,砌筑时要求孔洞方向与承压面平行,见图6-4。

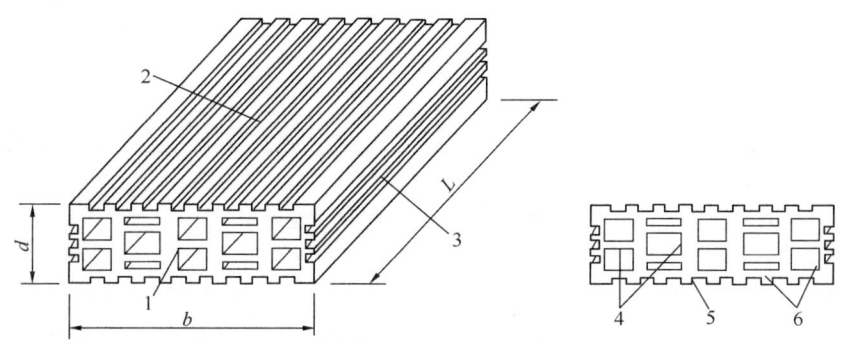

图6-4 烧结空心砖
1—顶面;2—大面;3—条面;4—肋;5—凹棱槽;6—壁;
L—长度;b—宽度;d—厚度

1. 烧结空心砖的品种

按主要原料不同,烧结空心砖可分为:黏土空心砖(N)、页岩空心砖(Y)、煤矸石空心砖(M)、粉煤灰空心砖(F)、淤泥空心砖(U)、建筑渣土空心砖(Z)、其他固体废弃物空心砖(G)。

2. 烧结空心砖的技术要求

(1) 外形尺寸。烧结空心砖为直角六面体,其规格应符合如下系列:①290mm,190(140)mm,90mm;②240mm,180(175)mm,115mm。其尺寸允许偏差要求应符合表6-10的规定。

烧结空心砖的尺寸允许偏差(GB/T 13545—2014)(单位:mm) 表6-10

尺寸	样本平均偏差	样本极差
>300	±3.0	≤7.0
200~300	±2.5	≤6.0
100~200	±2.0	≤5.0
<100	±1.7	≤4.0

(2) 外观质量。烧结空心砖的外观质量应符合表6-11的规定。

烧结空心砖的外观质量要求(GB/T 13545—2014)(单位:mm) 表6-11

项 目	要求
1. 弯曲	≤4
2. 缺棱掉角的三个破坏尺寸	不得同时>30

续表

项 目	要求
3. 垂直度差	≤4
4. 未贯穿裂纹长度	
1）大面上宽度方向及其延伸到条面的长度	≤100
2）大面上长度方向及其延伸到水平面方向的长度	≤120
5. 贯穿裂纹长度	
1）大面上宽度方向及其延伸到条面的长度	≤40
2）壁、肋沿长度方向、宽度方向及其水平方向的长度	≤40
6. 肋、壁内残缺长度	≤40
7. 完整面	不多于一条面和一顶面

注：凡有下列缺陷之一者，不能称为完整面：
  1）缺损在大面、条面上造成的破坏面尺寸同时大于20mm×30mm。
  2）大面、条面上裂纹宽度大于1mm，其长度超过70mm。
  3）压陷、焦花、粘底在大面、条面上的凹陷或凸出超过2mm，区域尺寸同时大于20mm×30mm。

（3）强度等级。烧结空心砖主要用于填充墙和隔断墙，只承受自身重量，所以大面和条面的抗压强度要比实心砖和多孔砖低得多。根据抗压强度，烧结空心砖的强度分为MU10.0、MU7.5、MU5.0、MU3.5四个等级，见表6-12。

烧结空心砖的强度等级（GB/T 13545—2014）   表6-12

强度等级	抗压强度平均值 $\overline{f}$（MPa）	变异系数 $\delta \leqslant 0.21$ 强度标准值 f_k（MPa）	变异系数 $\delta > 0.21$ 单块最小抗压强度值 f_{min}（MPa）
MU10.0	≥10.0	≥7.0	≥8.0
MU7.5	≥7.5	≥5.0	≥5.8
MU5.0	≥5.0	≥3.5	≥4.0
MU3.5	≥3.5	≥2.5	≥2.8

（4）密度等级

烧结多孔砖按体积密度分为800级、900级、1000级、1100级四个等级。

（5）烧结空心砖的泛霜、石灰爆裂、抗风化性能等技术要求

泛霜：每块砖不允许出现严重泛霜。

石灰爆裂：①破坏尺寸>2mm且≤15mm的爆裂区域，每组样砖不得多于10处。其中>10mm的不得多于5处。

②不允许出现破坏尺寸>15mm的爆裂区域。

抗风化性能：风化区的划分和抗风化性能指标同烧结多孔砖。属严重风化区中的前5个地区的空心砖应进行冻融试验，其他地区空心砖的抗风化性能符合表6-8规定时可不做冻融试验，否则，必须进行冻融试验。

3. 烧结空心砖的产品标记

烧结空心砖的产品标记按产品名称、类别、规格（长度×宽度×高度）、密度等级、强度等级和标准编号顺序编写，例如：规格尺寸 290mm×190mm×90mm、密度等级

800、强度等级 MU7.5 的页岩空心砖，其标记为：烧结空心砖 Y（290×190×90）800 MU7.5 GB 13545—2014。

4. 烧结空心砖的应用

烧结空心砖孔洞大、自重较轻、强度低，具有良好的保温隔热性能，主要用于砌筑非承重墙体、外墙及框架结构的填充墙等。

6.1.4 蒸压灰砂砖

不经焙烧而制成的砖均称为非烧结砖，如碳化砖、免烧免蒸砖、蒸养（压）砖等。目前应用较广的是蒸养（压）砖，这类砖是以含钙材料（石灰、电石渣等）、含硅材料（砂子、粉煤灰、煤矸石、灰渣、炉渣等）与水拌合，经压制成型、常压或高压蒸汽养护而成，主要品种有灰砂砖、粉煤灰砖、混凝土实心砖、承重混凝土多孔砖等。

蒸压灰砂砖是以石灰和天然砂为主要原料，加入少量石膏或其他着色剂，经制坯设备压制成型（一般温度为175～203℃，压力为0.8～1.6MPa的饱和蒸汽）养护、成品包装等工序而制成的空心砖或实心砖。

1. 灰砂砖的特性

灰砂砖是在高压下成型，又经过蒸压养护，砖体组织致密，具有强度高、大气稳定性好、干缩率小、尺寸偏差小、外形光滑平整等特性。灰砂砖色泽淡灰，如配入矿物颜料，可制得各种颜色的砖，具有较好的装饰效果。灰砂砖主要用于内、外墙的承重或非承重结构。

2. 产品规格与等级

（1）产品规格。灰砂砖的规格尺寸同烧结普通砖，为240mm×115mm×53mm。表观密度为1800～1900kg/m³，热导率为0.61W/(m·K)。

（2）产品等级。根据产品的外观与尺寸偏差、强度和抗冻性分为优等品（A）、一等品（B）和合格品（C）三个质量等级，按抗压强度和抗折强度分为MU25、MU20、MU15和MU10四个强度等级。蒸压灰砂砖的外观与尺寸偏差见表6-13，强度等级和抗冻性指标见表6-14。

蒸压灰砂砖尺寸偏差和外观质量（GB 11945—1999） 表6-13

项　　目		优等品	一等品	合格品
尺寸偏差 /mm	长度	±2	±2	±2
	宽度	±2		
	高度	±1		
缺棱掉角	个数（个）不多于	1	1	2
	最大尺寸（≯）/mm	10	15	20
	最小尺寸（≯）/mm	5	10	10
	对应高度差（≯）/mm	1	2	3
裂纹（≤）/mm	条数（条）	1	1	2
	大面上深入孔壁15mm以上，宽度方向及其延伸到条面的长度	20	50	70
	大面上深入孔壁15mm以上，长度方向及其延伸到顶面的长度	30	70	100

蒸压灰砂砖强度等级和抗冻性要求（GB 11945—1999） 表 6-14

强度等级	强度指标				抗冻性指标	
	抗压强度（MPa）		抗折强度（MPa）		5块冻后抗压强度平均值（MPa）	单块砖干质量损失（％）
	平均值	单块值	平均值	单块值		
MU25	≥25.0	≥20.0	≥5.0	≥4.0	≥20.0	<2.0
MU20	≥20.0	≥16.0	≥4.0	≥3.2	≥16.0	
MU15	≥15.0	≥12.0	≥3.3	≥2.6	≥12.0	
MU10	≥10.0	≥8.0	≥2.5	≥2.0	≥8.0	

3. 应用技术要求

（1）蒸压灰砂砖耐热性、耐酸性差，灰砂砖中含有氢氧化钙等不耐热和不耐酸的组分，因此，灰砂砖不得用于长期受热（200℃以上）、受急冷急热交替作用或有酸性介质的建筑部位。

（2）耐水性良好，但抗流水冲刷能力差，在长期潮湿环境中，灰砂砖的强度变化不明显，但其抗流水冲刷能力较弱，因此，不能用于有流水冲刷的建筑部位，如落水管出水处和水龙头下面等。

（3）与黏浆粘结力差，灰砂砖表面光滑平整，与砂浆黏结力差，当用于高层建筑、地震区或筒仓构筑物等，除应有相应结构措施外，还应有提高砖和砂浆黏结力的措施，如采用高黏度的专用砂浆，以防止渗雨、漏水和墙体开裂。

（4）蒸压灰砂砖自生产之日起，应放置一个月以后，方可用于砌体的施工。砌筑蒸压灰砂砖时，砖的含水率宜为8％～12％，严禁使用干砖或含水饱和砖，灰砂砖不宜与烧结砖或其他品种砖同层混砌。

6.1.5 蒸压粉煤灰砖（代号 AFB）

蒸压粉煤灰砖是指以粉煤灰、生石灰为主要原料，可掺入适量石膏等外加剂和其他集料，经坯料制备、压制成型、高压蒸汽养护而制成的砖。

1. 产品规格与等级

（1）产品规格。粉煤灰砖外形为直角六面体，其外形尺寸与烧结普通砖相同，即240mm×115mm×53mm，呈深灰色，表观密度约为1500kg/m³。蒸压粉煤灰砖的外观质量和尺寸偏差应符合表 6-15 的规定。

蒸压粉煤灰砖外观质量和尺寸偏差（JC/T 239—2014） 表 6-15

项 目 名 称			技术指标
外观质量	缺棱掉角	个数/个	≤2
		三个方向投影尺寸的最大值（mm）	≤15
	高度	裂纹延伸的投影尺寸累计	≤20
	层裂		不允许
尺寸偏差	长度（mm）		+2 −1
	宽度（mm）		±2
	高度（mm）		+2 −1

（2）产品等级。根据《蒸压粉煤灰砖》JC/T 239—2014 的规定，蒸压粉煤灰砖按抗压强度和抗折强度划分为 MU30、MU25、MU20、MU15、MU10 五个强度等级。蒸压粉煤灰砖强度等级指标应符合表 6-16 的规定，否则，判不合格。

蒸压粉煤灰砖强度等级（JC/T 239—2014）（单位：MPa）　　表 6-16

强度等级	抗压强度		抗折强度	
	平均值	单块最小值	平均值	单块最小值
MU10	≥10.0	≥8.0	≥2.5	≥2.0
MU15	≥25.0	≥12.0	≥3.7	≥3.0
MU20	≥20.0	≥16.0	≥4.0	≥3.2
MU25	≥15.0	≥20.0	≥4.5	≥3.6
MU30	≥10.0	≥24.0	≥4.8	≥3.8

2. 蒸压粉煤灰砖的产品标记

蒸压粉煤灰砖按产品代号（AFB）、规格尺寸、强度等级、标准编号的顺序进行标记。例如：规格尺寸为 240mm×115mm×53mm，强度等级为 MU15 的砖标记为：AFB 240mm×115mm×53mm MU15 JC/T 239。

3. 应用技术要求

（1）蒸压粉煤灰砖可用于工业与民用建筑的墙体和基础。

（2）蒸压粉煤灰砖不得用于长期受热（200℃以上）、受急冷急热和有酸性介质侵蚀的建筑部位。

（3）用蒸压粉煤灰砖砌筑的建筑物，应适当增设圈梁及伸缩缝或采取其他措施，以避免或减少收缩裂缝的产生。

（4）蒸压粉煤灰砖龄期不足 10d 不得出厂，且应按规格、龄期、强度等级分批分别码放，不得混杂。砖堆放、运输及施工时，应有可靠的防御措施。

6.1.6 混凝土实心砖（代号 SCB）

混凝土实心砖是以水泥、骨料，以及根据需要加入的掺合料、外加剂等，经加水搅拌、成型、养护职称的混凝土实心砖。

1. 产品规格与等级

（1）产品规格。混凝土实心砖主规格尺寸为 240mm×115mm×53mm，呈灰色。混凝土实心砖的外观质量和尺寸偏差应符合表 6-17 的规定。

混凝土实心砖外观质量和尺寸偏差（GB/T 21144—2007）（单位：mm）　　表 6-17

项　目　名　称		标准值
外观质量	成形面高度差	≤2
	弯曲	≤2
	缺棱掉角的三个方向投影尺寸	不得同时＞10
	裂纹长度的投影尺寸	≤20
	完整面	不得少于一条面和一顶面
尺寸偏差	长度	−1～+2
	宽度	−2～+2
	高度	−1～+2

(2) 产品等级。根据《混凝土实心砖》GB/T 21144—2007 的规定，混凝土实心砖按混凝土自身的密度分为 A 级（≥2100kg/m³）、B 级（1681～2099kg/m³）和 C 级（≤1680kg/m³）三个密度等级；按抗压强度划分为 MU40、MU35、MU30、MU25、MU20、MU15 六个强度等级。混凝土实心砖强度等级指标应符合表 6-18 的规定。

表 6-18 混凝土实心砖强度等级（GB/T 21144—2007）（单位：MPa）

强度等级	抗压强度	
	平均值	单块最小值
MU40	≥40.0	≥35.0
MU35	≥35.0	≥30.0
MU30	≥30.0	≥26.0
MU25	≥25.0	≥21.0
MU20	≥20.0	≥16.0
MU15	≥15.0	≥12.0

2. 混凝土实心砖的产品标记

混凝土实心砖按产品代号（SCB）、规格尺寸、强度等级、密度等级和标准编号的顺序进行标记。例如：规格尺寸为 240mm×115mm×53mm、抗压强度等级为 MU25、密度等级 B 级、合格的混凝土砖标记为：SCB 240×115×53 MU25 B GB/T 21144—2007。

3. 性能及应用

混凝土实心砖是使用混凝土制作而成，它具有质量轻，热加工性能好，抗震性好，墙面的平整度也很好，还能在比较高等级的施工中作为承重使用，性能优良，施工效率高。该砖为承重砖，主要用于工业与民用建筑的承重墙体。混凝土实心砖是一种新型墙体材料产品，随着国家禁止黏土实心砖的生产和使用，禁止毁田烧砖，混凝土实心砖得到快速发展，是替代黏土普通烧砖比较理想的产品。

6.1.7 混凝土多孔砖（代号 LPB）

混凝土多孔砖是以水泥、砂、石等为主要原材料，经配料、搅拌、成型、养护制成，用于承重结构的多排孔混凝土砖。混凝土多孔砖各部位名称见图 6-5。

1. 产品规格与等级

（1）产品规格。混凝土多孔砖的外形为直角六面体，常用砖型的规格尺寸如下：

长度（单位为 mm）：360、290、240、190、140；
宽度（单位为 mm）：240、190、115、90；
高度（单位为 mm）：115、90。

混凝土多孔砖的孔洞率不小于 25%，且不大于 35%，开孔方向应与砖砌筑上墙后承受压力的方向一致。混凝土多孔砖最小外壁厚应不小于 18mm，最小肋厚应不小于 15mm。

（2）产品等级。根据《承重混凝土多孔砖》GB

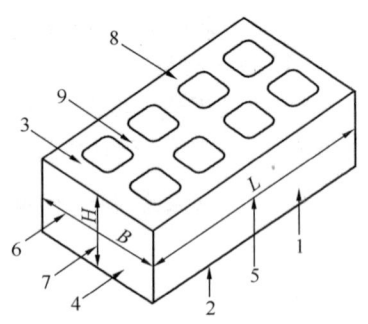

图 6-5 混凝土多孔砖各部位名称
1—条面；2—坐浆面（外壁、肋厚较小的面）；3—铺浆面（外壁、肋厚较大的面）；
4—顶面；5—长度；6—宽度；
7—高度；8—壁；9—肋

25779—2010 的规定，混凝土多孔砖按抗压强度分为 MU15、MU20、MU25 三个强度等级。

2. 混凝土多孔砖的产品标记

混凝土多孔砖按产品代号（LPB）、规格尺寸、强度等级、标准编号的顺序进行标记。例如：规格尺寸为 240mm×115mm×90mm、强度等级为 MU15 的混凝土多孔砖，标记为：LPB 240×115×90 MU15 GB 25779—2010。

3. 性能及应用

混凝土多孔砖具有生产能耗低、节土利废、施工方便和体轻、强度高、保温效果好、耐久、收缩变形小、外观规整等特点，可直接替代烧结黏土砖用于各类承重、保温承重和框架填充等不同建筑墙体结构中，具有广泛的推广应用前景。

6.2 墙 用 砌 块

砌块是砌筑用的人造块材，外形多为直角六面体的建筑制品，也有各种异型体砌块。砌块系列中主要规格的长度、宽度或高度有一项或一项以上分别超过 365mm、240mm 或 115mm，但砌块高度一般不大于长度或宽度的 6 倍，长度不超过高度的 3 倍。砌块是一种新型墙体材料，可充分利用地方资源和工业废渣，还可节省黏土资源和改善环境。砌块具有生产工艺简单，原料来源广，生产周期短，适应性强，制作及使用方便灵活，可改善墙体功能等特点，因此发展速度很快。砌块是目前国家大力推广的墙体材料之一。

砌块按照规格尺寸可分为大型砌块（高度大于 900mm）、中型砌块（高度为 360~900mm）和小型砌块（高度为 180~350mm）；按用途可分为承重砌块和非承重砌块；按空心率（砌块上孔洞和槽的体积总和与按外阔尺寸算出的体积之比的百分率）可分为实心砌块（无孔洞或空心率＜25%）和空心砌块（空心率≥25%）；按材质又可分为硅酸盐砌块、轻集料混凝土砌块、加气混凝土砌块、混凝土砌块等。下面主要介绍几种常用砌块。

6.2.1 蒸压加气混凝土砌块（代号 ACB）

蒸压加气混凝土砌块简称加气混凝土砌块，它是由钙质材料（水泥、石灰等）、硅质材料（砂、粉煤灰、工业废渣等）、外加剂、发泡稳定剂等为原料，经配料、搅拌、浇筑、发泡、成型、切割、压蒸养护而成的一种轻质、多孔建筑墙体材料。

1. 加气混凝土砌块的组成材料

（1）水泥。水泥的重要作用主要在于保证生产初期阶段的浇筑稳定性和坯体凝结硬化速度，对于后期蒸压过程中的反应也有着相当大的作用。由于矿渣、火山灰、粉煤灰水泥早期强度低，若要保证早期性能就要增加水泥用量，因此从经济技术方面考虑，一般使用普通水泥。

（2）石灰。必须采用生石灰以使消解时放出的热量促进铝粉水化放出氢气，石灰的另外作用是参与水化反应，生成水化产物，促进料浆稠化，促进坯体硬化，提高砌块的强度。

（3）粉煤灰和矿渣。均为活性混合材料，可以在激发剂作用下生成水硬性胶凝材料。

（4）铝粉。主要作用是产生气泡，使料浆形成多孔结构。

（5）外加剂。有气泡稳定剂，铝粉脱脂剂、调节剂等，其中气泡稳定剂保证坯体形成细小而均匀的多孔结构。调节剂的品种较多，主要起激发、调节凝结时间等作用。

2. 加气混凝土砌块的主要技术要求

(1) 砌块的尺寸规格（单位：mm）

长度（L）：600；

宽度（B）：100、120、125、150、180、200、240、250、300；

高度（H）：200、240、250、300。

(2) 砌块的强度等级。根据《蒸压加气混凝土砌块》GB 11968—2006 规定，砌块按抗压强度分为 A1.0、A2.0、A2.5、A3.5、A5.0、A7.5、A10.0 七个等级，各强度等级的立方体抗压强度值不得小于表 6-19 的规定。

加气混凝土砌块的立方体抗压强度（GB 11968—2006）　　　表 6-19

立方体抗压强度（MPa）		A1.0	A2.0	A2.5	A3.5	A5.0	A7.5	A10.0
	平均值≥	1.0	2.0	2.5	3.5	5.0	7.5	10.0
	单块最小值≥	0.8	1.6	2.0	2.8	4.0	6.0	8.0

(3) 砌块的质量等级。按尺寸偏差、外观质量、抗压强度、干体积密度分为优等品（A）、合格品（B）二个等级。其中，砌块按体积密度分为 300kg/m³、400kg/m³、500kg/m³、600kg/m³、700kg/m³、800kg/m³ 六级，干密度级别分别记为 B03、B04、B05、B06、B07、B08 六个级别。砌块的干密度见表 6-20，砌块的强度级别见表 6-21。

蒸压加气混凝土砌块的干密度（GB 11968—2006）　　　表 6-20

干密度（kg/m³）	干密度级别	B03	B04	B05	B06	B07	B08
	优等品（A）≤	300	400	500	600	700	800
	合格品（B）≤	325	425	525	625	725	825

蒸压加气混凝土砌块的强度级别（GB 11968—2006）　　　表 6-21

强度级别	干密度级别	B03	B04	B05	B06	B07	B08
	优等品（A）≤	A1.0	A2.0	A3.5	A5.0	A7.5	A10.0
	合格品（B）≤			A2.5	A3.5	A5.0	A7.5

(4) 砌块的干缩值、抗冻性、导热系数

砌块孔隙率较高，抗冻性较差、保温性较好；出釜时含水率较高，干缩值较大，因此《蒸压加气混凝土砌块》GB 11968—2006 规定了干缩值、抗冻性和导热系数，见表 6-22。

砌块的干燥收缩、抗冻性和导热系数（GB 11968—2006）　　　表 6-22

	干密度级别		B03	B04	B05	B06	B07	B08
干缩值(mm/m)≤	标准法/(mm/m)	≤	0.50					
	快速法/(mm/m)	≤	0.80					
抗冻性	质量损失/%	≤	5.0					
	冻后强度/MPa≥	优等品(A)	0.8	1.6	2.8	4.0	6.0	8.0
		合格品(B)			2.0	2.8	4.0	6.0
导热系数(干态)/[W/(m·K)] ≤			0.10	0.12	0.14	0.16	0.18	0.20

3. 加气混凝土砌块的产品标记

加气混凝土砌块按产品名称、强度级别、干密度级别、规格尺寸、产品等级和标准编号顺序编写，例如：强度级别为 A3.5、干密度级别为 B05、规格尺寸为 600mm×200mm×250mm 的优等品蒸压加气混凝土砌块，其标记为：ACB A3.5 B05 600×200×250 A GB 11968—2006。

4. 加气混凝土砌块的特性及应用

加气混凝土砌块是应用较多的一种轻型墙体材料。它具备表观密度小、质量轻（仅为烧结普通砖的 1/3）、保温、隔热、隔声性能好、抗震性强、传热慢及耐火性好、易于加工、施工方便等优点。其常用于低层建筑的承重墙、多层建筑的间隔墙和高层框架结构的填充墙，也可用于一般工业建筑的围护墙，作为保温隔热材料也可用于复合墙板和屋面结构中。

加气混凝土砌块的缺点是易干缩开裂，墙面必须做好装饰保护层，其耐水、耐腐蚀性也差。在无可靠的防护措施时，该类砌块不得用于长期浸水或经常受干湿交替作用、高温和有侵蚀介质的环境中，也不得用于建筑物基础和温度长期高于 80℃ 的建筑部位。

6.2.2 普通混凝土小型空心砌块（代号 NHB）

普通混凝土小型空心砌块，简称混凝土小砌块，是以水泥、矿物掺合料、砂、石、水等为原料，经搅拌、振动成型、养护等工艺制成的空心率不小于 25% 的空心墙体材料，代号为 H。砌块按使用时砌筑墙体的结构和受力情况，分为承重结构用砌块（代号：L。简称承重砌块）、非承重结构用砌块（代号：N。简称非承重砌块）。

1. 普通混凝土小型空心砌块的技术要求

（1）砌块的尺寸规格。普通混凝土小型空心砌块的主规格尺寸为 390mm×190mm×190mm，其他规格尺寸可由供需双方协商。一般为单排孔，砌块各部位名称如图 6-6 所示。最小壁厚应不小于 30mm，最小肋厚应不小于 25mm。

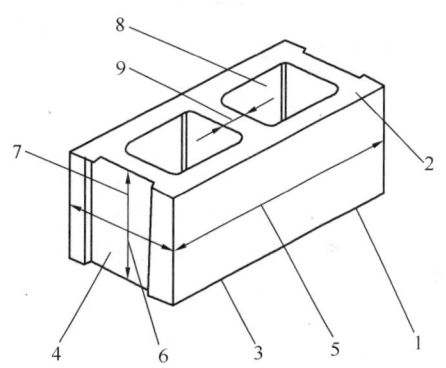

图 6-6 小型空心砌块各部位的名称
1—条面；2—坐浆面（肋厚较小的面）；3—铺浆面（肋厚较大的面）；4—顶面；5—长度；6—宽度；7—高度；8—壁；9—肋

（2）砌块的外观质量。根据《普通混凝土小型砌块》GB/T 8239—2014 的规定，砌块的外观质量应符合表 6-23 的规定。

普通混凝土小型空心砌块的外观质量　　　　表 6-23

项 目 名 称		技术指标
弯曲	不大于	2mm
缺棱掉角	个数　　　　　　不超过	1个
	三个方向投影尺寸的最大值　　不大于	20mm
	裂纹延伸的投影尺寸累计　　　不大于	30mm

（3）砌块的强度等级。普通混凝土小型砌块按抗压强度分为 MU5.0、MU7.5、MU10、MU15、MU20、MU25 六个强度等级，其中用于承重砌块（L）的强度等级有

MU7.5、MU10、MU15、MU20、MU25；用于非承重砌块（N）的强度等级有 MU5.0、MU7.5、MU10。砌块的抗压强度是用砌块受压面的毛面积除以破坏荷载求得的。具体的强度等级要求见表 6-24。

普通混凝土小型砌块的强度等级（GB/T 8239—2014）（单位：MPa）　　表 6-24

强度等级	砌块抗压强度		强度等级	砌块抗压强度	
	平均值≥	单块最小值≥		平均值≥	单块最小值≥
MU5.0	5.0	4.0	MU15	15.0	12.0
MU7.5	7.5	6.0	MU20	20.0	16.0
MU10	10.0	8.0	MU25	25.0	20.0

（4）砌块的吸水率。L 类砌块的吸水率应不大于 10%；N 类砌块的吸水率应不大于 14%。

（5）砌块的抗冻性。砌块的抗冻性应符合表 6-25 的规定。

普通混凝土小型砌块的抗冻性　　表 6-25

适用条件	抗冻指标	质量损失率	强度损失率
夏热冬暖地区	D15	平均值≤5% 单块最大值≤10%	平均值≤20% 单块最大值≤30%
夏热冬冷地区	D25		
寒冷地区	D35		
严寒地区	D50		

（6）砌块的碳化系数和软化系数。普通混凝土小型空心砌块的碳化系数应不小于 0.85，其软化系数不应小于 0.85。

2. 普通混凝土小型空心砌块的应用

普通混凝土小型空心砌块适用于抗震设防烈度为 8 度及 8 度以下地区各种公用建筑或民用建筑以及工业厂房等建筑的内外体。

6.2.3　混凝土中型空心砌块

以水泥或无熟料水泥为胶凝材料，配以一定比例的骨料制成的空心率≥25% 的制品，称为混凝土中型空心砌块。其尺寸规格为：长度：500mm、600mm、800mm、1000mm；宽度：200mm、240mm；高度：400mm、450mm、800mm、900mm。

用无熟料水泥或少熟料水泥配制的砌块属硅酸盐类制品，生产中应通过蒸汽养护或相关的技术措施来提高产品质量。要求这类砌块的干缩值≤0.8mm/m；经 15 次冻融循环后，其强度损失不超过 15%，外观无明显疏松、剥落和裂缝。

中型空心砌块具有强度高、生产简单、施工方便等特点，适用于民用与一般工业建筑物的墙体结构。

6.3　墙用板材

随着建筑结构体系的改革和大开间多功能框架结构的发展，各种轻质和复合墙用板材也随之兴起。它改变了墙体砌筑的传统工艺，而采用黏结、组合等方法进行墙体施工，加快了建筑施工的速度。墙用板材具有轻质、高强、多功能、节能降耗、施工操作方便、使用面积大、开间布置灵活等优点，从而为高层、大跨度建筑及建筑工业实现现代化提供了物质基础。

我国可用于墙体的板材品种很多，主要包括石膏板、加气混凝土板、玻璃纤维增强水泥板、石棉水泥板、铝合金板、稻草板、植物纤维板及镀塑钢板等类型，下面主要介绍石膏类墙板、玻璃纤维增强水泥板和复合板材中的钢丝网架水泥聚苯乙烯夹芯板。

6.3.1 石膏板

石膏类墙板以其平面平整、光滑细腻、装饰性好、具有特殊的呼吸功能、原材料丰富、制作简单等特点，得到广泛应用。石膏类墙板在轻质墙体材料中占有很大比例，主要有纸面石膏板、无面纸的石膏纤维板、石膏空心板和石膏刨花板等。

1. 纸面石膏板

纸面石膏板按其功能分为普通纸面石膏板（P）、耐水纸面石膏板（S）、耐火纸面石膏板（H）以及耐水耐火纸面石膏板（SH）四种。普通纸面石膏板是以建筑石膏为主要原料，掺入适量纤维增强材料和外加剂等，在与水搅拌后，浇注于护面纸的面纸与背纸之间，并于护面纸牢固地粘结在一起的建筑板材；若在芯材配料中加入防水、防潮外加剂，并用耐水护面纸，即可制成耐水纸面石膏板；若在配料中加入无机耐火纤维和阻燃剂等，改善高温下的黏结力，即可制成耐火纸面石膏板；若在配料中加入耐水外加剂和无机耐火增强材料，浇筑于耐水护面纸的面纸与背纸之间，并与耐火护面纸牢固地粘结在一起，即可制成耐水耐火纸面石膏板。

（1）纸面石膏板的规格

纸面石膏板按棱边形状分为：矩形（代号J）、倒角形（代号D）、楔形（代号C）和圆形（代号Y）四种，也可根据用户要求生产其他棱边形状的板材。纸面石膏板的规格尺寸如下（单位为mm）。

公称长度：1500、1800、2100、2400、2442、2700、3000、3300、3600、3660；

公称宽度：600、900、1200、1220；

公称厚度：9.5、12.0、15.0、18.0、21.0、25.0。

板材的尺寸偏差应符合表6-26的规定。

纸面石膏板的尺寸偏差（单位：mm）　　　　　　表6-26

项目	长度	宽度	厚度	
			9.5	≥12.0
尺寸偏差	－6～0	－5～0	±0.5	±0.6

（2）纸面石膏板的外观质量要求

纸面石膏板板面平整，不应有影响使用的波纹、沟槽、亏料、漏料和划伤、破损、污痕等缺陷。

（3）纸面石膏板的技术性能应满足表6-27的规定。

（4）纸面石膏板的产品标记

纸面石膏板的标记顺序依次为：产品名称、板类代号、棱边形状代号、长度、宽度、厚度以及本标准编号。例如：长度为3000mm、宽度1200mm、厚度为12mm、具有楔形棱边形状的普通纸面石膏板,标记为:纸面石膏板 PC 3000×1200×12GB/T 9775—2008。

纸面石膏板的技术性能要求 表6-27

板材厚度/mm			9.5	12.0	15.0	18.0	21.0	25.0
面密度/(kg/m²)			9.5	12.0	15.0	18.0	21.0	25.0
断裂荷载/N	纵向	平均值	400	520	650	770	900	1100
		最小值	360	460	580	700	810	970
	横向	平均值	160	200	250	300	350	420
		最小值	140	180	220	270	320	380
抗冲击性			经冲击后,板材背面无径向裂纹					
吸水率			不大于10%(仅适用于耐水纸面石膏板和耐水耐火纸面石膏板)					
表面吸水量			不大于160g/m²(仅适用于耐水纸面石膏板和耐水耐火纸面石膏板)					
遇火稳定性			遇火稳定性时间应不少于20min(仅适用于耐火纸面石膏板和耐水耐火纸面石膏板)					

(5)纸面石膏板的用途及使用注意事项

普通纸面石膏板适用于干燥环境的室内隔墙板、墙体复面板、吊顶等,但不适用于厨房、卫生间以及空气相对湿度经常大于70%的潮湿环境。耐水纸面石膏板的纸面经过防水处理,而且石膏芯材也含有防水成分,因而适用于湿度较大(≥75%)的房间墙面,如卫生间、盥洗室等。耐火纸面石膏板主要用于对防火要求较高的房屋建筑中。

2. 纤维石膏板

纤维石膏板(或称石膏纤维板,无纸石膏板),是以纤维增强石膏为基材的无面纸石膏板。该板常用有机纤维或无机纤维为增强材料,与建筑石膏、缓凝剂等经打浆、铺装、脱水、成型以及干燥而成的一种板材。

(1)纤维石膏板的特点

石膏纤维板具有质轻、高强、耐火、隔声、韧性高、可加工性好等特性,可进行锯、刨、钉、黏等加工,施工方便。

(2)纤维石膏板的产品规格及用途

纤维石膏板的规格有两大类:3000mm×1000mm×(6~9)mm 和(2700~3000)mm×800mm×12mm。

在应用方面,纤维石膏板可作干墙板、墙衬、隔墙板、瓦片及砖的背板、预制板外包覆层、天花板块、地板防火门及立柱、护墙板以及特殊应用,如拖车及船的内墙、室外保温装饰系统。纤维石膏板已具备防火、防潮及抗冲击性能,加之简易设计的优质隔墙具有较低价格。因此,纤维石膏板比其他石膏板材具有更大的潜力。

3. 石膏空心条板(代号SGK)

以建筑石膏为主要原料,适量掺入各种无机轻质集料(如膨胀珍珠岩、膨胀蛭石等)、无机纤维增强材料,加入适量添加剂经搅拌、振动成型、抽芯、干燥而制成的空心条板,称为石膏空心条板。石膏空心条板的外形和断面见图6-7。空心条板的长边应设榫头和榫槽或双面凹槽,孔与孔之间和孔与板面之间的最小壁厚应不小于12.0mm,其规格见表6-28。

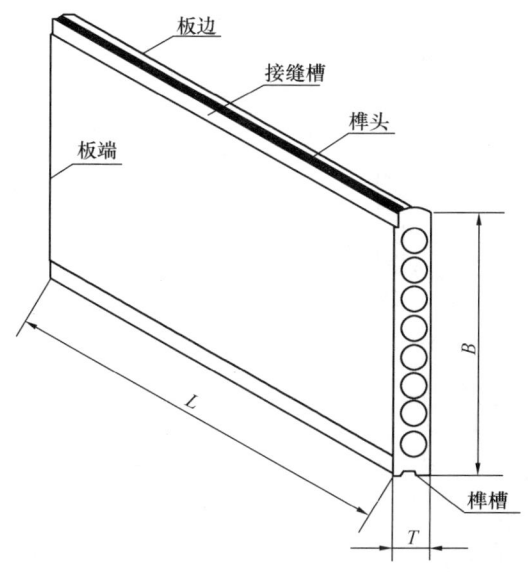

图 6-7 石膏空心条板外形示意图

石膏空心条板规格（单位：mm） 表 6-28

长度（L）	宽度（B）	厚度（T）
2100~3000	600	60
		90
2100~3600		120

石膏空心条板具有质轻、比强度高、隔热、隔声、防火、可加工性好等优点，且安装墙体时不用龙骨，简单方便。适用于各类建筑的非承重内墙，但若用于相对湿度大于75%的环境中，板材表面应做防水等处理。

6.3.2 玻璃纤维增强水泥轻质多孔隔墙条板（代号：GRC）

玻璃纤维增强水泥轻质多孔隔墙条板是以低碱特种水泥为胶凝材料、抗碱玻璃纤维网格布为增强材料、膨胀珍珠岩为集料（也可用煤渣、粉煤灰等），并加入起泡剂和防水剂等，经配料、搅拌、浇筑、振动成型、脱水、养护而制成的水泥类板材。

1. 产品主要技术指标

（1）分类。根据《玻璃纤维增强水泥轻质多孔隔墙条板》GB/T 19631—2005 的规定，GRC 轻质多孔隔墙条板按板厚分为 90 型、120 型，按板型分为普通板（PB）、门框板（MB）、窗框板（CB）和过梁板（LB）。

（2）规格。GRC 轻质多孔隔墙条板采用不同企口和开孔形式，规格尺寸应符合表 6-29 的规定。图 6-8 为一种企口与开孔形式的外形和断面示意图。

产品型号及规格尺寸（GB/T 19631—2005）（单位：mm） 表 6-29

型号	长度（L）	宽度（B）	厚度（T）	接缝槽深（a）	接缝槽宽（b）	壁厚（c）	孔间肋厚（d）
90	2500~3000	600	90	2~3	20~30	≥10	≥20
120	2500~3500	600	120	2~3	20~30	≥10	≥20

注：其他规格尺寸可由供需双方协商解决。

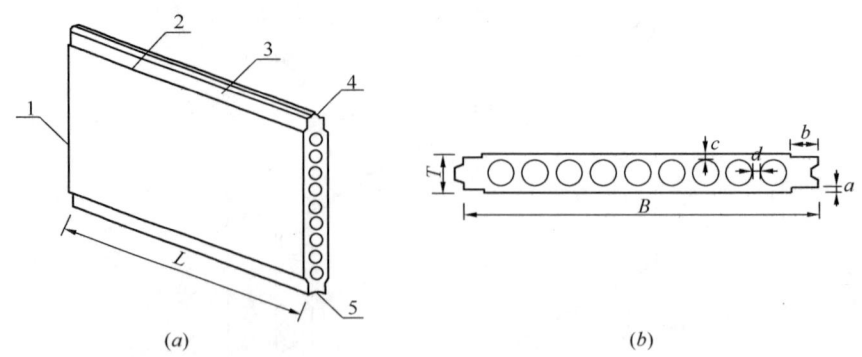

图 6-8 GRC 轻质多孔隔墙条板外形示意图和断面示意图
（a）外形示意图；（b）断面示意图
1—板端；2—板边；3—接缝槽；4—榫头；5—榫槽

2. 产品主要性能指标

气干面密度为 75～95kg/m²；

抗折破坏荷载为 2000～3000N；

干缩率≤0.6mm/m；

抗冲击性≥5 次；

吊挂力≥1000N。

3. 产品的特点及应用

GRC（玻璃纤维增强水泥）轻质多孔墙板是我国近年来发展起来的轻质高强度的新型建筑材料，具备重量轻、强度高、防潮、保温、不燃、隔声、厚度薄、可锯、可钻、可钉、可刨、加工性能良好，原材料来源广，成本低，节省资源等优点。GRC 板价格适中，施工简便，安装速度快，比砌砖快 3～5 倍。安装过程中避免了湿作业，改善了施工环境。它的重量为黏土转的 1/8～1/6，在高层建筑中应用能够大大减轻自重，能缩小基础及主体结构规模，降低总造价。

GRC 轻质墙板分为多孔结构及蜂巢结构，适用于工业与民用建筑非承重结构的内墙隔断（在建筑物非承重部位代替黏土砖）。主要用于民用建筑及框架结构的非承重内隔墙，如高层框架结构建筑、公共建筑及居住建筑的非承重隔墙、厨房、厕浴间、阳台、栏板等。目前 GRC 轻质墙板在国内已大量应用，效果良好，引起国家有关部门、建筑设计施工等单位的高度重视。随着我国建筑业的蓬勃发展，大力发展 GRC 墙材的浪潮方兴未艾，具有广阔的市场前景。

6.3.3 钢丝网架水泥聚苯乙烯夹芯板（代号：GSJ）

钢丝网架水泥聚苯乙烯夹芯板（简称 GSJ 板）是由镀锌钢丝木行条与钢丝网形成古交，中间填以阻燃型聚苯乙烯泡沫塑料、聚氨酯泡沫塑料等轻质保温隔热材料组成的复合墙体材料。GSJ 板中有单面抹灰和双面抹灰之分。

1. 产品的尺寸规格

钢丝网架水泥聚苯乙烯夹芯板的主规格为：宽度 1200mm；长度 2000～6000mm；厚度：30～80mm。

2. 产品的特点

(1) 力学性能较好。可用于低层建筑的承重墙体和楼板、屋面板。

(2) 保温性好。(110mm 厚相当于 750mm 砖墙；隔热相当于 370mm 砖墙)

(3) 隔声性好（隔声量超过 40 分贝）。

3. 产品的应用

钢丝网架水泥聚苯乙烯夹芯板主要用于房屋建筑的内隔墙、围护外墙、板（跨径小于 3m）等。可形成曲面墙、折线板墙，抹面采用装饰砂浆或其他装饰做法，砂浆强度不小于 M10 且靠紧主墙。

思考与练习

1. 用哪些简易方法可以鉴别欠火砖和过火砖？欠火砖和过火砖能否用于工程中？
2. 何谓烧结普通砖的泛霜和石灰爆裂？它们对建筑物有何影响？
3. 简述多孔砖、空心砖与实心砖相比的优点。
4. 建筑工程中常用的非烧结砖有哪些？常用的墙用砌块有哪些？
5. 什么叫砌块？砌块与墙用砖相比，有何优缺点？
6. 简述革新墙体材料的重大意义及发展方向。你所在的地区采用了哪些新型墙体材料？它们与烧结普通黏土砖相比有何优越性？

7 建 筑 钢 材

学习目标
- 了解：建筑钢材的种类、钢材的锈蚀及防治方法。
- 熟悉：建筑钢材的主要性质对钢材性能的影响。
- 掌握：建筑钢材的主要技术性质、各种钢的牌号、技术要求、特性及应用。

金属材料包括黑色金属和有色金属两大类。黑色金属是以铁元素为主要成分的金属及其合金，如铁、钢和合金钢。有色金属是以其他金属元素为主要成分的金属及其合金；如铜、铝、锌、铅等金属及其合金。

钢材强度高、品质均匀，具有一定的弹性和塑性变形能力，能够承受冲击、振动等荷载；钢材的可加工性能好，可以进行各种机械加工，也可以通过铸造的方法将钢铸造成各种形状；还可以通过切割、铆接或焊接等多种方式连结，进行装配法施工。因此，钢材是最重要的建筑材料之一。

7.1 钢材的生产

7.1.1 钢的概念

从铁矿石中利用化学还原的方法炼得生铁；将生铁中多余的杂质采用氧化的方法除去，即冶炼成钢；轧钢厂再将钢锭制成钢材，供国民经济各部门使用。

所谓钢，是指含碳量在2%以下的铁、碳合金。含碳量在2%以上的铁、碳合金称为生铁。

7.1.2 钢的冶炼

1. 钢的冶炼方法

钢的冶炼方法通常有以下三种：

（1）转炉炼钢法。以熔融的铁水为原料，不需要燃料，由转炉底部或侧面吹入高压热空气，使铁水中的杂质在空气中氧化，从而除去杂质。空气转炉炼钢法的缺点是吹炼时容易混入空气中的氮、氢等杂质，同时熔炼时间短，杂质含量不易控制，国内已不采用。采用以纯氧气代替空气吹入炉内的纯氧气顶吹转炉炼钢法，克服了空气转炉法的一些缺点，能有效去除磷、硫等杂质，使钢的质量明显提高。建筑钢材多为转炉钢。

（2）平炉法炼钢。以铁液或固体生铁、废钢铁和适量的铁矿石为原料，以煤气或重油为燃料，靠废钢铁、铁矿石中的氧或空气中的氧（或吹入的氧气），使杂质氧化而被除去。该方法冶炼时间长（4~12h）、易调整和控制成分，杂质少、质量好，但投资大、需用燃料多、成本高。用平炉炼钢法可生产优质碳素钢和合金钢或有特殊要求的钢种。

（3）电炉炼钢法。以电为能源迅速加热生铁或废钢原料。该方法熔炼温度高、温度可自由调节、消除杂质容易。因此，炼得的钢质量好，但成本最高。主要用来冶炼优质碳素钢及特殊合金钢。

2. 钢的脱氧

在炼钢过程中，为保证杂质的氧化，须提供足够的氧。因此，在已炼成的钢液中尚留有一定量的氧，如氧的含量超出 0.05％，会严重降低钢的机械性能。为减少其影响，在浇铸钢锭之前，要在钢液中加入脱氧剂进行脱氧，常用的脱氧剂有锰铁、硅铁和铝等，铝的脱氧效果最佳，其次是硅铁和锰铁。

根据脱氧程度不同，可分为沸腾钢（F）、镇静钢（Z）和特殊镇静钢（TZ）三种。

（1）沸腾钢脱氧不完全，钢中含氧量较高，浇铸后钢液在冷却和凝固的过程中氧化铁与碳发生化学反应，生成 CO 气体外逸，气泡从钢液中冒出呈"沸腾"状，故称沸腾钢。因仍有不少气泡残留在钢中，故钢的质量较差。沸腾钢中碳和有害杂质（磷、硫等）的偏析较严重，钢的致密程度较差，因此，沸腾钢的冲击韧性和可焊性差，尤其是低温冲击韧性更差，但钢锭收缩孔减少，成品率较高，成本低。

（2）镇静钢脱氧比较完全，在冷却和凝固时，没有气体析出，无"沸腾"现象。镇静钢质量好，但钢锭的收缩孔大，成品率低，成本高。

（3）特殊镇静钢的质量最好，适用于特别重要的结构工程。

3. 钢的分类

（1）按化学成分分类：

可分为碳素钢和合金钢。

碳素钢根据含碳量分为低碳钢（C％≤0.25％）、中碳钢（0.60％≤C％<0.25％）、高碳钢（C％>0.6％）。合金钢根据合金含量分为低合金钢（合金元素总量<5％）、中合金钢（合金元素总量5％～10％）、高合金钢（合金元素总量>10％）。

（2）按冶炼方法分类

根据炼钢炉别分为转炉钢、平炉钢、电炉钢。

根据脱氧程度分为沸腾钢、镇静钢和特殊镇静钢。

（3）按品质分类：普通钢（磷含量≤0.045％，硫含量≤0.055％，或均小于≤0.050％）、优质钢（磷、硫含量均≤0.040％）、高级优质钢（磷含量≤0.035％，硫含量≤0.030％）。

（4）按用途分类：结构钢（建筑工程用钢、机械制造用钢）、工具钢（制作刀具、量具、模具等）、特殊钢（不锈钢、耐热钢、耐酸钢、磁钢等）。

4. 化学成分对钢材性质的影响

碳素钢中除了铁和碳元素之外，还含有硅、锰、磷、硫、氮、氧、氢等元素。它们的含量决定了钢材的性能，尤其是某些元素为有害杂质（如磷、硫等），在冶炼时，应通过控制和调节限制其含量，以保证钢的质量。

碳是影响钢材性能的主要元素之一，在碳素钢中，随着含碳量的增加，其强度和硬度提高，塑性和韧性降低。当含碳量大于1％后，脆性增加，硬度增加，强度下降。含碳量大于0.3％时，钢的可焊性显著降低。此外，含碳量增加，钢的冷脆性和时效敏感性增大，耐大气锈蚀性降低。

硅含量在1％以内时，可提高钢的强度、疲劳极限、耐腐蚀性及抗氧化性，对塑性和韧性影响不大，但对可焊性和冷加工性能有所影响。硅可作为合金元素，用以提高合金钢的强度。

锰可提高钢材的强度、硬度及耐磨性。能消减硫和氧引起的热脆性，改善钢材的热加工性能。锰可作为合金元素，提高合金钢的强度。

磷是碳素钢中的有害杂质。常温下能提高钢的强度和硬度，但塑性和韧性显著下降，低温时更甚，即引起所谓"冷脆性"。磷可提高钢的耐磨性和耐腐蚀性能。

硫是碳素钢中的有害杂质，在焊接时，易产生脆裂现象；称为热脆性；显著降低可焊性。含硫过量，还会降低钢的韧性、耐疲劳性等机械性能及耐腐蚀性能。

氧是碳素钢中的有害杂质，含氧量增加，使钢的机械强度降低，塑性和韧性降低，可促进时效作用，还能使热脆性增加，焊接性能变差。

氮能使钢的强度提高，塑性（特别是韧性）显著下降。氮还会加剧钢的时效敏感性和冷脆性，使可焊性变差。但若在含氮的钢中，适量加入 Al、Ti、V 等元素形成它们的氮化物，则可达到细化晶粒，改善性能的目的。

7.2 钢材的主要性能

钢材的性能可分为两个方面：

（1）使用性能：钢材在使用过程中所反映出来的性能，它包括力学性能、物理性能、化学性能等。

（2）工艺性能：即钢材在被加工制造过程中所表现出来的性能，如焊接性能、冷加工性能和热处理性能等。

7.2.1 钢材的力学性能

1. 抗拉强度

（1）指钢材在外力作用下抵抗破坏的能力称为钢材的强度。

（2）测定方法：测定低碳钢的强度，可按照国标的规定，直接从被检测的钢材中抽样进行。$d>20mm$ 的钢筋也可以按照国标的规定切削加工成标准试件，然后在拉力机上做拉伸试验。

（3）拉伸试验

图 7-1 为低碳钢拉伸试验后绘出的应力-应变图，从图上可以测得钢材的一系列力学

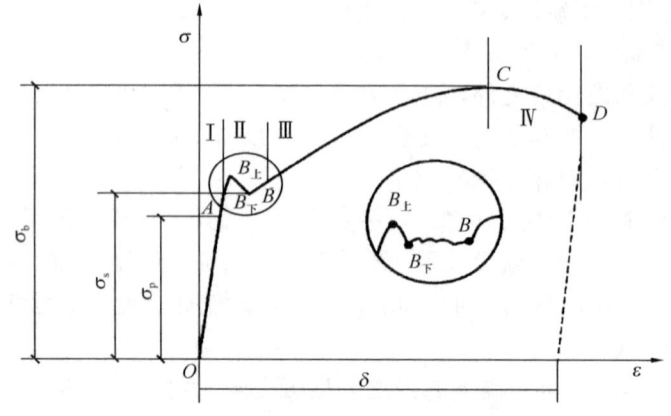

图 7-1 低碳钢应力-应变曲线图

性能。

1) 弹性阶段

从图 7-1 中可以看出，OA 为一直线段，在 OA 范围内，随着荷载的增加，应力和应变成比例增加，如卸去荷载，则恢复原状，这种性质称为弹性，在此范围内的变形称为弹性变形，故称 A 点的应力为弹性极限（σ_p）。在这一范围内，应力与应变的比值为一常量，称为弹性模量，用 E 表示，即 $E=\sigma/\varepsilon$。弹性模量反映了钢材的刚度，是钢材在受力条件下计算结构的重要指标之一。如碳素结构钢 Q235 的弹性模量 $E=(2.0\sim2.1)\times10^5$ MPa，弹性极限 $\sigma_p=180\sim200$ MPa。

2) 屈服阶段

AB 阶段为屈服阶段，钢材的性质由弹性转变为塑性。应力与应变不再成正比关系，此时应力 σ 不增加，但应变 ε 却迅速增长，说明钢材暂时失去抵抗变形的能力，这种现象称为屈服。图中对应于 B_F 点的应力称为屈服极限，或称屈服点，以 σ_s 表示。

钢材受力达到屈服点以后，会产生较大的塑性变形，导致结构不能满足使用要求，因此在设计中一般以屈服点 σ_s 作为强度取值的依据。如碳素结构钢 Q235 的 σ_s 应不小于 235MPa。

3) 强化阶段

BC 阶段为强化阶段。由于钢材内部组织发生了变化，又提高了钢材抵抗外力的能力。对应于 C 点的应力称为强度极限，也叫抗拉强度，用 σ_b 表示。如碳素结构钢 Q235 的 σ_b 应不小于 375MPa。

抗拉强度不能直接利用，但屈服强度和抗拉强度的比值（即屈强比 σ_s/σ_p）却能反映钢材的利用率和安全性。σ_s/σ_p 越高，钢材的利用率高，但易发生危险的脆性断裂，安全性降低。如果屈强比太小，安全性高，但利用率低，造成钢材浪费。碳素结构钢 Q235 的屈强比在 0.6～0.75 之间，偏低。工程中常采用冷拉的方法来提高钢材的屈强比。

4) 颈缩阶段

CD 阶段为颈缩阶段。达到顶点 C 之后，ε 显著加大，而 σ 逐渐下降，在试件的某一部位断面开始显著缩小，最后断裂。将拉断的钢材拼合后，测出标距部分的长度 L_1。L_1 与原标距 L_0 之差为塑性变形值，可求得伸长率。如图 7-2 所示。

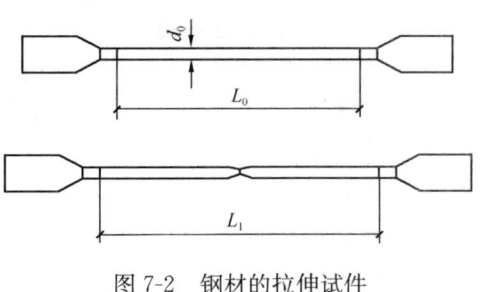

图 7-2 钢材的拉伸试件

可按下式求得断后伸长率 δ：

$$\delta=\frac{L_1-L_0}{L_0}\times100\%$$

式中　L_0——试件原始标距长度，mm；

　　　L_1——试件拉断后标距部分的长度，mm。

以 δ_5 和 δ_{10} 分别表示 $L_0=5d_0$ 和 $L_0=10d_0$ 时的断后伸长率，d_0 为试件的原直径或厚度。对于同一钢材，$\delta_5>\delta_{10}$。

伸长率反映了钢材的塑性大小，在工程中具有重要意义。塑性大、钢质软，结构塑性变形大，影响使用。塑性小，钢质硬脆，超载后易断裂破坏。塑性良好的钢材，会使内部应力重新分布,不致由于应力集中而发生脆断。

2. 冲击韧性

(1) 冲击韧性是指钢材在冲击荷载作用下抵抗破坏的能力。

(2) 要求钢材具有一定冲击韧性的情况有:建筑物中重要的钢结构(桁架)、使用时承受动荷载作用的构件(吊车梁)、处于低温条件下的构件。

(3) 测定方法:钢材的冲击韧性值通过冲击试验机进行测定。如图 7-3 所示,把标准试件置于冲击试验机的支座上,用摆锤打断试件,以破坏试件时每单位面积上所消耗的能量作为材料的冲击韧性指标,用 α_k(J/cm^2)表示。α_k 越大,钢材的冲击韧性越好。

(4) 影响因素:钢材本身的质量、环境温度。在一定低温下,钢材会明显变脆,这一性质称为钢材的冷脆性。

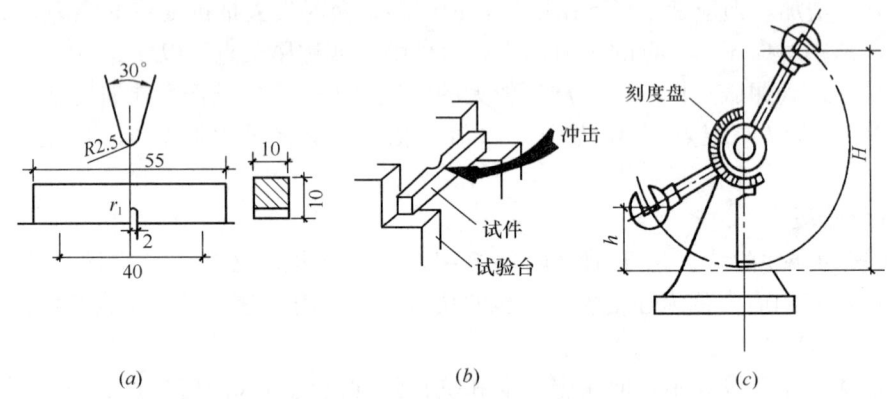

图 7-3 冲击韧性试验图(单位:mm)
(a) 试件尺寸;(b) 试验装置;(c) 试验机
H—摆锤扬起的高度;h—摆锤向后摆动的高度

7.2.2 钢材的工艺性能

建筑工程中使用钢材时一般均不进行热处理,在机械制造中才要求钢材的热处理性能。因此,钢材的工艺性能主要包括冷弯性能和焊接性能。

1. 冷弯性能

(1) 钢材在常温下承受弯曲变形的能力称为钢材的冷弯性能。

(2) 表示方法:钢材冷弯性能指标是通过冷弯试验确定的。

常以弯曲角度(α)及弯曲直径(d)对试件厚度或直径(a)的比值来表示。弯曲角度越大,弯曲直径对试件厚度的比值越小,说明钢材的冷弯性能越好,见图 7-4。

(3) 冷弯与伸长率的区别

冷弯与伸长率虽然都能表示钢材在静荷载作用下的塑性性能,但冷弯所反映的是钢材处于不利变形时的塑性,故冷弯试验更能暴露出钢材内部的某些质量缺陷。对于弯曲成型的钢材和焊接结构的钢材,其冷弯性能必须合格。

2. 焊接性能

建筑工程中,钢材间的连接绝大多数采用焊接方式来完成。因此要求钢材具有良好的可焊接性能。

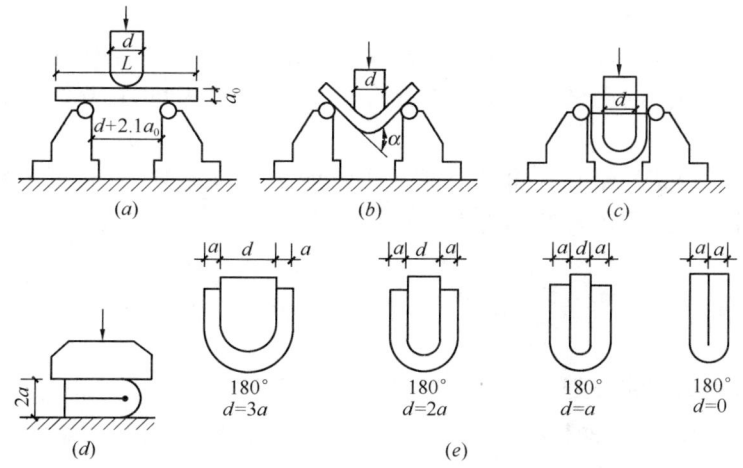

图 7-4 钢材冷弯测试方法
(a) 试样安装；(b) 弯曲 90°；(c) 弯曲 180°；(d) 弯曲至两面重合；(e) 规定弯心

在焊接中，由于高温作用和焊接后急剧冷却作用，焊缝及附近的过热区将发生晶体组织及结构变化，产生局部变形及内应力，使焊缝周围的钢材产生硬脆倾向，降低了焊接的质量。可焊性良好的钢材，焊缝处性质应与钢材尽可能相同，焊接才能牢固可靠。

钢的化学成分、冶炼质量及冷加工等都可影响焊接性能。含碳量小于 0.25% 的碳素钢有良好的可焊性。含碳量超过 0.3% 的碳素钢可焊性变差。硫、磷及气体杂质会使可焊性降低，加入过多的合金元素也将降低可焊性。对于高碳钢及合金钢，为改善焊接质量，一般需要采用预热和焊后处理以保证质量。此外，正确的焊接工艺也是保证焊接质量的重要措施。

钢筋焊接应注意：冷拉钢筋的焊接应在冷拉之前进行；焊接部位应清除铁锈、熔渣、油污等；应尽量避免不同国家的进口钢筋之间或进口钢筋与国产钢筋之间的焊接。

7.3 钢材的冷加工及时效

7.3.1 钢材的冷加工

1. 概念

钢材在常温下通过冷拉、冷拔、冷轧产生塑性变形，从而使其强度提高的工艺方法称为钢材的冷加工。

2. 优缺点

钢材在冷加工时，产生塑性变形，使钢材对于外力的抵抗能力提高，从而使钢材的强度得到提高，但塑性、韧性降低，脆性增加。

7.3.2 时效

1. 概念

随着时间的延续，钢材的强度、硬度逐渐提高，塑性、韧性逐渐降低的现象称为时效。

2. 冷加工与时效的关系

钢材的冷加工可以促进时效作用。钢材冷加工后的时效处理有两种方法：

（1）将经过冷加工的钢材在常温下放置 15～20 天，称为自然时效，它适用于强度较低的钢材。

（2）对于强度较高的钢材，自然时效效果不明显，可加热至 100～200℃，保持 1～2h，这样就促进了时效作用，这称为人工时效。

7.4 建筑工程中常用的钢种

建筑钢材可分为钢筋混凝土用钢材和钢结构用型钢。

7.4.1 钢筋混凝土用钢材

1. 热轧钢筋

用加热钢坯轧成的条形成品钢筋，称为热轧钢筋，主要用于钢筋混凝土和预应力混凝土结构的配筋。热轧钢筋根据轧制外形分为热轧光圆钢筋和热轧带肋钢筋。热轧带肋钢筋通常有圆形横截面且表面通常有两条纵肋和沿长度方向均匀分布的横肋。按肋纹的形状分为月牙肋和等高肋。

根据《钢筋混凝土用热轧带肋钢筋 第 2 部分：热轧带肋钢筋》GB 1499.2—2018 的规定，热轧带肋钢筋的牌号由 HRB 和牌号的屈服强度特征值构成。钢筋按屈服强度特征值分为 400、500、600 级，热轧钢筋牌号的构成及其含义见表 7-1。

热轧钢筋牌号的构成及其含义   表 7-1

类别	强度等级代号	牌号构成	英文字母含义
普通热轧钢筋	HRB400	由 HRB+屈服强度特征值构成	HRB—热轧带肋钢筋（Hot rolled Ribbed Bars）的缩写 E—"地震"（Earthquake）的首位字母
	HRB500		
	HRB600		
	HRB400E	由 HRB+屈服强度特征值+E 构成	
	HRB500E		
细晶粒热轧钢筋	HRBF400	由 HRBF+屈服强度特征值构成	HRBF—在热轧带肋钢筋的缩写后加"细"（Fine）的首位字母 E—"地震"（Earthquake）的首位字母
	HRBF500		
	HRBF400E	由 HRBF+屈服强度特征值+E 构成	
	HRBF500E		

钢筋的下屈服强度、抗拉强度、断后伸长率、最大力总延伸率等力学性能特征值应符合表 7-2 的要求，可作为交货检验的最小保证值。

2. 冷轧带肋钢筋

冷轧带肋钢筋是用低碳钢热轧盘圆钢筋在其表面沿长度方向均匀地冷轧成两面或三面带有横肋的钢筋。冷轧带肋钢筋用代号 CRB 表示，按抗拉强度的不同将冷轧带肋钢筋划分成四个牌号：CRB550、CRB650、CRB800、CRB970。CRB550 可作为普通混凝土结构的配筋，其他牌号则可作为预应力混凝土结构配筋。由于钢筋表面轧有肋痕，故有效地克服了冷拉、冷拔钢筋与混凝土握裹力低的缺点，同时还具有与冷拉、冷拔钢筋（丝）相接近的强度。

热轧钢筋的力学性能 表7-2

牌号	下屈服强度（MPa）	抗拉强度（MPa）	断后伸长率（%）	最大力总延伸率（%）
HRB400 HRBF400	400	540	16	7.5
HRB400E HRBF400E			—	9.0
HRB500 HRB5F00	500	630	15	7.5
HRB500E HRBF500E			—	9.0
HRB600	600	730	14	7.5

3. 冷拉钢筋

冷拉钢筋是用热轧钢筋加工而成。在常温下经过冷拉的钢筋可达到除锈、调直、提高强度、节约钢材的目的。热轧钢筋经过冷拉和时效处理后，其屈服点和抗拉强度增大，但塑性、韧性降低。为了保证冷拉钢材的质量，不使冷拉钢筋脆性过大，冷拉操作应采用双控法，即控制冷拉率和冷拉应力。如果冷拉至控制应力而未超过控制冷拉率，则合格；若达到冷拉率，未达到控制应力，则钢筋应降级使用。

4. 预应力混凝土用热处理钢筋

预应力混凝土用热处理钢筋是用普通热轧中碳低合金钢经淬火和回火调质而成，按外形分为有纵肋和无纵肋两种（均有横肋）。通常有三个规格，即公称直径6mm（牌号40Si2Mn），8.2mm（牌号48Si2Mn）和10mm（牌号45Si2Cr）。这种钢筋不能冷拉和焊接，因其具有高强度、高韧性和高黏结力及塑性降低少等优点，特别适用于预应力混凝土构件的配筋。

5. 钢丝与钢绞线

将直径为6.5～8mm的Q235圆盘条，在常温下通过截面小于钢筋截面的钨合金拔丝模，以强力拉拔工艺拔制成直径为3mm、4mm、5mm的圆截面钢丝，称为冷拔低碳钢丝。由于冷拔低碳钢丝的塑性大幅度下降，硬脆性明显，目前，该类钢丝的应用受到一定的限制。用作预应力混凝土构件的钢丝，其力学性能应符合国标《预应力钢丝及钢绞线用热轧盘条》GB/T 24238—2017的规定。

钢绞线是将一定数量的钢丝绞合成股，再经过消除应力的稳定化处理过程而成。一般由2、3、7或19根高强度钢丝构成绞合钢缆，主要特点是强度高和松弛性能好，适合预应力混凝土或类似用途。

7.4.2 钢结构用钢材

1. 碳素结构钢

碳素结构钢是碳素钢中的一类，可加工成各种型钢、钢筋和钢丝，适用于一般结构和工程。国家标准《碳素结构钢》GB 700—2006具体规定了它的牌号表示方法、技术要求、试验方法、检验规则等。

(1) 牌号表示方法

钢的牌号由代表屈服点的字母、屈服点数值、质量等级符号、脱氧程度符号等四个部分按顺序组成。其中，以"Q"代表屈服点，屈服点数值共分 195MPa、215MPa、235MPa、275MPa 四种，质量等级以硫、磷等杂质含量由多到少分别用 A、B、C、D 表示，脱氧程度以 F 表示沸腾钢、Z 及 TZ 分别表示镇静钢与特殊镇静钢，Z 与 TZ 在钢的牌号中可以省略。例如：Q235AF 表示屈服点为 235MPa 的、质量等级为 A 级的沸腾钢。

(2) 技术要求

碳素结构钢的技术要求包括化学成分、力学性能、冶炼方法、交货状态及表面质量五个方面，碳素结构钢化学成分、力学性能、冷弯性能试验指标应分别符合表 7-3～表 7-5 的规定。

碳素结构钢的化学成分（GB 700—2006） 表 7-3

牌号	等级	化学成分/%，不大于					脱氧方法
		C	Mn	Si	S	P	
Q195	—	0.12	0.50	0.30	0.040	0.035	F、Z
Q215	A	0.15	1.2	0.35	0.050	0.045	F、Z
	B				0.045		
Q235	A	0.22	1.40	0.35	0.50	0.045	F、Z
	B	0.20			0.045		
	C	0.17			0.040	0.040	Z
	D				0.035	0.035	TZ
Q275	A	0.24	1.40	0.35	0.050	0.045	F、Z
	B	0.21			0.045		Z
	C	0.20			0.040	0.040	Z
	D				0.030	0.035	TZ

注：Q235A、B 级沸腾钢锰的含量上限为 0.60%。

碳素结构钢的力学性能（GB 700—2006） 表 7-4

牌号	等级	拉伸试验											冲击试验	
		屈服点（MPa）					抗拉强度/MPa	伸长率 δ_5（%）					温度/℃	V 型冲击功（纵向）/J
		钢材厚度（直径）/mm						钢材厚度（直径）/mm						
		≤16	16～40	40～60	60～100	100～150	150～200		≤40	40～60	60～100	100～150	150～200		
		≥							≥						
Q195	—	195	185	—	—	—	—	315～430	33						
Q215	A	215	205	195	185	175	165	335～450	31	30	29	27	26	—	—
	B													20	27

续表

牌号	等级	拉伸试验							伸长率 δ_5（%）					冲击试验	
		屈服点（MPa）						抗拉强度/MPa	伸长率 δ_5（%）					温度/℃	V型冲击功（纵向）/J
		钢材厚度（直径）/mm							钢材厚度（直径）/mm						
		≤16	16～40	40～60	60～100	100～150	150～200		≤40	40～60	60～100	100～150	150～200		
		≥							≥						
Q235	A	235	225	215	205	195	185	375～500	26	25	24	22	21	—	—
	B													20	27
	C													0	27
	D													−20	27
Q275	A	275	265	255	245	225	215	410～540	22	21	20	18	17	—	—
	B													20	27
	C													0	27
	D													−20	27

碳素结构钢的冷弯试验指标（GB 700—2006） 表 7-5

牌号	试样方向	冷弯试验 $B=2a$ 180°	
		钢材厚度（直径）/mm	
		60	>60～100
		弯心直径（d）	
Q195	纵	0	—
	横	0.5a	—
Q215	纵	0.5a	1.5a
	横	a	2a
Q235	纵	a	2a
	横	1.5a	2.5a
Q275	纵	1.5a	2.5a
	横	2a	3a

注：1. B为试样宽度；a为钢材厚度（直径）。

2. 钢材厚度或直径大于100mm时，弯曲试验由双方协商确定。

（3）各类牌号钢材的性能和用途

钢材随牌号增加，含碳量增加，强度和硬度增加，塑性、韧性和可加工性能逐步降低；硫、磷含量低的D、C级钢质量优于B、A级钢，可作为重要焊接结构使用。

建筑工程中应用最广泛的是Q235号钢，其含碳量为0.14%～0.22%，属于低碳钢，具有较高的强度，良好的塑性、韧性以及可焊性，综合性能好，能满足一般钢结构和钢筋混凝土用钢要求，且成本较低。在钢结构中主要使用Q235钢轧制成的各种型钢。Q195、Q215号钢强度低、塑性和韧性较好，易于冷加工，常用作钢钉、铆钉、螺栓及铁丝等。

Q215号钢经冷加工后可代替Q235号钢使用。Q275号钢强度较高,但塑性、韧性、可焊性较差,不易焊接和冷加工,可用于轧制带肋钢筋、作螺栓配件等,但更多用于机械零件和工具等。

2. 高强度结构钢

低合金高强度结构钢是在碳素结构钢的基础上加入总量小于5%的合金元素而形成的钢种。加入合金元素的目的是提高钢材强度和改善性能。常用的合金元素有硅、锰、钛、钒、铬、镍及铜等。大多数合金元素不仅可以提高钢的强度与硬度,还能改善塑性和韧性。

(1) 表示方法

根据国家标准《低合金高强度结构钢》GB 1591—2018规定,低合金高强度结构钢共有八个牌号。低合金高强度结构钢的牌号是由代表屈服点的字母Q、规定的最小上屈服强度数值、交货状态代号及质量等级(B、C、D、E、F五级)四部分按顺序组成。注意:交货状态为热轧时,交货代号AR或WAR可省略;交货状态为正火或正火轧制状态时,交货状态代号均用N表示;Q+规定的最小上屈服强度数值+交货状态代号,简称钢级。

例如,Q355ND,其中:Q——钢的屈服强度的"屈"字汉语拼音的首字母;355——规定的最小上上屈服强度数值,单位为兆帕(MPa);N——交货状态为正火或正火轧制;D——质量等级为D级。

当需方要求钢板具有厚度方向性能时,则在上述规定的牌号后加上代表厚度方向(Z向)性能级别的符号,如Q355NDZ25。

(2) 技术要求

低合金高强度结构钢的力学性能和伸长率应满足的国家标准《低合金高强度结构钢》GB 1591—2018规定,分别见表7-6、表7-7。

低合金高强度结构钢的拉伸性能(GB 1591—2018)　　　　表7-6

牌号	等级	拉伸试验											
		上屈服强度 R_{eL}/MPa								抗拉强度 R_m/MPa			
		公称厚度或直径											
		≤16	>16~40	>40~63	>63~80	>80~100	>100~150	>150~200	>200~250	>250~400	≤100	>100~150	>150~250	>250~400
Q355	B、C	≥355	≥345	≥335	≥325	≥315	≥295	≥285	≥275	—	490~650	470~620	—	—
	D									≥265				
Q390	B、C D	≥390	≥380	≥360	≥340	≥340	≥320	—	—	—	490~650	490~650	490~650	490~650
Q420	B、C	≥420	≥410	≥390	≥370	≥370	≥350	—	—	—	520~680	520~650	—	—
Q460	C	≥460	≥450	≥430	≥410	≥410	≥390	—	—	—	550~720	530~720	—	—

低合金高强度结构钢的伸长率（GB 1591—2018）　　　　表 7-7

牌号	等级	试样方向	伸长率 A（%）					
			公称厚度或直径					
			≤40	>40~63	>63~100	>100~150	>150~250	>250~400
Q355	B、C、D	纵向	22	21	20	18	17	17
		横向	20	19	18	18	17	17
Q390	B、C、D	纵向	21	20	20	19	—	—
		横向	20	19	19	18	—	—
Q420	B、C	纵向	20	19	19	19		
Q460	C	纵向	18	17	17	17		

3. 各种型钢

（1）普通工字钢，其规格用腰高度（单位：cm）来表示，也可以"腰高度×腿宽度×腰宽度（单位：mm）"表示，如♯30，表示腰高为300mm的工字钢；20号和32号以上的普通工字钢，同一号数中又分 a、b 和 a、b、c 类型。其腹板厚度和翼缘宽度均分别递增2mm；其中 a 类腹板最薄；翼缘最窄；b 类较厚较宽；c 类最厚、最宽。工字钢翼缘的内表面均有倾斜度，翼缘外薄而内厚。我国生产的最大普通工字钢为63号。工字钢的通常长度为5~19m。工字钢由于宽度方向的惯性相应回转半径比高度方向的小得多，因而在应用上有一定的局限性，一般宜用于单向受弯构件。

热轧普通槽钢以腰高度的厘米数编号，也可以"腰高度×腿宽度×腰厚度（单位：mm）"表示。规格从♯5~♯40有30种，14号和25号以上的普通槽钢同一号数中，根据腹板厚度和翼宽度不同亦有 a、b、c 的分类，其腹板厚度和翼缘宽度均分别递增2mm。槽钢翼缘内表面的斜度较共字钢为小，紧固螺栓比较容易。我国生产的最大槽钢为40号，长度为5~19m（规格小者短，大者长）。槽钢主要用作承受横向弯曲的梁而后承受轴向力的杠杆。

（2）热轧型钢分为宽翼缘 H 型钢（代号为 HK）、窄翼缘 H 钢（HZ）和 H 型钢桩（HU）三类。规格以公称高度（单位：mm）表示，其后标注 a、b、c，表示该公称高度下的相应规格，也可采用"腹板高×翼缘宽×腹板厚×翼缘厚（单位：mm）"来表示，热轧 H 型钢的通常长度为6~35m。H 型钢翼缘内表面没有斜度，与外表面平行。H 型钢的翼缘较宽且等厚，截面形状合理，使钢材能高效地发挥作用，其内、外表面平行，便于和其他的钢材交接。HK 型钢适用于轴心受压构件和压弯构件，HZ 型钢适用于压弯构件和梁构件。

（3）角钢是两边互相垂直成角形的长条钢材。有等边角钢和不等边角钢之分。等边角钢的两个边宽相等，其规格以边宽×边宽×边厚的毫米数表示。如"∟30×30×3"，即表示边宽为30mm、边厚为3mm 的等边角钢。也可用型号表示，型号是边宽的厘米数，如∟3♯。型号不表示同一型号中不同边厚的尺寸，因而在合同等单据上将角钢的边宽、边厚尺寸填写齐全，避免单独用型号表示。热轧等边角钢的规格为2♯~20♯。角钢可按结构的不同需要组成各种不同的受力构件，也可作构件之间的连接件。广泛地用于各种建筑结构和工程结构，如房梁、桥梁、输电塔、起重运输机械、船舶、工业炉、反应塔、容器架以及仓库。

（4）L型钢的外形类似于不等边角钢，其主要区别是两边的厚度不等。规格表示方法为"腹板高×面板宽×腹板厚×面板厚（单位：mm）"，如L250×90×9×13。其通常长度为6～12m，共有11种规格。

（5）冷弯薄壁型钢

建筑工程中使用的冷弯型钢常用厚度为2～6mm薄钢板或钢带（一般采用碳素结构钢或低含金结构钢）经冷弯或模压而成，故也称冷弯薄壁型钢。其表示方法与热轧型钢相同。冷弯型钢属于高效经济截面，由于壁薄、刚度好，能高效地发挥材料的作用，节约钢材，主要用于轻型钢结构。

（6）钢板和压型钢板

建筑钢结构使用的钢板，按轧制方式可分为热轧钢板和冷轧钢板两类，其种类视厚度的不同，有薄板、厚板、特厚板和扁钢（带钢）之分。热轧钢板按厚度划分为厚板（厚度大于4mm）和薄板（厚度为0.35～4mm）两种；冷轧钢板只有薄板（厚度为0.2～4mm）一种。建筑用钢板主要是碳素结构钢，一些重型结构、大跨度桥梁、高压容器等也采用低合金钢板。一般厚板可用于焊接结构；薄板可用作屋面或墙面等围护结构，以及涂层钢板的原材料。

薄钢板经冷压或冷轧成波形、双曲形、V形等形状，称为压型钢板。彩色钢板（又称为有机涂层薄钢板）、镀锌薄钢板、防腐薄钢板等都可用来制作压型钢板。压型钢板具有单位质量轻、强度高、抗震性能好、施工快、外形美观等特点，主要用于围护结构、楼板、屋面等，还可将其与保温材料等制成复合墙板，用途非常广泛。

目前，我国建筑钢材主要采用碳素结构钢和低合金结构钢制成。

7.5 钢材的保管

钢材与周围环境发生化学、电化学和物理等作用，极易产生锈蚀。在保管工作中，设法消除或减少介质中的有害组分，防止钢材的锈蚀，是作好保管工作的核心。为此应做到以下几点：

1. 选择适宜的存放处所

对风吹、日晒、雨淋十分敏感的钢材，应入库存放；对风吹、日晒、潮湿不十分敏感的钢材，可入棚存放；自然因素对其性能影响轻微，或使用前可通过加工措施，消除影响的钢材，可露天存放。存放场所应尽量远离有害气体和粉尘的污染，避免受酸、碱、盐及其气体的侵蚀。

2. 保持库房干燥通风

库、棚地面的种类，影响着钢材锈蚀的速度，土地面和砖地面都容易返潮，加上采光不好，库棚内会比露天料场还要潮湿，钢材更容易锈蚀。因此库棚内应采用水泥地面，正式库房还应作地面防潮处理。根据库房内、外的温、湿度情况，进行通风降潮。有条件的，应加吸潮剂。

3. 合理码垛

(1) 料垛应稳定，垛底应垫高 30~50cm，有条件的应采用料架；
(2) 垛位的质量不应超过地面承载力；
(3) 垛形应整齐，便于清点，防止不同品种混乱。

4. 保持料场清洁

(1) 尘土、碎布、杂物都能吸收水分，应注意及时清除；
(2) 杂草根部易存水，阻碍通风，夜间能排放 CO_2，必须彻底清除。

5. 加强防护措施

(1) 有保管条件的，应以箱、架、垛为单位，进行密封保管；
(2) 表面涂防护剂，是防锈的有效措施。应采用使用方便、效果较好的干性防锈涂料。油性防锈剂易粘土，且不是所有的钢材都能采用。

6. 加强计划管理

制定合理的库存周期计划和储备定额，制定严格的库存锈蚀检查计划。

思考与练习

1. 钢材如何按化学成分分类？土木工程中常用什么钢材？
2. 为什么说屈服点（σ_s）、抗拉强度（σ_b）和伸长率（δ）是建筑工程用钢的重要技术性能指标？
3. 什么是钢材的冷弯性能？它的表示方法及实际意义是什么？
4. 碳素结构钢是如何划分牌号的？说明 Q235-A·F 和 Q235-D 号钢在性能上有何区别？
5. 何谓钢的冷加工强化及时效处理？冷拉并时效处理后的钢筋性能有何变化？
6. 低碳钢拉伸时的应力—应变图可划分为哪几个阶段？指出弹性极限、屈服强度和抗拉强度。
7. 什么是钢材的冷加工和时效处理？它对钢材性质有何影响？工程中如何利用？
8. 低合金高强度结构钢的牌号如何表示？为什么工程中广泛使用低合金高强度结构钢？

8 防 水 材 料

学习目标
- 掌握石油沥青的组成、性质和选用；
- 掌握各类沥青防水卷材、合成高分子防水卷材的性质和用途；
- 了解防水涂料、密封材料的种类和用途。

防水材料是指能防止雨水、地下水和其他水分及湿气渗透侵入建筑物的材料，是建筑工程中重要的建筑材料之一，广泛应用于建筑物的屋面、地下室、卫生间、墙面、地面以及水利、地铁、桥梁、路面、隧道等工程。防水工程按所用材料不同分为刚性防水和柔性防水；刚性防水是以依靠结构构件自身的密实性或采用刚性材料做防水层以达到建筑物的防水目的，常采用涂抹防水砂浆、浇筑掺外加剂的混凝土等做法。柔性防水是以沥青、油毡等柔性材料铺设和粘结或将以高分子合成材料为主体的材料涂布于防水面形成的防水层，常采用铺设防水卷材、涂覆防水涂料等做法。

防水是一个涉及设计、材料、施工和维护管理的复杂系统工程，但材料是防水工程的基础，防水材料质量的优劣直接影响建筑物的实用性和耐久性。防水材料具有品种多、发展快的特点，由于沥青基防水材料来源广泛、成本低廉且技术稳定，是目前防水材料的主体。随着建筑材料科学的不断进步，近年来，我国新型建筑防水材料得到了迅速发展，在沥青类防水材料基础上已向高聚物改性沥青、橡胶、合成高分子防水材料方向迈进，并在工程上得到了广泛应用，取得了较好的效果。

8.1 沥 青

沥青是一种憎水性的有机胶凝材料，是一种复杂的高分子碳氢化合物及其非金属（O、S、N等）衍生物的混合物。在常温下，沥青呈固态、半固态或黏稠体状液态，颜色由黑色至黑褐色，能溶于CS_2、苯、CCl_4等多种有机溶剂中。沥青具有良好的不透水性、黏结性、塑性、抗冲击性、耐化学腐蚀性、电绝缘性等性质，广泛应用于土木工程的防水、防潮和防渗，可用来制作防水卷材、防水涂料、嵌缝油膏、黏合剂及防锈防腐涂料。另外，沥青作为胶凝材料，与砂、石等矿物质材料有较强的黏结能力，所制得的沥青混合料是现代道路工程重要的路面材料。

沥青材料主要分为地沥青和焦油沥青两大类。其中地沥青主要有天然沥青、石油沥青等；焦油沥青主要有煤沥青、木沥青、泥炭沥青、页岩沥青等。在建筑工程中使用的沥青主要是石油沥青和煤沥青两种。

8.1.1 石油沥青

石油沥青是由石油原油经过蒸馏等炼制工艺提炼出的各种轻质油（如汽油、煤油、柴油等)和润滑油后的残留物,经过再加工而得到的产品。

1. 石油沥青的组分

石油沥青的主要成分是碳和氢。由于石油沥青的化学成分很复杂,很难把其中的化合物逐个分离出来,且化学组成与技术性质间没有直接的关系,因此,为了便于研究,通常将其中的化合物按化学成分和物理力学性质比较接近的,划分为若干个组,称为"组分"。石油沥青的性质随各组分含量的变化而改变。

(1) 油分

油分为流动至黏稠的液体,颜色为无色至浅黄色,有荧光,密度为 $0.6\sim1\text{g/cm}^3$,颜色为浅黄色至红褐色,是沥青中分子量最小的化合物,能溶于大多数的有机溶剂,但不溶于酒精。油分在石油沥青中的含量约为 40%～60%,因此使石油沥青具有流动性。在170℃加热较长时间可挥发。含量越高,沥青的软化点越低,沥青的流动性越大,但温度稳定性差。

(2) 树脂(沥青脂胶)

树脂为沥青中分子量比油分大的黏稠半固体,密度为 $1.00\sim1.10\text{g/cm}^3$,颜色为红褐色至黑褐色,能溶于大多数有机溶剂,但在酒精和丙酮中的溶解度极低,熔点低于100℃。在石油沥青中的含量为 15%～30%,它使石油沥青具有良好的塑性和黏结性。

(3) 地沥青质

地沥青质是石油沥青中最重的组分,为深褐色至黑色的硬、脆的无定形不溶性固体,密度为 $1.10\sim1.15\text{g/cm}^3$,除不溶于酒精、石油醚和汽油外,易溶于大多数的有机溶剂。在石油沥青中含量为 10%～30%。它是决定沥青黏结力和温度稳定性的组分,它的含量越高,沥青的黏结力越大,热稳定性越好,但沥青的物理性质显得硬而脆,塑性降低。地沥青质加热时会分解,逸出气体而成焦炭。

此外,石油沥青中还含有一定量的固体石蜡,是沥青中的有害物质,会降低石油沥青的黏结性、塑性、耐热性和温度稳定性。

石油沥青的性质往往决定于各组分之间的比例关系。液体沥青中油分高、树脂多,沥青的流动性好;固体沥青中树脂、地沥青质多,特别是地沥青质多,沥青的黏结力和温度稳定性好。

石油沥青中各组分并不是稳定不变的,在热、阳光、氧气、水等外界因素综合作用下,各组分之间会发生不断的演变,密度小的组分会逐渐转化为密度大的组分,即由油分向树脂、树脂向地沥青质转变,油分、树脂的含量逐渐减少,而地沥青质等固体组分逐渐增多,从而使得石油沥青脆性增加,塑性、黏结力降低,这种演变过程称为沥青材料的"老化"。沥青老化后流动性、塑性降低,脆性增加,易发生脆裂甚至松散,使沥青失去防水、防腐作用。

2. 石油沥青的主要技术性质

石油沥青的主要性质包括黏性、塑性、温度敏感性和大气稳定性,其中黏性、塑性和温度敏感性这三大性常被称为沥青的三项"常规"。此外,为了鉴定沥青的质量和确保施工安全,还需要测定沥青的溶解度、闪点、燃点和含水率。

(1) 黏性

黏性是指石油沥青在外力作用下抵抗变形的能力。黏性大小与温度及石油沥青各组分含量有关。在一定温度范围内,温度升高,黏性降低;反之则增大。石油沥青中地沥青质含量较高,同时有适量的树脂,而油分含量较少时,其黏性较大。

液态石油沥青的黏性用黏滞度表示。测定方法是液态石油沥青在一定温度(25℃或60℃)条件下,从规定直径(3.5mm或10mm)的孔漏下50ml所需要的时间(s)表示。其测定示意如图8-1所示。黏滞度以 $C_d^t T$ 来表示,其中:d 表示孔口直径(mm);t 表示试验时沥青的温度(℃);T 表示时间(s)。沥青的黏滞度越大时,表明沥青的稠度越大,黏性越高。

半固体沥青、固体沥青的黏性用针入度表示。测定方法是在温度为25℃的条件下,以质量为100g的标准试验针,经5s的时间沉入沥青试样的深度,以每自由沉入0.1mm为1度来表示。针入度测定如图8-2所示。针入度值越大,表明沥青的流动性越大,黏性越差;反之,则沥青的黏性越好。针入度的范围在5～200度之间,它是很重要的技术指标,是划分沥青牌号的主要依据。

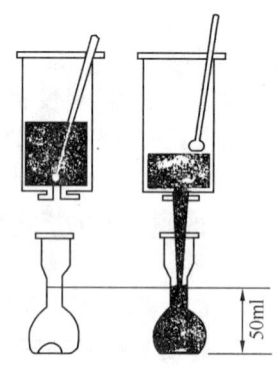

图8-1 黏滞度测定

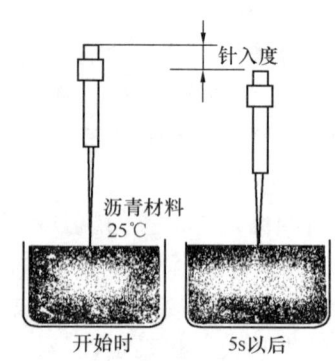

图8-2 针入度测定

(2)塑性

塑性是指沥青在外力作用下产生变形而不破坏的性能。石油沥青中树脂含量大,其他组分含量适当,则塑性较高。温度及沥青膜层厚度也影响塑性。温度升高,塑性增大;膜层增厚,则塑性也增大。塑性反映了石油沥青开裂后的自愈能力及受机械作用产生变形而不破坏的能力。沥青之所以能被制成性能良好的柔性防水材料,在很大程度上取决于这种性质。在常温下,沥青的塑性较好,对振动和冲击作用有一定的承受能力,因此常将沥青铺作路面。

石油沥青的塑性用延度(延伸度)表示,常用沥青延度仪来测定。具体测试是将被测沥青试样浇成"8"字形试件,试件中间最窄处横断面积为 $1cm^2$,在25℃的水中,以5cm/min的速度拉伸试件至断裂时的伸长度(以cm表示),如图8-3所示。沥青的延度越大,表明沥青的塑性越好,变形能力越强,且不开裂。

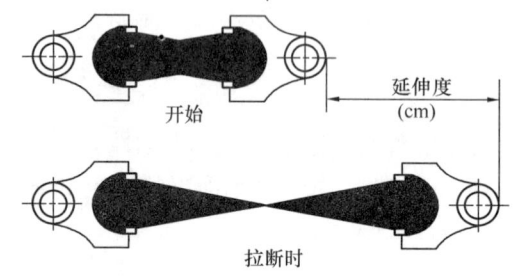

图8-3 延伸度测定示意图

(3)温度敏感性

温度敏感性是指石油沥青的黏性和塑性

随温度升降而变化的性质。变化程度越小，表示沥青的温度敏感性越小；反之，温度敏感性越大。温度敏感性大的沥青，在温度降低时，很快变成脆硬的物体，受外力作用极易产生裂缝以致被破坏；而当温度升高时即成为液体流淌，失去防水能力。因此，温度敏感性是评价沥青质量的重要指标。

石油沥青的温度敏感性常用软化点表示。软化点是指石油沥青由固体状态转变为具有一定流动性膏体的温度。软化点可通过"环球法"试验测定，如图8-4所示。将沥青试样装入规定尺寸的铜杯中，上置规定尺寸和质量的钢球，放在水中或甘油中，以每分钟升高5℃的速度加热至沥青软化下垂达25.4mm时的温度（℃），即为沥青软化点。

不同的沥青软化点不同，在25～100℃之间。软化点高，说明沥青的耐热性好，但软化点过高，又不易加工；软化点低的沥青，夏季易产生变形，甚至流淌。所以，在实际应用中，总希望沥青具有高软化点和低脆化点（当温度在非常低的范围时，整个沥青就好像被玻璃一样脆硬，一般称作"玻璃态"，沥青由玻璃态向高弹态转变的温度即为沥青的脆化点）。用于防水工程的

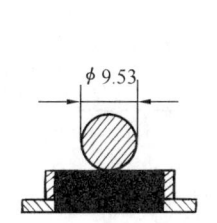
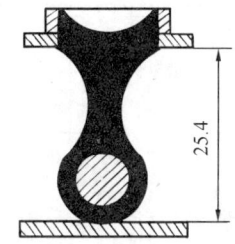

图8-4 软化点测定示意图

石油沥青，要求具有较小的温度敏感性，以免出现低温时脆裂、高温时流淌的现象。为了提高沥青的耐热性和耐低温性，常常对沥青进行改性，如在沥青中掺入增塑剂、橡胶、树脂和填料等。

（4）大气稳定性

大气稳定性是指石油沥青在热、空气、阳光和潮湿等外界因素长期综合作用下性能稳定的能力，即沥青的抗老化性能，是石油沥青材料的耐久性。

石油沥青的大气稳定性常用蒸发损失和针入度变化等试验结果进行评价。蒸发损失少，蒸发后针入度变化越小，则大气稳定性越高，即老化越慢，耐久性越高。测定方法是：先测定沥青试样的重量和针入度，然后将试样置于加热损失专用烘箱内，在160℃下蒸发5h，待冷却后再测定其重量及针入度。计算蒸发损失占原重量的百分数称为蒸发损失；计算蒸发后针入度占原针入度的百分数，如果质量损失及针入度降低都较小，则沥青的耐久性较好。石油沥青技术标准规定：160℃、5h的加热损失不超过1.0%，蒸发后与蒸发前的针入度之比不小于60%。

（5）溶解度

溶解度是指石油沥青在溶剂中（苯或CS_2）可溶部分的质量占全部质量的百分率。溶解度是用来确定沥青中有害杂质含量的。

（6）闪点和燃点

闪点是石油沥青在加热时，遇火焰就闪火的温度，又称为闪火点。达到闪点温度的沥青，若温度继续上升并与火接触而产生的火焰能持续燃烧5s以上时，这个开始燃烧的温度就称为燃点，也称为着火点。

沥青的闪点和燃点温度值一般相差10℃。它们都是确保安全施工所必需的指标。工程上熬制液态沥青时，不要使其温度超过闪点、接近燃点，以免发生火灾。

（7）含水率

含水率表示沥青中含水的多少。含水率大的沥青，加热时产生较多泡沫，使沥青溢出，容易引起火灾。

3. 石油沥青的标准和选用

(1) 石油沥青的品种及技术标准

按照我国石油沥青的有关标准，供建筑工程使用的石油沥青包括：道路石油沥青、建筑石油沥青和防水防潮石油沥青三种。按技术性质划分多种牌号，各牌号石油沥青的主要技术指标见表8-1。

各牌号石油沥青的技术标准 表8-1

质量指标	《道路石油沥青》 NB/SH/T 0522—2010					《建筑石油沥青》 GB/T 494—2010			《防水防潮沥青》 SH/T 0002—1990			
	200号	180号	140号	100号	60号	10号	30号	40号	3号	4号	5号	6号
针入度（25℃，100g，5s)/(1/10mm)	200～300	150～200	110～150	80～110	50～80	10～25	26～35	36～50	25～45	20～40	20～40	30～50
延度（25℃)/cm≥	20	100	100	90	70	1.5	2.5	3.5	—	—	—	—
软化点（环球法)/℃	30～48	35～48	38～51	42～55	45～58	≥95	≥75	≥60	≥85	≥90	≥100	≥95
溶解度（三氯乙烯或苯)(%)≥	99.0					99.0			98	98	95	92
蒸发损失（163℃，5h)(%)≤	1.3	1.3	1.3	1.2	1.0	1			1			
蒸发后针入度比（%）	报告					≥65			—	—	—	—
闪点（开口)(℃)≥	180	200	230			260			250		270	
脆点（℃)≤	—	—	—	—	—	报告			−5	−10	−15	−20

从表8-1中可知，道路石油沥青、建筑石油沥青和普通石油沥青是按针入度来划分牌号的，牌号越大，沥青越软；牌号越小，沥青越硬。随着牌号增大，沥青的黏性变小（针入度越大），塑性增大（延度越大），温度敏感性越大（软化点越低）。防水防潮沥青是按针入度指数划分牌号的，它增加了保证低温变形性能的脆点指标。随着牌号增大，温度敏感性减小，脆点降低，应用温度范围扩大。

(2) 选用

选用沥青材料时，应根据当地的气候条件、工程特点（房屋、道路、防腐）、使用部位（屋面或地下）及施工方法具体选择沥青的品种和牌号。对一般温暖地区，受日晒或经常受热部位，为防止受热软化，应选择牌号较小的沥青；在寒冷地区，夏季暴晒、冬季受冻的部位，不仅要考虑受热软化，还要考虑低温脆裂，应选用中等牌号的沥青；对一些不易受温度影响的部位，可选用牌号较大的沥青。

道路石油沥青的黏度低、塑性好，主要用于拌制成沥青混凝土和沥青砂浆，也可用作密封材料以及沥青涂料等，用于道路路面及工业厂房地面等工程。

建筑石油沥青的黏性较大、耐热性较好、塑性较差，主要用于制作防水卷材、防水涂料、沥青嵌缝油膏等，广泛应用于建筑防水工程及管道防腐工程。用于屋面防水的沥青材料不但要求黏性大（以便与基层黏结牢固），而且要求温度敏感性小（软化点高），以防夏季高温流淌、冬季低温脆裂。一般屋面沥青材料的软化点应高于本地区屋面可能达到的最高温度高20~25℃，可避免沥青在炎热的夏季发生软化、流淌。用于地下防水、防潮时，应选用黏度大、塑性好的沥青，以使防水层能随建筑物的变形而变形，不发生破裂，依然保持完整。

防水防潮石油沥青的质地较软，温度敏感性较小，适于做卷材涂覆层。

普通石油沥青的含蜡量高达15%~20%，故又称为多蜡沥青。由于石蜡是一种熔点低（32~55℃）、黏结力差的脂性材料，使沥青的性质变坏，故在建筑工程中几乎不予采用。必须使用时，也要先经过改性处理，如吹气氧化或加外加剂改性处理等。

(3) 石油沥青的掺配

施工中，若采用一种沥青不能满足配制沥青（胶）所要求的软化点时，可采用同一产地源的两种或三种沥青进行掺配。掺配时应注意遵循同源原则，即同属于石油沥青或同属于煤沥青的才可掺配。两种沥青掺配的比例可用以下公式估算：

$$Q_1 = \frac{T_2 - T}{T_2 - T_1} \times 100\% \tag{8-1}$$

$$Q_2 = 100\% - Q_1 \tag{8-2}$$

式中　Q_1——较软沥青用量，%；

　　　Q_2——较硬沥青用量，%；

　　　T——要求配制沥青的软化点，℃；

　　　T_1——较软沥青软化点，℃；

　　　T_2——较硬沥青软化点，℃。

三种沥青掺配时，先求出两种沥青的配比，再与第三种沥青进行配比计算。

按计算结果试配，若软化点不能满足要求，应进行调整。

8.1.2 煤沥青

煤沥青是将煤在隔绝空气的条件下，高温加热干馏得到黏稠状煤焦油，再经蒸馏制取轻油、中油、重油、蒽油，所得残渣为煤沥青。煤沥青实际上是炼制焦炭或生产煤气时所得到的副产品。

1. 煤沥青的特点

煤沥青的化学成分和性质类似于石油沥青，但其质量不如石油沥青。与石油沥青相比，煤沥青具有以下特点：

(1) 温度敏感性较大，夏天易软，冬天易脆；

(2) 韧性较差，容易因变形而开裂，用于工程上常因微量变形导致破裂而失去防水功能；

(3) 大气稳定性差，因其组分中含有较多易挥发物质，所以用于工程中老化快；

(4) 煤沥青中含有酚、蒽等有毒物质，有刺激性臭味，具有较高的抗微生物腐蚀作用，尤其用于木材防腐的效果最好；

(5) 煤沥青与矿物质材料黏结性能较好，可与石油沥青掺配使用，以提高石油沥青的黏结性能。

由上述可知，煤沥青的性质与石油沥青的性质差别很大，因此工程上不准将两种沥青混合使用（在石油沥青中掺入少量煤沥青除外），否则容易出现分层、成团、沉淀变质等现象而影响到工程质量。

2. 煤沥青的分类及主要技术要求

按软化点的不同，煤沥青分为低温沥青、中温沥青和高温沥青。根据《煤沥青》GB/T 2290—2012，煤沥青的主要技术要求应符合表 8-2 的规定。

煤沥青的技术要求（GB/T 2290—2012） 表 8-2

指标名称		低温沥青		中温沥青		高温沥青	
		1号	2号	1号	2号	1号	2号
软化点/℃		35～45	46～75	80～90	75～95	95～100	95～120
甲苯不溶物含量（%）		—	—	15～25	≤25	≥24	—
灰分（%）	≤	—	—	0.3	0.5	0.3	—
水分（%）	≤	—	—	5.0	5.0	4.0	5.0
喹啉不溶物含量（%）	≤	—	—	10	—	—	—
结焦值（%）	≥	—	—	45	—	52	—

3. 煤沥青和石油沥青的鉴别

煤沥青的主要组分为油分、软树脂、硬树脂、游离碳和少量酸和碱物质等。煤沥青是一个复杂的胶体结构，在常温下，游离碳和硬树脂被软树脂包裹成胶团，分散在油分中，当温度升高时，油分的黏度明显下降，也使软树脂的黏度下降。

煤沥青与石油沥青在外观上有些相似，如不加以认真鉴别，易将它们混存或混用，造成防水材料的品质变化，鉴别方法见表 8-3。

煤沥青和石油沥青的鉴别 表 8-3

鉴别方法		煤沥青	石油沥青
密度/(g/cm³)		1.25 左右	近于 1.0
燃烧	气味	有刺激性臭味	有蜡或松香味
	烟色	黄色	无色
锤击	声音	清脆	发哑
	断口	韧性差（性脆），不整齐，有碎粒	韧性较好，有弹性感，整齐成贝壳状
溶解颜色		用 30～50 倍汽油或煤油溶化，用玻璃棒沾一点滴于滤纸上，斑点内棕外黑	按左面方法试验，斑点呈棕色

4. 煤沥青的应用

煤沥青在一般建筑工程上使用得不多，主要用于铺路、配制黏合剂与防腐剂，也有的用于地面防潮、地下防水等方面。

如石油沥青的某些性质达不到要求，可用煤沥青掺配到石油沥青中制成混合沥青。混合沥青是煤沥青与石油沥青的相互有限互溶的分散体系。体系的稳定性与分散介质的表面张力有关，二者的表面张力越小，混合体系越稳定。随着温度升高，煤沥青与石油沥青的表面张力减小，在接近闪电时它们的表面张力最小，最易混合均匀，如超过闪点易发生火灾，因此混合温度以不超过闪点为宜。如将煤沥青与石油沥青分别溶解在溶剂里配成表面张力接近的溶液，或制成表面张力相近的乳状液和悬浮液，也可配成混合均匀的混合沥青。

8.1.3 改性沥青

沥青具有良好的塑性，能加工成良好的柔性防水材料。但沥青耐热性与耐低温性较差，即高温下强度低，低温下缺乏韧性，这是沥青防水屋面渗漏现象严重、使用寿命短的原因之一。

改性沥青是在传统沥青中掺加橡胶、树脂、高分子聚合物、磨细的橡胶粉或其他填料等外掺剂（改性剂），或采取对沥青轻度氧化加工等措施，从而改善沥青的多种性能。对沥青改性的目的在于提高沥青材料的强度、流变性、弹性和塑形，延长沥青的耐久性，增强沥青与结构表面的黏结力等。目前，改性沥青可用来制作防水卷材、防水涂料、改性道路沥青等，广泛应用于建筑物的防水工程和路面铺装等，取得了良好的使用效果。用改性沥青铺设的路面具有良好的耐久性、抗磨性，达到高温不软化、低温不开裂的效果。按掺用高分子材料的不同，改性沥青可分为橡胶改性沥青、树脂改性沥青和橡胶和树脂共混改性沥青。

1. 橡胶改性沥青

橡胶改性沥青中的橡胶是沥青的重要改性材料，在沥青中掺入适量橡胶后，可使沥青兼具橡胶的很多优点，如高温变形性小，常温弹性较好，低温柔韧性好等。橡胶改性沥青克服了传统沥青材料热淌冷脆的缺点，提高了沥青材料的强度和耐老化性。常用的橡胶改性材料有热塑性丁苯橡胶（SBS）、氯丁橡胶、再生橡胶等。

2. 树脂改性沥青

在沥青中掺入适量树脂后，可以改善沥青的耐寒性、耐热性、黏结性、不透气性和抗老化性。但树脂和石油沥青的相容性较差，而且可利用的树脂品种也较少，常用的树脂改性材料有无规聚丙烯（APP）、聚乙烯、聚丙烯等。

3. 橡胶和树脂共混改性沥青

在沥青材料中同时掺入橡胶和树脂，可以使沥青同时兼备橡胶和树脂的特性。另外树脂比橡胶便宜，橡胶和树脂又有较好的混溶性，故改性效果较好。常用的橡胶和树脂共混改性沥青有氯化聚乙烯-橡胶共混改性沥青及聚氯乙烯-橡胶共混改性沥青等。

8.1.4 沥青的保管

沥青的保管应注意以下事项：

（1）沥青在储运过程中，应防止混入杂物，若已经混入杂物，应设法清除或在加热时进行过滤；

（2）现场临时存放，场地应平整、干净，地势高，不积水，最好设有棚盖，以防日晒、雨淋；

（3）筒装沥青应立方稳妥，口应封严，以防流失和进水；

（4）放置地点应远离火源，周围不要有易燃物；

（5）不同品种、不同牌号的沥青应分别存放，并做好标记，切忌混杂。

8.2 防水卷材

防水卷材是具有一定宽度和厚度并可卷曲的带状定型防水材料。防水卷材是建筑防水工程应用的主要材料，约占整个防水材料的 90%。防水卷材的品种很多，根据其构成防水膜层的主要原料可分为沥青防水卷材、高聚物改性沥青防水卷材和合成高分子防水卷材三大系列。

沥青防水卷材是传统的防水材料（俗称油毡），成本低、性能稍差，耐用年限较短，施工较复杂，属低档防水材料。后两个系列防水卷材的性能较沥青防水材料优异，是防水卷材的发展方向。

防水卷材作为建筑防水材料应具有以下几方面的性能。

(1) 抗拉强度。抗拉强度是指当建筑物防水基层产生变形或开裂时，防水卷材所能抵抗的最大应力。

(2) 延伸率。延伸率是指防水卷材在一定的应变速率下拉断时所产生的最大相对变形率。

(3) 抗撕裂程度。抗撕裂程度指当基层产生局部变形或有其他外力作用时，防水卷材常常受到纵向撕扯，防水卷材抵抗纵向撕扯的能力。

(4) 不透水性。防水卷材的不透水性反映卷材抵抗压力渗透性的性质，通常用动水压法测量。基本原理是当防水卷材的一侧受到 0.3MPa 的水压力时，防水卷材另一侧无渗水现象即为透水性合格。

(5) 大气稳定性：指防水卷材在阳光、空气、冷热和干湿交替及其他化学介质的侵蚀等因素的长期综合作用下抵抗侵蚀的能力，常用耐老化性、热老化保持率等指标表示。

8.2.1 沥青防水卷材

沥青防水卷材俗称油毡，是以原纸、织物、纤维毡、塑料薄膜和金属箔等材料为胎基（载体），浸涂沥青（石油沥青或煤焦油、煤沥青），再撒布矿物粉料或塑料薄膜为隔离材料制成的防水卷材。胎基是油毡的骨架，使卷材具有一定的形状、强度和韧性，从而保证了在施工中的铺设性和防水层的抗裂性，对卷材的防水效果有直接影响。

沥青防水卷材按照制造方法不同分为浸渍类卷材和辊压类卷材。

浸渍类卷材：又称有胎卷材，凡以原纸、棉麻织品、石棉布或玻璃纤维布等作胎，两面均匀浸渍石油沥青或焦油沥青制成的防水卷材，称为浸渍类卷材。

辊压类卷材：又称无胎卷材，若将橡胶粉、石棉粉或一些高聚物作掺合料掺入沥青中混炼成膏体，再经过碾压制成的防水卷材，称为辊压类卷材。

沥青防水卷材按照沥青和胎基的种类不同可分为石油沥青纸胎油毡和石油沥青玻纤油毡等。

1. 石油沥青纸胎油毡

石油沥青纸胎油毡是以原纸为胎，两面均匀浸渍低软化点的石油沥青形成油纸，再在油纸的两面均匀浸渍高软化点的石油沥青，再涂洒隔离材料而制成的一种浸渍类防水卷材。表面撒石粉作为隔离材料的称为粉毡，撒云母片作为隔离材料的称为片毡。

油纸主要用于建筑防潮和包装，也可用于多叠层防水层的下层或刚性防水层的隔离层。油毡适用面广，但石油沥青纸胎油毡的防水性能差、耐久年限低。原建设部于1991年6月颁发的《关于治理屋面渗漏的若干规定》的通知中已明确规定"屋面防水材料选用石油沥青油毡的，其设计应不少于三毡四油"。所以，纸胎油毡按规定一般只能用作多叠层防水；片毡用于单层防水。

《石油沥青纸胎油毡》GB 326—2007规定，石油沥青纸胎油毡幅宽为1000mm，按卷重和物理性能分为Ⅰ型、Ⅱ型、Ⅲ型。Ⅰ型、Ⅱ型油毡适用于辅助防水、保护隔离层、临时性建筑防水、防潮及包装等。Ⅲ型油毡适用于屋面工程的多层防水。石油沥青油毡的卷重和物理性能如表8-4所示。

石油沥青油毡的卷重和物理性能（GB 326—2007） 表8-4

项 目			Ⅰ型	Ⅱ型	Ⅲ型
卷重/(kg/卷)		≥	17.5	22.5	28.5
单位面积浸涂材料总量（g/m²）		≥	600	750	1000
不透水性	压力（MPa）	≥	0.02	0.02	0.10
	保持时间（min）	≥	20	30	30
吸水率（%）		≤	3.0	2.0	1.0
耐热度			\(85±2)℃，2h涂盖层无滑动、流淌和集中性气泡		
拉力（纵向）/(N/50mm)		≥	240	270	340
柔度			(18±2)℃，绕20mm圆棒或弯板无裂纹		

注：本标准Ⅲ型产品物理性能要求为强制性的，其余为推荐性的。

2. 煤沥青纸胎油毡

煤沥青纸胎油毡（以下简称油毡）系采用低软化点煤沥青浸渍原纸，然后用高软化点煤沥青涂盖油纸两面，再涂或撒隔离材料所制成的一种纸胎防水卷材。

《煤沥青纸胎油毡》JC 505—1992规定，油毡按技术要求分为一等品和合格品；按幅宽可分为915mm和1000mm两种规格；按所用隔离材料分为粉状面油毡和片状面油毡两个品种。

油毡的标号有200号、270号和350号三种，即以原纸每平方米质量克数划分标号。其中200号油毡用于简易防水、建筑防潮及包装等。270号和350号油毡用于建筑防水、建筑防潮和包装，与煤焦油聚乙烯涂料等材料配套，可用于屋面多层防水。350号油毡还可用于一般地下防水。油毡的物理性能符合表8-5的规定。

煤沥青纸胎油毡的物理性能（JC 505—1992） 表8-5

指标名称		标号	200号	270号		350号	
		等级	合格品	一等品	合格品	一等品	合格品
可溶物含量/（g/m²）		≥	450	560	510	650	600
不透水性	压力（MPa）	≥	0.05	0.05		0.10	
	保持时间（min）	≥	15	30	20	30	15

续表

指标名称		标号	200号	270号		350号	
		等级	合格品	一等品	合格品	一等品	合格品
吸水率（常压法）/% ≤	粉毡		3.0				
	片毡		5.0				
耐热度（℃）			70±2	75±2	70±2	75±2	70±2
			受热2h涂盖层无滑动、流淌和集中性气泡				
拉力/N（25±2℃时，纵向）≥			250	330	300	380	350
柔度（℃）≤			18	16	18	16	18
			绕20mm圆棒或弯板无裂纹				

3. 其他纤维胎油毡

这类油毡是以玻璃纤维布、石棉布、麻布等为胎基，用沥青浸渍涂盖而成的防水卷材。与纸胎油毡相比，其抗拉强度、耐腐蚀性、耐久性都有较大提高。

(1) 石油沥青玻璃布胎油毡

玻璃布油毡采用玻璃布为胎基，浸涂石油沥青并在两面涂撒粉状隔离材料所制成的一种防水卷材。这种油毡的耐化学侵蚀好，玻璃布胎不腐烂，耐久性好，抗拉强度高，有较高的防水性能，适用于铺设地下防水、防腐层，并用于屋面做防水层及金属管道（热管道除外）的防腐保护层。

石油沥青玻璃布胎油毡幅宽为1000mm，每卷重应不小于15kg，每卷油毡面积为$20m^2±0.3m^2$。该油毡按物理性能分为一等品和合格品，具体见表8-6所规定的技术指标。

石油沥青玻璃布胎油毡的物理性能（JC/T 84—1996） 表8-6

项 目		等 级	一等品	合格品
可溶物含量/（g/m²）			≥420	≥380
耐热度（85±2）℃，2h			无滑动、起泡现象	
不透水性	压力（MPa）		0.2	0.1
	时间不小于15min		无渗漏	
拉力 25±2℃时纵向（N）			≥400	≥360
柔度	温度（℃）		≤0	≤5
	弯曲直径30mm		无裂纹	
耐霉菌腐蚀性	重量损失（%）		≤2.0	
	拉力损失（%）		≤15	

(2) 石油沥青玻璃纤维胎防水卷材

石油沥青玻璃纤维胎防水卷材（以下简称沥青玻纤胎油毡）是以无定向玻璃纤维交织而成的薄毡为胎基，用优质氧化沥青或改性沥青浸涂薄毡两面，再以矿物粉、砂或片状砂砾作为隔离材料而制成的防水卷材。沥青玻纤胎油毡具有良好的耐化学侵蚀和耐微生物腐烂，耐腐蚀性大大提高，防水性能优于玻璃布胎油毡。由于沥青玻纤胎油毡质地柔软，用于阴阳角部位防水处理，边角服帖、不易翘曲、易于黏结牢固，可用于屋面及地下防水层、防腐层及金属管道的防腐层等。

沥青玻纤胎油毡公称宽度为 1m，公称面积为 10m²、20m²。产品按单位面积质量分为 15 号、25 号两个标号；按上表面材料分为 PE 膜、砂面等；按力学性能分为 Ⅰ 型、Ⅱ 型。石油沥青玻璃纤维胎防水卷材的物理性能应符合表 8-7 的规定。

石油沥青玻璃纤维胎防水卷材的物理性能（GB/T 14686—2008） 表 8-7

项　　目		指　　标	
		Ⅰ 型	Ⅱ 型
可溶物含量/(g/m²)	15 号	≥700	
	25 号	≥1200	
	试验现象	胎基不燃	
拉力/(N/50mm)	纵向	≥350	≥500
	横向	≥250	≥400
耐热性		85℃	
		无滑动、流淌、滴落	
低温柔性		10℃	5℃
		无裂缝	
不透水性		0.1MPa，30min 不透水	
钉杆撕裂强度（N）		≥40	≥50
热老化	外观	无裂纹、无起泡	
	拉力保持率（%）	≥85	
	质量损失率（%）	≤2.0	
	低温柔型	15℃	10℃
		无裂缝	

8.2.2　高聚物改性沥青防水卷材

随着科学技术的发展，除了传统的沥青防水卷材外，近年来研制出不少性能优良的新型防水卷材，如各种弹性或弹塑性的高分子改性沥青防水卷材以及以橡胶改性沥青为主的新型防水材料，它们克服了传统纯沥青纸胎油毡温柔型差、延伸率低、拉伸强度及耐久性较差等缺点，各项技术性能都加以改善，有效提高防水质量。

高聚物改性沥青防水卷材是以合成高分子聚合物改性沥青为涂盖层，纤维织物或纤维毡物为胎体，粉状、粒状、片状或薄膜材料为覆面材料制成的可卷曲的片状类防水材料。与传统沥青防水卷材相比，改性沥青防水卷材具有良好的不透水性和低温柔性，同时还具有高温下不流淌、低温不脆裂、拉伸强度高、延伸率大、耐腐蚀及耐热性好等优点，当前已经在很大程度上取代了传统的石油沥青纸胎油毡。

1. 弹性体改性沥青防水卷材（代号 SBS）

弹性体改性沥青防水卷材是将苯乙烯-丁二烯-苯乙烯（SBS）弹性体改性沥青作浸渍

涂盖材料，以聚酯毡、玻纤毡、玻纤增强聚酯毡为胎基，以塑料薄膜、矿物粒、片料等作为防粘隔离层，经过选材、配料、共熔、浸渍、复合成型、卷曲、检验、分卷、包装等工序加工而制成的一种柔性中、高档的可卷曲的片状防水材料，属弹性体沥青防水卷材中有代表性的品种。

(1) 分类

弹性体改性沥青防水卷材按胎基材料不同分为聚酯毡（PY）、玻纤毡（G）、玻纤增强聚酯毡（PYG）三类；按上表面隔离材料分为聚乙烯膜（PE）、细砂（S）、矿物料粒（M）；按下表面隔离材料分为细砂（S）、聚乙烯膜（PE）；按材料性能又分为Ⅰ型和Ⅱ型。

(2) 规格

弹性体改性沥青防水卷材公称宽度为1000mm。

聚酯毡卷材公称厚度为3mm、4mm、5mm。

玻纤毡卷材公称厚度为3mm、4mm。

玻纤增强聚酯毡卷材公称厚度为5mm。

每卷卷材公称面积为7.5m²、10m²、15m²。

弹性体改性沥青防水卷材的单位面积质量、面积及厚度标准应符合表8-8的规定。

弹性体改性沥青防水卷材单位面积质量、面积及厚度标准（GB 18242—2008） 表8-8

规格（公称厚度）/mm		3			4			5		
上表面材料		PE	S	M	PE	S	M	PE	S	M
下表面材料		PE	PE、S		PE	PE、S		PE	PE、S	
面积/(m²/卷)	公称面积	10、15			10、7.5			7.5		
	偏差	±0.10			±0.10			±0.10		
单位面积质量/(kg/m²)		≥3.3	≥3.5	≥4.0	≥4.3	≥4.5	≥5.0	≥5.3	≥5.5	≥6.0
厚度/mm	平均值	≥3.0			≥4.0			≥5.0		
	最小单值	2.7			3.7			4.7		

(3) 主要技术性质

弹性体改性沥青防水卷材具有较高的弹性、延伸率、耐疲劳性和低温柔性等优点，在-20～-15℃下仍能保持其韧性。其主要技术性质应符合表8-9的规定。

弹性体改性沥青防水卷材的主要技术性质（GB 18242—2008） 表8-9

项 目		指 标				
		Ⅰ		Ⅱ		
		PY	G	PY	G	PYG
可溶物含量/(g/mm²)	3mm	≥2100				—
	4mm	≥2900				—
	5mm	≥3500				
	试验现象	—	胎基不燃	—	胎基不燃	—

续表

项目		指标				
		I		II		
		PY	G	PY	G	PYG
耐热性	℃	90		105		
	mm	≤2				
	试验现象	无流淌、滴落				
低温柔性（℃）		−20		−25		
		无裂缝				
不透水性 30min		0.3MPa	0.2MPa	0.3MPa		
拉力/(N/50mm)	最大峰拉力	≥500	≥350	≥800	≥500	≥900
	次高峰拉力	—	—	—	—	≥800
	试验现象	拉伸过程中，试件中部无沥青涂盖层开裂或胎基分离现象				
延伸率/%	最大峰时延伸率	≤30	—	≤40	—	—
	第二峰时延伸率	—	—	—	—	≥15
接缝剥离强度/(N/mm)		≥1.5				
人工气候加速老化	外观	无滑动、流淌、滴落				
	拉力保持率（%）	≥80				
	低温柔度（℃）	−15		−20		
		无裂纹				

（4）产品标记

弹性体改性沥青防水卷材按照名称、型号、胎基上表面材料、下表面材料、厚度、面积和标准号的顺序进行标记。实例：10m² 面积，3mm 厚、上表面为矿物粒料，下表面为聚乙烯膜聚酯毡 I 型弹性体改性沥青防水卷材标记为：SBS I PY M PE 3 10 GB 18242—2008。

（5）产品应用

弹性体改性沥青防水卷材适用于工业与民用建筑的屋面、卫生间及地下室等部位的防湿、防潮及游泳池、隧道、蓄水池等防水工程，尤其适用于寒冷地区建筑物防水，并可用于 I 级防水工程。玻璃纤维增强聚酯毡卷材可用于机械固定单层防水（需通过抗风荷载试验）；玻璃纤维毡卷材适用于多层防水中的底层防水；屋面等外露部位采用上表面隔离材料为不透明的矿物粒料的防水卷材；地下防水工程则多采用表面隔离材料为细砂的防水卷材。弹性体改性沥青防水卷材施工时可用热熔法铺贴，也可用胶粘剂进行冷粘贴，适于单层铺设或复合使用。

2. 塑性体改性沥青防水卷材（代号 APP）

塑性体改性沥青防水卷材是以聚酯毡、玻纤毡、玻纤增强聚酯毡为胎基，浸涂无规聚丙烯（APP）或聚烯烃类聚合物（APAO、APO 等）石油沥青改性剂，上表面撒布矿物粒、片料或覆盖聚乙烯膜，下表面撒布细砂或者覆盖聚乙烯膜，经过一定的生产工艺而加工制成的一种中、高档改性沥青可卷曲片状防水材料。

(1) 分类

塑性体改性沥青防水卷材按胎基材料不同分为聚酯毡（PY）、玻纤毡（G）、玻纤增强聚酯毡（PYG）三类；按上表面隔离材料分为聚乙烯膜（PE）、细砂（S）、矿物料粒（M）；按下表面隔离材料分为细砂（S）、聚乙烯膜（PE）；按材料性能又分为Ⅰ型和Ⅱ型。

(2) 规格

塑性体改性沥青防水卷材公称宽度为1000mm。

聚酯毡卷材公称厚度为3mm、4mm、5mm。

玻纤毡卷材公称厚度为3mm、4mm。

玻纤增强聚酯毡卷材公称厚度为5mm。

每卷卷材公称面积为7.5㎡、10㎡、15㎡。

塑性体改性沥青防水卷材的单位面积质量、面积及厚度要求同弹性体改性沥青防水卷材。

(3) 主要技术性质

与弹性体改性沥青防水卷材相比，塑性体改性沥青防水卷材具有更高的耐热性，但低温柔韧性较差。其主要技术性能应符合表8-10的规定。

塑性体改性沥青防水卷材的主要技术性能（GB 18243—2008） 表8-10

项　目		指　标				
		Ⅰ		Ⅱ		
		PY	G	PY	G	PYG
可溶物含量/(g/m²) ≥	3mm	2100		—		
	4mm	2900		—		
	5mm	3500				
	试验现象	—	胎基不燃	—	胎基不燃	
耐热性	℃	110		130		
	mm	≤2				
	试验现象	无流淌、滴落				
低温柔性（℃）		−7		−15		
		无裂缝				
不透水性 30min		0.3MPa	0.2MPa	0.3MPa		
拉力	最大峰拉力/(N/50mm)	≥500	≥350	≥800	≥500	≥900
	次大峰拉力/(N/50mm)	—	—	—	—	≥800
	试验现象	拉伸过程中，试件中部无沥青涂盖层开裂或与胎基分离				
延伸率	最大峰时延伸率（%）	≥25	—	≥40	—	—
	第二峰时延伸率（%）	—	—	—	—	≥15
浸水后质量增加（%）	PE、S	≤1.0				
	M	≤2.0				
接缝剥离强度/(N/mm)		≥1.0				

续表

项目		指标				
		Ⅰ		Ⅱ		
		PY	G	PY	G	PYG
人工气候 加速老化	外观	无滑动、流淌、滴落				
	拉力保持率（%）	≥80				
	低温柔度（℃）	−2		−10		
		无裂缝				

（4）产品标记

塑性体改性沥青防水卷材按照名称、型号、胎基、上表面材料、下表面材料、厚度、面积和标准编号的顺序进行标记。示例：10m² 面积，3mm 厚上表面为矿物粒料，下表面为聚乙烯膜聚酯毡Ⅰ型塑性体改性沥青防水卷材标记为：APP Ⅰ PY M PE 3 10 GB 18243—2008。

（5）产品应用

塑性体改性沥青防水卷材适用于工业与民用建筑的屋面和地下防水工程，适用于寒冷地区建筑物防水；玻纤增强聚酯毡卷材可用于机械固定单层防水，但需通过抗风荷载试验；玻纤毡卷材适用于多层防水中的底层防水；屋面等外露部位采用上表面隔离材料为不透明的矿物粒料的防水卷材；地下工程防水应采用表面隔离材料为细砂的防水卷材。

3. 其他改性沥青卷材

（1）高聚物改性沥青聚乙烯胎防水卷材

高聚物改性沥青聚乙烯胎防水卷材是以高密度聚乙烯膜为胎基，以 APP、SBS 等高聚物改性沥青为涂盖材料，以聚乙烯膜或铝箔为上表面覆盖材料，采用挤压成型工艺加工制成的，可卷曲的片状防水材料。本品适用于工业与民用建筑的防水工程，上表面覆盖聚乙烯膜的防水卷材适用于非外露的防水工程，上表面覆盖铝箔的防水卷材则适用于外露防水工程。聚乙烯膜与高聚物改性沥青组成的卷材，具有良好的防水、防腐，耐化学品的综合性能。

（2）SBR 改性沥青防水卷材

SBR 改性沥青防水卷材系采用玻纤毡或者聚酯无纺布为胎体，浸涂聚苯乙烯丁二烯共聚物（SBR）改性沥青，上表面撒布矿物粒、片料或者覆盖聚乙烯膜，下表面撒布细砂或者覆盖聚乙烯膜所制成的可卷曲片状防水材料。SBR 改性沥青防水卷材的适用范围，除适用于一般工业与民用建筑工程防水外，尤其适用于高层建筑的屋面和地下工程的防水防潮以及桥梁、停车场、游泳池、隧道等建筑工程的防水。

（3）丁苯橡胶改性氧化沥青聚乙烯胎防水材料

丁苯橡胶改性氧化沥青聚乙烯胎防水卷材是以高密度聚乙烯膜为胎基，以丁苯橡胶和塑料树脂改性氧化沥青为涂盖材料，以聚乙烯膜或者铝箔为上表面覆盖材料，采用挤压成型工艺加工制成可卷曲的片状防水材料。本品适用于工业与民用建筑的防水工程，上表面覆盖聚乙烯膜的防水卷材适用于非外露的防水工程，上表面覆盖铝箔的防水卷材适用于外露的防水工程。聚乙烯膜与改性氧化沥青所组成得卷材具有良好的耐水性，耐化学及微生物腐蚀性和延展性。

8.2.3 合成高分子防水卷材

合成高分子防水卷材是以合成橡胶、合成树脂或二者的共混体为基料,加入适量的化学助剂和填充剂等,经过塑炼、混炼、压延或挤出成型、硫化、定型、检验、分卷以及包装等橡胶或塑料的加工工艺所制成的无胎片状防水材料。合成高分子防水卷材具有抗拉强度高、断裂延伸率大、抗撕裂强度高、耐热性和低温柔性好、耐腐蚀、耐老化等一系列优良的性能,该类卷材一般为单层铺设,可采用冷粘法或自粘法施工。它是继石油沥青防水卷材之后发展起来的性能更优的新型高档防水卷材,目前成为仅次于沥青防水卷材的又一主体防水材料,在屋面、地下及水利工程中均有广泛应用,特别是在中、高档建筑物防水方面更显出其优异性。这种防水卷材在我国虽仅有十余年的发展史,但发展十分迅猛。我国现在可生产三元乙丙橡胶、丁基橡胶、氯丁橡胶、再生橡胶、聚氯乙烯、氯化聚乙烯和氯磺化聚乙烯等几十个品种,下面主要介绍常用的合成高分子防水卷材。

1. 三元乙丙橡胶防水卷材(代号 EPDM)

三元乙丙橡胶防水卷材是以乙烯、丙烯和双环戊二烯三种单体共聚合成的三元乙丙橡胶为主体,掺入适量的丁基橡胶、硫化剂、促进剂、软化剂、补强剂和填充剂等,经过配料、密炼、混炼、过滤、挤出(或压延)成型、硫化、检验、分卷、包装等工序加工制成的高弹性橡胶防水材料。

(1) 产品规格

三元乙丙橡胶防水卷材的幅宽:1000mm、1100mm、1200mm;

厚度:1.0mm、1.2mm、1.5mm、1.8mm、2.0mm;

长度:一般为 20m。

(2) 产品主要物理性能

根据《高分子防水材料 第1部分:片材》GB 18173.1—2012 规定,三元乙丙橡胶防水卷材可分为硫化型三元乙丙橡胶(JL1)和非硫化型三元乙丙橡胶(JF1),具体的物理性能应符合表 8-11 的要求。

三元乙丙橡胶防水卷材的物理性能(GB 18173.1—2012)　　表 8-11

项目		指标	
		JL1	JF1
拉伸强度(MPa)	常温(23℃)	≥7.5	≥4.0
	高温(60℃)	≥2.3	≥0.8
拉断伸长率(%)	常温(23℃)	≥450	≥400
	低温(−20℃)	≥200	≥200
撕裂强度/(kN/m)		≥25	≥18
不透水性(30min)		0.3MPa 无渗漏	0.3MPa 无渗漏
低温弯折		−40℃无裂纹	−30℃无裂纹
加热伸缩量(mm)	延伸	≤2	≤2
	收缩	≤4	≤4
热空气老化(80℃×168h)	拉伸强度保持率(%)	≥80	≥90
	拉断伸长率保持率(%)	≥70	≥70

续表

项　目		指　标	
		JL1	JF1
耐碱性（饱和Ca(OH)$_2$溶液23℃×168h）	拉伸强度保持率（%）	≥80	≥80
	拉断伸长率保持率（%）	≥80	≥90
臭氧老化（40℃×168h）	伸长率40%，500×10^{-8}	无裂纹	无裂纹
	伸长率20%，200×10^{-8}	—	—
	伸长率20%，100×10^{-8}	—	—
人工气候老化	拉伸强度保持率/%	≥80	≥80
	拉断伸长率保持率/%	≥70	≥70
粘结剥离强度	标准试验条件/(N/mm)	≥1.5	
	浸水保持率（23℃×168h）/%	≥70	

注：1. 人工气候老化和粘结剥离强度为推荐项目。

2. 非外露使用可以不考虑臭氧老化、人工气候老化、加热伸缩量、60℃拉伸强度性能。

（3）产品标记

三元乙丙橡胶防水卷材产品型号标记按产品类型代号、材质（简称或代号）、规格（长度×宽度×厚度）顺序标记。示例：长度为20.0m、宽度为1.0m、厚度1.2mm的硫化型三元乙丙橡胶防水卷材（EPDM）标记为：JL 1-EPDM-20.0m×1.0m×1.2mm。

（4）产品性质及应用

三元乙丙橡胶防水卷材具有防水性能优异、耐候性好、耐臭氧及耐化学腐蚀性强、弹性和抗拉强度高、对基层材料的伸缩或开裂变形适应性强、质量轻，使用温度范围宽（-60℃～+120℃），使用年限长（30～50年），可冷施工，成本低等优点。三元乙丙橡胶防水卷材最适用于屋面防水工程的单层外露防水、严寒地区及有较大变形的部位，也可用于其他防水工程。施工用冷粘法或自粘法。

2. 聚氯乙烯防水卷材（代号PVC）

聚氯乙烯防水卷材是以聚氯乙烯树脂为主要原料，加入一定量的软化剂或增塑剂、填料、抗氧化剂和紫外线吸收剂等经过捏合、混炼、造粒、挤出或压延等工序加工而成的防水卷材。软化剂的掺入增大了聚氯乙烯分子间距，提高了卷材的变形能力，同时也起到了稀释作用，有利于卷材的生产，常用的软化剂为煤焦油。适量的增塑剂能降低聚氯乙烯分子间力，使分子链的柔顺性提高。由于软化剂和增塑剂的掺入，聚氯乙烯防水卷材的变形能力和低温柔性大大提高。

（1）产品分类

聚氯乙烯防水卷材按产品的组成分为均质卷材（代号H）、带纤维背衬卷材（代号L）、织物内增强卷材（代号P）、玻璃纤维内增强卷材（代号G）、玻璃纤维内增强带纤维背衬卷材（代号GL）。

（2）产品规格

公称长度规格为：15m、20m、25m；

公称宽度规格为：1.00m、2.00m；

厚度规格为：1.20mm、1.50mm、1.80mm、2.00mm。

其他规格可由供需双方商定。

(3) 产品主要性能指标

根据《聚氯乙烯（PVC）防水卷材》GB 12952—2011 规定，聚氯乙烯防水卷材的主要性能指标应符合表 8-12 的要求。

聚氯乙烯防水卷材的主要性能指标（GB 12952—2011）　　　表 8-12

项目		H	L	P	G	GL
中间胎基上面树脂层厚度（mm）		—	—	—	≥0.40	≥0.40
拉伸性能	最大拉力/(N/cm)	—	≥120	≥250	—	≥120
	拉伸强度（MPa）	≥10.0	—	—	≥10.0	—
	最大拉力时伸长率（%）	—	—	≥15	—	—
	断裂伸长率（%）	≥200	≥150	—	≥200	≥100
低温弯折性		—25℃无裂纹				
不透水性		0.3MPa，2h不透水				
抗冲击性能		0.5kg·m，不渗水				
接缝剥离强度/(N/mm)		≥4.0 或卷材破坏			≥3.0	≥3.0
热老化 (80℃)	时间（h）	672				
	外观	无起泡、裂纹、分层、黏结和孔洞				
	最大拉力时保持率（%）	—	≥85	≥85	—	≥85
	拉伸强度保持率（%）	≥85	—	—	≥85	—
	最大拉力时伸长率保持率（%）	—	—	≥80	—	—
	断裂伸长率保持率（%）	≥80	≥80	—	≥80	≥80
	低温弯折性	—20℃无裂纹				
耐化学性	外观	无起泡、裂纹、分层、黏结和孔洞				
	最大拉力时保持率（%）	—	≥85	≥85	—	≥85
	拉伸强度保持率（%）	≥85	—	—	≥85	—
	最大拉力时伸长率保持率（%）	—	—	≥80	—	—
	断裂伸长率保持率（%）	≥80	≥80	—	≥80	≥80
	低温弯折性	—20℃无裂纹				
人工气候 加速老化	时间（h）	1500				
	外观	无起泡、裂纹、分层、黏结和孔洞				
	最大拉力时保持率（%）	—	≥85	≥85	—	≥85
	拉伸强度保持率（%）	≥85	—	—	≥85	—
	最大拉力时伸长率保持率（%）	—	—	≥80	—	—
	断裂伸长率保持率（%）	≥80	≥80	—	≥80	≥80
	低温弯折性	—20℃无裂纹				

注：1. 单层卷材屋面使用产品的人工气候加速老化时间为 2500h。
　　2. 非外露使用的卷材不要求测定人工气候加速老化。

（4）产品标记

聚氯乙烯防水卷材产品型号标记按产品名称（代号 PVC 卷材）、是否外露使用、类型、厚度、长度、宽度和本标准号顺序标记。示例：长度 20m、宽度 2.00m、厚度 1.50mm、L 类外露使用聚氯乙烯防水卷材标记为：PVC 卷材 外露 L 1.5mm/20m×2.00m GB 12952—2011。

（5）产品性质及应用

聚氯乙烯防水卷材的性能大大优于沥青防水卷材，其抗拉强度、断裂伸长率、断裂强度高，低温柔性好，吸水率小，卷材的尺寸稳定，耐腐蚀性能好，使用寿命为 10～15 年甚至更高，属于中档防水卷材，也是我国目前用量较大的一种卷材。聚氯乙烯防水卷材原料丰富，价格便宜，容易黏结，主要用于各种工业与民用建筑的屋面和地下室、地下铁道、隧道、水利工程、交通工程以及粮库、游泳池、水池等防水、防潮、防腐工程。单层或复合使用，冷粘法或热风焊接法施工。

3. 氯化聚乙烯防水卷材（代号 CPE）

氯化聚乙烯防水卷材是以含氯率为 30%～40% 的氯化聚乙烯树脂为主要原料，加入适量的化学助剂和大量填料，采用塑料（或橡胶）的加工工艺，经捏合、塑炼及压延等工序加工制成的防水卷材。含氯率为 30%～40% 的氯化聚乙烯除具有热塑性树脂的性质外，还具有橡胶的弹性。

（1）产品分类

氯化聚乙烯防水卷材按有无复合层分类，无复合层的为 N 类、用纤维单面复合的为 L 类、织物内增强的为 W 类。每类产品按理化性能分为 Ⅰ 型和 Ⅱ 型。

（2）产品规格

卷材长度规格为：10m、15m、20m；

厚度规格为：1.2mm、1.5mm、2.0mm。

其他长度、厚度规格可由供需双方商定，厚度规格不得低于 1.2mm。

（3）产品的理化性能

按照《氯化聚乙烯防水卷材》GB 12953—2003 的规定，氯化聚乙烯防水卷材中 N 类无复合层的卷材理化性能应符合表 8-13 的规定；L 类纤维单面复合及 W 类织物内增强的卷材应符合表 8-14 的规定。

N 类无复合层氯化聚乙烯防水卷材理化性能（GB 12953—2003）　　表 8-13

项　　目	Ⅰ 型	Ⅱ 型
拉伸强度（MPa）	≥5.0	≥8.0
断裂伸长率（%）	≥200	≥300
热处理尺寸变化率（%）	≤3.0	纵向 2.5 横向 1.5
低温弯折性	−20℃无裂纹	−25℃无裂纹
抗穿孔性	不渗水	
不透水性	不透水	
剪切状态下的黏合性/（N/mm）	3.0 或卷材破坏	

续表

项　目		Ⅰ型	Ⅱ型
热老化处理	外观	无起泡、裂纹、黏结与孔洞	
	拉伸强度变化率（%）	+50 -20	±20
	断裂伸长率变化率（%）	+50 -30	±20
	低温弯折性	-15℃无裂纹	-20℃无裂纹
耐化学侵蚀	拉伸强度变化率（%）	±30	±20
	断裂伸长率变化率（%）	±30	±20
	低温弯折性	-15℃无裂纹	-20℃无裂纹
人工气候加速老化	拉伸强度变化率（%）	+50 -20	±20
	断裂伸长率变化率（%）	+50 -30	±20
	低温弯折性	-15℃无裂纹	-20℃无裂纹

注：非外露使用可以不考虑人工气候加速老化性能。

L类纤维单面复合及W类织物内增强氯化聚乙烯防水卷材理化性能（GB 12953—2003）

表 8-14

项　目		Ⅰ型	Ⅱ型
拉力/(N/cm)		≥70	≥120
断裂伸长率（%）		≥125	≥250
热处理尺寸变化率（%）		≤1.0	
低温弯折性		-20℃无裂纹	-25℃无裂纹
抗穿孔性		不渗水	
不透水性		不透水	
剪切状态下的黏合性/ (N/mm) ≥	L类	3.0 或卷材破坏	
	W类	6.0 或卷材破坏	
热老化处理	外观	无起泡、裂纹、粘结与孔洞	
	拉力/(N/cm)	≥55	≥100
	断裂伸长率（%）	≥100	≥200
	低温弯折性	-15℃无裂纹	-20℃无裂纹
耐化学侵蚀	拉力/(N/cm)	≥55	≥100
	断裂伸长率（%）	≥100	≥200
	低温弯折性	-15℃无裂纹	-20℃无裂纹
人工气候加速老化	拉力/(N/cm)	≥55	≥100
	断裂伸长率（%）	≥100	≥200
	低温弯折性	-15℃无裂纹	-20℃无裂纹

注：非外露使用可以不考虑人工气候加速老化性能。

（4）产品标记

氯化聚乙烯防水卷材按产品名称（代号 CPE 卷材）、外露或非外露使用、类型、厚度、长×宽度和标准号顺序标记。示例：长度 20m、宽度 1.2m、厚度 1.50mm Ⅱ 型 L 类外露使用氯化聚乙烯防水卷材标记为：CPE 卷材 外露 Ⅱ L 1.5mm/20×1.2 GB 12953—2003。

（5）产品性质及应用

氯化聚乙烯防水卷材具有拉伸强度高、断裂伸长率高、不透水性好、耐油、耐酸碱、耐臭氧及低温柔性好等特点，属于中高档防水卷材，广泛应用于屋顶等部位的防水工程中。与三元乙丙橡胶防水卷材相比耐寒性较差，因此不适合在零度以下长期使用。

4. 氯化聚乙烯-橡胶共混防水卷材

氯化聚乙烯-橡胶共混防水卷材是以含氯量为 30%～40% 的热塑性弹性体氯化聚乙烯树脂和合成橡胶为主要原料，加入适量的硫化剂、促进剂、稳定剂、软化剂、填充剂等，经塑炼、混炼、过滤、压延或挤出成型、硫化等工序加工制成的防水卷材。

氯化聚乙烯-橡胶共混防水卷材既具有热塑性树脂的高强度和耐候性，又具有橡胶良好的低温弹性、低温柔性和伸长率。其性能与三元乙丙橡胶卷材相近，使用寿命保证在 10 年以上，但价格却低得多。与其配套的氯丁粘结剂，较好地解决了与基层黏结的问题。氯化聚乙烯-橡胶共混防水卷材属于中高档防水材料，可用于各种建筑、道路、桥梁、水利工程的防水，特别适合于屋面单层外露防水及严寒地区有较大变形的部位。单层或复合使用，冷粘法施工。

5. 氯磺化聚乙烯防水卷材（代号 CSM）

氯磺化聚乙烯防水卷材是以氯磺化聚乙烯橡胶为主要原料，加入适量的软化剂、交联剂、填料、着色剂后，经混炼、压延或挤出、硫化等工序加工而成的弹性防水材料。

根据《氯磺化聚乙烯（CSM）橡胶》GB/T 30920—2014 的规定，氯磺化聚乙烯防水卷材的主要技术性质有拉伸强度、拉断伸长率等。

氯磺化聚乙烯防水卷材具有良好的耐老化性、抗臭氧、耐热及阻燃等性能，且拉伸强度高、断裂伸长率高、耐高低温性好，对防水基层伸缩和开裂变形的适应性强，使用寿命可达 15 年以上，属于中高档防水卷材。氯磺化聚乙烯防水卷材可制成多种颜色，用这种彩色防水卷材做屋面外露防水层可起到美化环境的作用。氯磺化聚乙烯防水卷材特别适用于有腐蚀介质影响的部位做防水和防腐处理，也可用于其他防水工程。

8.3 防水涂料及密封材料

8.3.1 防水涂料

防水涂料是在常温下呈液态或无固定形状黏稠体，涂刷在建筑物表面后，由于水分或溶剂挥发，或成膜物组分之间发生化学反应，形成一层完整坚韧的膜，使建筑物的表面与水隔绝从而起到防水密封的作用。

与防水卷材相比，防水涂料有以下几个优点：

（1）整体防水性好。防水涂料在固化前呈黏稠状液态，能满足各类屋面、地面、墙面的防水工程的要求，特别对基材表面形状复杂的情况，如管道根、阴阳角处等，形成无接缝的完整的防水膜。为了增加强度和厚度，还可与玻璃布、无纺布等增强材料复合使用，如一布四涂、二布六涂等，更增强了防水涂料的整体防水性和抵抗基层变形的能力。

(2) 温度适应性强。因为防水涂料的品种多，可选择余地较大，可以满足不同地区气候环境的要求。防水涂层在-30℃低温下不开裂，在80℃高温下不流淌。

(3) 操作方便，施工速度快。涂料可喷可刷，节点处理简单，易于操作。水乳型涂料在基层稍潮湿的条件下仍可施工。冷施工不污染环境，比较安全。

(4) 易于维修。在屋面发生渗漏时，不必完全铲除整个旧防水层，只需在渗漏部位进行局部修理，或在原防水层上重做一层防水层。

防水涂料的不足之处主要为：

(1) 成型受环境温度制约，且膜层的力学性能受成型环境温度和湿度影响。

(2) 受基面平整度影响，膜层有薄厚不均的现象。

防水涂料目前主要按成膜物质分类。大致可分为三类：第一类是沥青与改性沥青防水涂料，按所用的分散介质可分为水乳型和溶剂型两种；第二类是合成树脂和橡胶系防水涂料，按所用的分散介质也可分为水乳型和溶剂型两种；第三类是无机系防水材料，如水泥类、无机铝盐类等。下面主要介绍常用的防水涂料。

1. 水乳型沥青防水涂料

水乳型沥青防水涂料是以水为介质，采用化学乳化剂和（或）矿物乳化剂制得的沥青基防水涂料。

按照《水乳型沥青防水涂料》JC/T 408—2005 的规定，水乳型沥青防水涂料按性能分为 H 型和 L 型，具体的物理力学性能应满足表 8-15 的要求。

水乳型沥青防水涂料物理力学性能（JC/T 408—2005）　　　　表 8-15

项　目		L 型	H 型
固体含量（%）		≥45	
耐热度（℃）		80±2	110±2
		无流淌、滑动、滴落	
不透水性		0.1MPa，30min 无渗水	
黏结强度（MPa）		≥0.30	
表干时间/h		≤8	
实干时间/h		≤24	
低温柔度[a]（℃）	标准条件	-15	0
	碱处理	-10	5
	热处理		
	紫外线处理		
断裂伸长率（%）	标准条件	≥600	
	碱处理		
	热处理		
	紫外线处理		

注：表中"a"表示供需双方可以商定温度更低的低温柔度指标。

2. 溶剂型沥青防水涂料

溶剂型沥青防水涂料由沥青、溶剂、改性材料和辅助材料组成,主要用于建筑工程防水、防潮和防腐,其耐水性、耐化学侵蚀性均较好,涂膜光亮平整,丰满度高。主要品种有:冷底子油、再生橡胶改性沥青防水涂料、氯丁橡胶沥青防水涂料和丁基橡胶沥青防水涂料等。其中,除冷底子油不能单独用作防水涂料,仅作为基层处理剂外,其他涂料均为较好的防水涂料。溶剂型沥青防水涂料具有弹性大、延伸性好、抗拉强度高、能适应基层变形,抗冲击性和抗老化性好等优点。由于使用有机溶剂,虽然固化速度快,但在配置时易引起火灾,且施工时要求基层必须干燥。同时,有机溶剂挥发时还会引起环境污染,加上目前溶剂价格不断上涨,因此,除特殊情况外,已较少使用该种涂料。

3. 合成树脂和橡胶系防水涂料

合成树脂和橡胶系防水涂料属合成高分子防水涂料,是以合成橡胶或合成树脂为主要的成膜物质,加入其他辅料配制的单组分或多组分防水涂料,属于高档防水涂料。目前应用比较多的是以下几种。

(1) 聚氨酯防水涂料

聚氨酯防水涂料是现代建筑工程中广泛使用的一种防水材料。

根据《聚氨酯防水涂料》GB/T 19250—2013 的规定,聚氨酯防水涂料按组分分为单组分(S)和多组分(M)两种,其中单组分涂料的物理性能和施工性能均不及双组分涂料。故我国自20世纪80年代聚氨酯防水涂料研制成功以来,主要应用双组分聚氨酯防水涂料。聚氨酯防水涂料中A组分为聚氨酯预聚体,B组分为交联剂及填充料,两者按一定比例混合均匀,经交联形成富有弹性的整体防水膜。

聚氨酯防水涂料按基本性能分为Ⅰ型、Ⅱ型和Ⅲ型,这三类防水涂料形成的薄膜具有优异的耐候性、耐碱性、耐油性、耐臭氧性以及耐海水侵蚀性,使用寿命为10~15年,而且弹性好、强度高、延伸率大(可达250%~500%)、耐高低温性能好,其基本性能应符合表8-16的规定。聚氨酯防水涂料与混凝土、陶瓷锦砖、大理石、钢材、木材、铝合金黏结良好,且耐久性较好,主要用于中高级建筑的屋面、地下室、外墙、卫生间、水池、地下管道、屋顶花园、游泳池等防水工程。

聚氨酯防水涂料的基本性能 (GB/T 19250—2013)　　表8-16

序号	项目		指标		
			Ⅰ	Ⅱ	Ⅲ
1	固体含量(%)	单组分	≥85.0		
		多组分	≥92.0		
2	表干时间(h)		≤12		
3	实干时间(h)		≤24		
4	流平性[a]		20min时,无明显齿痕		
5	拉伸强度(MPa)		≥2.00	≥6.00	≥12.0
6	断裂伸长率(%)		≥500	≥450	≥250
7	撕裂强度/(N/mm)		≥15	≥30	≥40
8	低温弯折性		−35℃,无裂纹		

续表

序号	项目		指标		
			Ⅰ	Ⅱ	Ⅲ
9	不透水性		0.3MPa，120min，不透水		
10	加热伸缩率（%）		−4.0～+1.0		
11	黏结强度（MPa）		≥1.0		
12	吸水率（%）		≤5.0		
13	定伸时老化	加热老化	无裂纹及变形		
		人工气候老化[b]	无裂纹及变形		
14	热处理（80℃，168h）	拉伸强度保持率（%）	80～150		
		断裂伸长率（%）	≥450	≥400	≥200
		低温弯折性	−30℃，无裂纹		
15	碱处理（0.1% NaOH + 饱和 Ca(OH)$_2$ 溶液，168h）	拉伸强度保持率（%）	80～150		
		断裂伸长率（%）	≥450	≥400	≥200
		低温弯折性	−30℃，无裂纹		
16	酸处理（2%H$_2$SO$_4$溶液，168h）	拉伸强度保持率（%）	80～150		
		断裂伸长率（%）	≥450	≥400	≥200
		低温弯折性	−30℃，无裂纹		
17	人工气候老化[b]（1000h）	拉伸强度保持率（%）	80～150		
		断裂伸长率（%）	≥450	≥400	≥200
		低温弯折性	−30℃，无裂纹		
18	燃烧性能[b]		B$_2$-E（点火15s，燃烧20s，Fs≤150mm，无燃烧滴落物引燃滤纸）		

注：1. 表中"a"表示该项性能不适用于单组分和喷涂施工的产品，流平性时间也可根据工程要求和施工环境由供需双方商定并在订货合同与产品包装上明示。

2. 表中"b"表示仅外露产品要求测定。

(2) 丙烯酸酯防水涂料

丙烯酸酯防水涂料是以丙烯酸树脂乳液为主，加入适量的填充料、颜料等配制而成的水乳型防水涂料。这种涂料具有耐高低温性能好、不透水性强、无毒、无味、操作简单等优点，可在各种复杂的基面表面上施工，并具有白色、多种浅色、黑色等，使用寿命为10～15年，广泛应用于外墙防水装饰及各种彩色防水层。丙烯酸酯防水涂料的缺点是延伸率小，可加入合成橡胶乳液予以改善，使其形成橡胶状弹性涂膜。

4. 无机防水涂料和有机无机复合防水涂料

(1) 水泥基渗透结晶型防水材料（代号CCCW）

水泥基渗透结晶型防水材料是以硅酸盐水泥或普通硅酸盐水泥、石英砂等为基材，掺入多种活性化学物质制成的粉状刚性防水材料。它的作用机理是其与水作用后，材料中含有的活性化学物质以水为载体向混凝土内部渗透，与水泥水化产物生成不溶于水的针状结晶体，填塞毛细孔道和微细缝隙，从而使混凝土致密、防水。

根据《水泥基渗透结晶型防水材料》GB 18445—2012 的规定，水泥基渗透结晶型防水材料按使用方法可分为水泥基渗透结晶型防水涂料（代号 C）和水泥基渗透结晶型防水剂（代号 A）。水泥基渗透结晶型防水材料具有无毒、环保、防腐、耐酸碱、自愈合性能好，可长期耐受高水压、提高混凝土强度，同时具有渗透功能，能通过化学反应渗透到混凝土内部产生结晶体堵住混凝土的毛细孔等一系列优点。该材料主要用于隧洞、地下连续墙、电缆隧道、地下涵洞、工业与民用建筑地下室地下车库、浴厕间、水库、水池、游泳池、电梯井等新建工程的防水施工，结构开裂（微裂）、渗水点、孔洞的堵漏施工，混凝土设施的弊病维修和混凝土结构及水泥砂浆等防腐工程。使用时，水泥基渗透结晶型防水涂料经与水拌合后调配成可刷涂或喷涂在水泥混凝土表面的浆料，亦可采用干撒压入未完全凝固的水泥混凝土表面。

（2）聚合物水泥防水涂料

聚合物水泥防水涂料（简称 JS 防水涂料）是近年来发展较快、应用广泛的新型建筑防水材料。该涂料是以丙烯酸酯、乙烯-乙酸乙烯酯等聚合物乳液和水泥为主要原料，加入填料及其他助剂配制而成，经水分挥发和水泥水化反应固化成膜的双组分水性防水涂料。这类涂料兼有聚合物涂膜的延伸性、防水性，以及水硬性材料强度高、易于潮湿基层黏结等优点，可在干燥或稍潮湿的砖石、砂浆、混凝土、金属、木材、玻璃、硬塑料、沥青、石膏板、泡沫板、橡胶以及 SBS、APP、聚氨酯等防水材料基面上施工，对于新旧建筑物（房屋、地下工程、桥梁、隧道、水池、水库等）均可使用。同时，可用作黏结剂及外墙装饰涂料。

产品按物理力学性能分为Ⅰ型、Ⅱ型和Ⅲ型，Ⅰ型是以聚合物为主的防水涂料，适用于活动量较大的基层；Ⅱ型和Ⅲ型是以水泥为主的防水涂料，适用于活动量较小的基层。其物理力学性能应符合表 8-17 的要求。

聚合物水泥防水涂料物理力学性能（GB/T 23445—2009） 表 8-17

序号	试验项目		技术指标		
			Ⅰ型	Ⅱ型	Ⅲ型
1	固体含量（%）		≥70	≥70	≥70
2	拉伸强度	无处理（MPa）	≥1.2	≥1.8	≥1.8
		加热处理后保持率（%）	≥80	≥80	≥80
		碱处理后保持率（%）	≥60	≥70	≥70
		浸水处理后保持率（%）	≥60	≥70	≥70
		紫外线处理后保持率（%）	≥80	—	—
3	断裂伸长率	无处理（MPa）	≥200	≥80	≥30
		加热处理后保持率（%）	≥150	≥65	≥20
		碱处理后保持率（%）	≥150	≥65	≥20
		浸水处理后保持率（%）	≥150	≥65	≥20
		紫外线处理后保持率（%）	≥150	—	—
4	低温柔性（ϕ10mm 棒）		−10℃无裂纹	—	—

续表

序号	试验项目		技术指标		
			Ⅰ型	Ⅱ型	Ⅲ型
5	黏结强度	无处理（MPa）	≥0.5	≥0.7	≥1.0
		潮湿基层（MPa）	≥0.5	≥0.7	≥1.0
		碱处理（MPa）	≥0.5	≥0.7	≥1.0
		浸水处理（MPa）	≥0.5	≥0.7	≥1.0
6	不透水性（0.3MPa，30min）		不透水	不透水	不透水
7	抗渗性（砂浆背水面）/MPa		—	≥0.6	≥0.8

8.3.2 密封材料

防水密封材料是指嵌入建筑物接缝、裂缝、门窗框和玻璃周边以及管道接头处，能承受接缝位移以达到气密、水密目的的材料。密封材料应具有良好的黏结性、弹塑性、耐老化和对温度变化的适应性，能长期经受被粘构件的收缩变形以及振动而不失去密封性能。

目前常用的密封材料有以下种类。

1. 沥青嵌缝油膏

沥青嵌缝油膏是以石油沥青为基料，加入改性材料、稀释剂、填充料等混合配制而成的黑色膏状材料。改性材料有废橡胶粉和硫化焦鱼油，稀释剂有松焦油、松节重油和机油；填充料有石棉绒和滑石粉等。

沥青嵌缝油膏黏结性好、耐热、耐寒、耐酸碱、造价低、施工方便、不易老化、经久耐用，主要用于屋面、墙面、沟和槽的密封防水防潮防漏防渗的涂嵌。使用油膏嵌缝时，要保证板缝洁净干燥，先刷冷底子油一道，待干燥后嵌填油膏。油膏表面可加石油沥青毡砂浆等覆盖。

2. 聚氯乙烯油膏

聚氯乙烯油膏是以煤焦油和聚氯乙烯（PVC）树脂粉为基料，按一定比例加入增塑剂（邻苯二甲酸二丁酯、邻苯二甲酸二辛酯）、稳定剂（三盐基硫酸铝、硬脂酸钙）及填充料（滑石粉、石英类）等，在140℃时塑化而成的膏状密封材料，简称PVC油膏。

PVC接缝材料具有良好的黏结性、防水性、弹塑性，耐热、耐寒、耐腐蚀和抗老化性能也较好。适用于各种屋面嵌缝、大型墙板嵌缝或表面涂布作为防水层，也可用于有硫酸、盐酸、硝酸和氢氧化钠等腐蚀性介质的屋面工程和地下管道工程。

3. 硅酮密封膏

硅酮密封膏是以硅氧烷聚合物为主体，加入硫化剂、硫化促进剂以及增强填料组成的室温固化型密封材料。具有良好的耐热、耐寒和耐候性，与各种材料都有较好的黏结性能，耐水性好，耐拉伸压缩疲劳性强。

硅酮密封膏分为F类和G类两种类别。其中，F类为建筑接缝用密封膏，适用于预制混凝土墙板、水泥板、大理石板的外墙接缝，混凝土和金属框架的黏结，卫生间和公共接缝的防水密封等；G类为镶装用密封膏，主要用于镶嵌玻璃和建筑门、窗的密封。

思考与练习

1. 什么是防水材料？防水工程按所用材料不同可分为哪两种类型？
2. 石油沥青的组分有哪些？各组分相对含量的变化对石油沥青的性质有何影响？
3. 石油沥青有哪些主要技术性质？各用什么指标表示？
4. 高聚物改性沥青防水卷材常用的品种有哪些？各有何特点？
5. 合成高分子防水卷材常用的品种有哪些？各有何特点？
6. 与防水卷材相比，防水涂料有哪些优点？常用的防水涂料品种有哪些？
7. 常用的建筑密封材料有哪些类型？各有何特点？分别适用于什么地方？

9 木材及其制品

学习目标
- 了解木材的分类、构造及其特点；
- 了解木质装饰材料的性质及分类；
- 掌握木材的防腐与防火。

木材是最古老的建筑材料之一。在建筑工程中，门窗、屋架、梁、柱、模板、地板、隔墙、脚手架等，都可以使用木材来建造。虽然现代建筑所用承重构件早已被钢材或混凝土等替代，但木材因为其美观的天然纹理，装饰效果较好，所以仍被广泛用作装饰和装修材料。不过由于木材具有构造不均匀、各向异性、有天然缺陷、易吸湿变形、易腐朽、易受虫害、易燃等缺点，且存在树木生长周期十分缓慢、成材不易等原因，在应用上受到了限制。因此，对木材合理节约使用和综合利用是十分重要的。

9.1 木材及其性能

9.1.1 木材分类

木材属于天然的建筑材料，是由树木加工而成的。树木按照树种可分为针叶树和阔叶树两大类，具体的主要特点、应用和树木种类见表9-1。

针叶树和阔叶树的主要特点、应用及树木种类　　　表9-1

分类	主要特点	主要应用	树木种类
针叶树（软木材）	树叶细长，成针状，多为常绿树；树干通直高大，纹理顺直，木质均匀且较软，易加工；强度较高，表观密度小；耐腐蚀性较强，胀缩变形小	建筑工程中主要使用的树种，多用于承重构件、门窗等	松树、杉树、柏树等
阔叶树（硬木材）	树叶宽大，叶脉呈网状，多为落叶树；树干通直部分一般比较短，材质较硬，加工较难；表观密度大，胀缩变形大，易翘曲开裂；加工后木纹和颜色美观	常用作制作家具、内部装饰、次要的承重构件和胶合板等	榆树、桦树、水曲柳等

9.1.2 木材的构造

木材的构造是决定木材性质的主要因素。树种的不同以及生长环境的差异使其构造差别很大。研究木材的构造通常是从宏观和微观两个方面进行。

1. 木材的宏观构造

木材的宏观构造是指用肉眼或放大镜观察的组织形态，通常从树干的三个切面来进行剖析，即横切面（垂直于树轴的面）、径切面（通过树轴的纵切面）和弦切面（平行于树轴的纵切面），具体的宏观构造如图 9-1 所示。从横切面可以看出，木材是由树皮、木质部和髓心三部分组成。髓心是树木最早形成的木质部分，易于腐朽，一般不用。木质部是建筑材料使用的主要部分，木质部的颜色不均一，靠近树皮材色较浅的部分称为边材，靠近髓心材色较深的部分称为心材。心材比边材的水分较少，利用价值要大些。

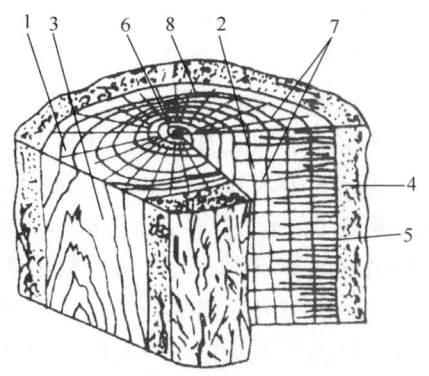

图 9-1　木材的宏观构造
1—横切面；2—径切面；3—弦切面；
4—树皮；5—木质部；6—髓心；
7—髓线；8—年轮

从横切面上看到木质部具有深浅相间的同心圆环即为年轮。在同一年轮中，春天生长的木质颜色较浅、较疏松，称为春材（早材）；夏秋两季生长的木质颜色较深、较紧密，称为夏材（晚材）。相同的树种，年轮越密且均匀，材质越好。夏材部分越多，木材强度越高，质量越好。晚材率的多少是衡量木材强度大小的一个重要指标，晚材率越高，密度越大，木材强度越大。晚材率计算公式见式 9-1，晚材率自髓心向外逐渐增加，但达到最大限度后便开始减低，所以，年轮越靠近树皮，晚材率越小。

$$晚材率 = \frac{晚材宽度}{年轮宽度} \times 100\% \tag{9-1}$$

从髓心向外的线称为髓线，它与周围连接较差，木材干燥时易沿此开裂。

2. 木材的微观构造

木材的微观构造是借助显微镜才能看到的细胞组织。用显微镜可以观察到，木材是由无数管状细胞组成，它们大部分纵向排列，而髓线是横向排列。每个细胞都由细胞壁和细胞腔组成，细胞壁由若干层纤维组成，其纵向连接较横向牢固。细胞壁越厚，细胞腔越小，木材越密实，其表观密度和强度也较高，胀缩变形也越大。细胞壁决定了木材的力学性质，木材的纵向强度高于横向强度，所以木材具有各向异性；细胞壁、细胞间存在大量空隙，决定了木材具有明显的吸湿性。

针叶树和阔叶树在微观构造上有较大的差别。针叶树材微观构造组成简单，主要由管胞和木射线组成，针叶树的木射线一般较细且在肉眼下不可见。阔叶树材的显微构造较复杂，其细胞主要由导管、木纤维、木射线和轴向薄壁组织等组成。阔叶材中的导管在木材横切面上呈孔穴状，直径较大，在木材横切上呈圆孔，所以阔叶材又称有孔材。

9.1.3　木材的性质

木材的性质主要有吸湿性、湿胀与干缩变形、强度等方面。

1. 吸湿性

木材中存在大量的孔隙，潮湿的木材在干燥的空气中会失去水分，干燥的木材能从周围空气中吸收水分，这种性能称为木材的吸湿性，用含水率表示。含水率是指木材所含水的质量与干燥木材质量之比，见式 9-2。木材所含水分不同，对木材的性质影响也不一样。

$$W = \frac{m_湿 - m_干}{m_干} \times 100\% \tag{9-2}$$

式中　W ——木材含水率，%；

$m_{湿}$——含水后的木材质量，kg；

$m_{干}$——干燥的木材质量，kg。

(1) 木材中的水分

木材吸水的能力很强，其含水量随所处环境的湿度变化而异。木材中的水分可以分为自由水、吸附水和结合水三部分。自由水是处于细胞壁以外（细胞腔及细胞间隙）的水；吸附水是处于细胞壁内细纤维之间的水分；结合水是木材化学成分中的结合水。自由水对木材的性能影响不大，只与木材的表观密度、保水性、燃烧性能和干燥性等有关。吸附水含量的变化将会导致木纤维之间距离的改变，是影响木材强度和胀缩变形的主要因素。结合水在常温下不变化，故其对木材性质无影响。

(2) 木材中的平衡含水率

当木材在某种介质中放置一段时间后，木材的含水率基本稳定，即从介质中吸收的水分和散失的水分相等，木材的含水率与周围介质的湿度达到了平衡状态，这时木材的含水率称为平衡含水率。木材的平衡含水率是木材在加工、使用之前将其干燥时的重要指标。木材的平衡含水率会随所在地区的不同而异，我国木材平衡含水率北方为12%左右，南方为18%左右，长江流域一般为15%左右。

(3) 木材中的纤维饱和点

当木材中无自由水，而细胞壁内吸附水达到饱和时，这时的含水率称为木材的纤维饱和点。纤维饱和点是木材物理力学性质变化的转折点。木材含水率在纤维饱和点以上变化时，木材的形体、强度、电、热等性质都几乎不受影响。反之，当木材含水率在纤维饱和点以下变化时，上述木材性质就会因含水率的增减产生显著而有规律的变化。木材的纤维饱和点随树种而异，一般介于25%~35%，通常取其平均值，约为30%。

2. 木材的湿胀与干缩变形

木材细胞壁内吸附水含量的变化会引起木材的变形，即湿胀干缩变形。木材具有显著的湿胀干缩性能。当木材的含水率在纤维饱和点以上时，只是自由水增减变化，木材的尺寸并不改变，仅容重减小。但当木材的含水率在纤维饱和点以下时，表面水分都吸附在细胞壁的纤维上，它的增加或减少能引起木材体积的膨胀和收缩。因此，纤维饱和点是木材发生湿胀干缩变形转折点。

由于木材为非匀质构造，故各方向胀缩量也不相同。顺纤维方向干缩变形最小，径向较大，弦向最大。因此，树木干燥后，其截面形状和尺寸会发生显著变化。另外，木材的湿胀干缩变形还随树种、构造不同有差异，一般体积密度大，夏材含量多的木材，胀缩变形较大。

木材的变形对其使用有严重的影响，能使木材产生裂纹、翘曲和扭曲，引起木结构的结合松弛或表面鼓凸。所以木材在加工或使用前应预先进行干燥，使木材的含水率与使用环境常年平均平衡含水率相一致。

3. 木材的强度

在建筑结构中，木材常用的强度有抗压、抗拉、抗弯和抗剪强度。由于木材属于非均质的各向异性材料，所以木材的强度有顺纹和横纹之分。所谓顺纹是指作用力方向与纤维方向平行；横纹是指作用力方向与纤维方向垂直。木材的顺纹强度比横纹强度大得多，因此在工程上充分利用它的顺纹强度。木材的各种强度对比见表9-2。

木材各项强度值的比较（以顺纹抗压强度为1）　　　表 9-2

抗压		抗拉		抗弯	抗剪	
顺纹	横纹	顺纹	横纹		顺纹	横纹
1	1/10～1/3	2～3	1/20～1/3	3/2～2	1/7～1/3	1/2～1

木材的强度除由本身组织构造因素决定外，还与以下因素有关。

(1) 含水率。木材的含水率低于纤维饱和点时，随含水率降低，吸附水较少，强度增加；反之降低。含水率超过纤维饱和点时，所增加的是自由水，对强度不再产生影响。含水率的变化对其各方向的强度影响也不相同，受影响最大的是顺纹抗压强度，其次是抗弯强度，对顺纹抗剪强度影响较小，而对顺纹抗拉强度几乎没有影响。

(2) 温度。木材受热时，细胞壁中胶结物质会软化，因此木材随温度升高强度会降低。

(3) 荷载时间。木材在长期荷载作用下能无限期负荷而不引起破坏的最大强度，称为持久强度。木材的持久强度比其极限强度小得多，一般为极限强度的50%～60%。这是由于木材在荷载长期作用下产生了等速徐变的结果。

(4) 疵病。木材在生长、采伐、保存过程中，所产生的内部和外部的缺陷，统称为疵病。木材的疵病主要有木节、裂纹、腐朽、斜纹、虫害等。这些疵病会破坏木材的构造，造成材质的不连续性和不均匀性，从而使木材的强度大大降低。

9.2　木　材　应　用

9.2.1　木材规格

建筑用木材按照加工程度和用途可分为原条、原木、锯材三类。

原条是指已经去掉根、皮、树梢的木料，但尚未按一定尺寸加工成规定的材种，如建筑工程中使用的脚手杆等。

原木是由原条按一定尺寸加工成规定长度的木材，它分为直接使用的原木、待加工用的原木及特级原木。直接使用的原木用于建筑中的檩、椽、木桩、供电用的电线杆等；待加工用的原木可锯制成锯材或加工成木材制品；特级原木可供作高级建筑装修、装饰及各种特殊需要。

锯材是原木经纵向锯解加工可制成板材，板材分为薄板、中板、厚板三种。主要用于建筑工程、桥梁、家具、造船、包装箱板等。

9.2.2　木材产品

木材具有的天然纹理使木材的装饰效果典雅、亲切、温和、自然，很好地促进人与空间的融合和情感交流，从而创造出良好的室内氛围。常用的木材产品有实木地板、实木复合地板和强化木地板等。

1. 实木地板

实木地板是木材经烘干、加工后形成的地面装饰材料，基本保持了原料自然的花纹，脚感舒适、使用安全是其主要特点。实木地板是由天然树木制成，因而"环保"是其一大特点。

用于实木地板的木材树种要求纹理美观，材质软硬适度，尺寸稳定性和加工性都较好。实木地板的材料取自的树种非常多，因而价格差异很大，珍贵的有花梨木、柚木，较普通的有槭木、柞木、水曲柳，价廉的有杉木、松木等。价格一般在 100～400（元/m²）之间，因而，价格因素是制约实木地板应用的重要原因。

常用的实木地板有条木地板和拼花木地板。条木地板主要采用空铺的方式，具有整体感强、自重轻、弹性好、冬暖夏凉、易于清洁等优点，主要用于办公室、会议室、休息室、住宅起居室、卧室、健身房等地面装饰。拼花木地板是用阔叶树种的硬木材，经干燥处理并加工成一定几何尺寸的木块，再拼造出多种图案花纹，例如正芦席纹、人字纹等，具有耐磨、耐腐蚀、质感和光泽好、不易变形等优点，主要用于宾馆、会议室、宾馆客房、别墅、体育馆、影剧院、住宅等地面的装饰。

2. 实木复合地板

实木复合地板是由不同树种的板材交错层压而成，既有实木地板美观自然、脚感舒适、保温性能好的优点，又克服了实木地板因单体收缩，容易起翘开裂的不足。如今为了生存环境不再恶化，世界各国普遍重视森林资源保护问题。与实木地板相比，实木复合地板具有节约资源、安装简便、不必打蜡维护、耐磨性好等优点，但在生产过程中不可避免地要用到大量胶水，有一定量的甲醛，因此环保性较差，广泛用于住宅等地面的装饰。

3. 强化木地板

强化木地板主要由耐磨层、装饰层、高密度基材层、防潮层通过合成树脂热压胶合而成，具有用途广泛、花色品种多、质地硬、不变形、防火、耐磨、维护简单、施工方便等优点，缺点是材料性冷、脚感偏硬、环保性较差，主要用于会议室、办公室、中高档宾馆及民用住宅的地面装修等。

9.2.3 人造板材

我国是森林资源贫乏的国家，为了保护环境，实现可持续发展，必须合理地、综合地利用木材。充分利用木材加工后的边角废料以及废木材，加工制成各种人造板材是综合利用木材的主要途径。

人造板材幅面宽、表面平整光滑、不翘曲不开裂，经加工处理后还具有防水、防火、防腐、耐酸等性能。常用的人造板材有胶合板、纤维板、刨花板等。

1. 胶合板

胶合板是由原木板旋切成薄片，再按照相邻各层木纤维互相垂直重叠，用胶黏合热压而成的板材。胶合板的层数常为奇数，最多层数为 15 层，建筑工程中常见的有三合板、五合板和七合板等。根据《普通胶合板》GB/T 9846—2015 的要求，胶合板的分类见表 9-3。

胶合板的分类、性能及应用（GB/T 9846—2015）　　　　　表 9-3

分类	名称	性能	应用
Ⅰ	耐气候胶合板	耐久、耐煮沸或蒸汽处理	室外工程
Ⅱ	耐水胶合板	耐冷水浸泡及短时间热水浸渍、不耐煮沸	潮湿环境
Ⅲ	不耐潮胶合板	不耐水、不耐湿	室内工程（干燥环境）

胶合板克服了木材的天然缺陷和局限，大大提高了木材的利用率，胶合板具有材质均匀、强度高、不翘曲不开裂、木纹美丽、色泽自然、幅面大、平整易加工、施工方便、装

饰性好等优点，广泛用作建筑物室内隔墙板、护壁板、顶棚板、墙裙以及各种家具装修。

2. 纤维板

纤维板又称密度板，是将木材加工下来的树皮、刨花、树枝等废料经破碎、浸泡、研磨成木浆，再加入一定的胶料，经热压成型、干燥处理而成的板材。

纤维板的主要优点：

(1) 胀缩性小、不翘曲、不开裂；

(2) 很容易进行涂饰加工。各种涂料、油漆类均可均匀地涂在密度板上，是做油漆效果的首选基材；

(3) 是一种美观的装饰板材；

(4) 各种木皮、印刷纸、PVC、胶纸薄膜、三聚氰胺浸渍纸和轻金属薄板等材料均可在密度板表面上进行饰面；

(5) 硬质密度板经冲制，钻孔，还可制成吸声板，应用于建筑的装饰工程中；

(6) 物理性能极好，材质均匀，不存在脱水问题。

纤维板的主要缺点是不防潮、遇水膨胀率大、握钉力较差。

虽然纤维板耐潮性、握钉力较差，螺钉旋紧后如果发生松动不易再固定，但是纤维板表面光滑平整、材质细密、性能稳定、边缘牢固、容易造型，避免了腐朽、虫蛀等问题。在抗弯曲强度和冲击强度方面均优于刨花板，而且板材表面的装饰性极好，比实木家具外观尤胜一筹。主要用于门板、强化木地板、家具和室内装修等。

3. 刨花板

刨花板又叫蔗渣板、碎料板，是由木材或其他木质纤维素材料制成的碎料（如木材刨花、亚麻屑、甘蔗渣等），施加胶粘剂后在热力和压力作用下胶合成的人造板。

刨花板表面平整、纹理清晰、隔热、吸声，属于低档次的装修材料，且强度较低，一般主要用作绝热、吸声材料，用于地板的基层（实铺）、吊顶、隔墙、家具等。

4. 木丝板和木屑板

木丝板、木屑板是用短小废料刨制的木丝、木屑等为原料，经干燥后拌入胶料，再经热压成型而制成的人造板材。所用胶结料可为合成树脂胶，也可用水泥、菱苦土等无机胶结料。

这类板材表观密度小，强度较低，主要用作绝热和吸声材料。有的表层做了饰面处理，如粘贴塑料贴面后，可用作吊顶、隔墙或家具等材料。

5. 细木工板

细木工板也称复合木板、大芯板，属于特种胶合板的一种。它是以优质天然木板条拼接，两面各覆盖两层优质单板，再经冷、热压机胶压而成。细木工板具有质轻、吸声、绝热、握钉力好、表面平整、幅面宽大、可代替实木板等特点，使用非常方便，适用于家具、车厢、船舶和建筑物内装修等。

9.3 木材的干燥、防腐与防火

9.3.1 木材的干燥

木材的干燥是指在热力作用下以蒸发或沸腾的汽化方式排出水分的处理过程。

1. 对木材进行干燥处理的目的

(1) 提高木材和木制品使用的稳定性；

(2) 提高木材和木制零件的强度，当木材含水率低于纤维和饱和点时，木材的强度将随着木材含水率的降低而提高；

(3) 预防木材的变质和腐朽；

(4) 减轻木材的重量。

2. 木材的干燥方法

木材的干燥方法分为自然干燥法和人工干燥法两种。

(1) 自然干燥法

自然干燥法是将木材相互架空，堆积在通风良好的棚内，避免阳光直射和雨淋，利用空气的自然对流，使木材中的水分逐渐蒸发，达到一定的干燥程度。自然干燥法简单易行，成本低。但干燥需要的时间长，且只能达到风干程度，并且容易发生虫蛀和腐朽。

(2) 人工干燥法

人工干燥法是利用人工方法排除木材中的水分，常用的方法有浸材法、蒸材法和热炕法，详见表 9-4。

人工干燥法的做法及优缺点 表 9-4

分类	做 法	优 点	缺 点
浸材法	将潮湿的木材浸入流动水中约 2~5 个月，将木材中的树液充分溶解出去，再进行风干或蒸干的方法	可以减少木材的变形，比自然干燥法节省一半时间	木材的强度有所下降
蒸材法	将潮湿的木材堆放在密闭的干燥室内，通入蒸汽，使室内温度逐渐升高，达到 60~70℃后保持一段时间，蒸好后，再出室进行自然干燥	干燥速度快，并有杀虫、灭菌的作用	木材的弹性、强度有所下降，光泽也有损失
热炕法	将湿木材堆放在设有火炕的干燥室内，利用火炕的热量来干燥木材。火炕的升温应缓慢，以防木材开裂，室温控制在 80℃以下	可将木材含水量干燥至最低的程度	不适合大量木材干燥采用

9.3.2 木材的防腐

木材的腐朽为真菌侵害所致。木材受到真菌侵害后，其细胞改变颜色，细胞壁受到破坏，结构逐渐变松、变脆，强度和耐久性降低，这种现象称为木材的腐蚀或腐朽。

寄生木材的真菌可分为腐朽菌、软腐菌、木材变色菌及霉菌三类。前两种真菌寄生在木材的细胞壁中，分泌出一种酵素，把细胞壁物质分解成简单的养分，供自身生存和繁殖需要，从而引起木材的腐朽和破坏。木材的变色菌和霉菌则是从贮存在细胞腔中的物质得到它们的食物，因此它们对木材质量影响较小。真菌在木材中生存和繁殖必须同时具备以下四个条件：

(1) 适宜的温度。真菌和其他植物一样，在温暖条件下生长比冷气气候下快得多。真菌繁殖的适宜温度 25~35℃，温度低于 5℃时，真菌停止繁殖，而高于 60℃时，真菌则死亡。

(2) 氧气。真菌繁殖和生存需要一定氧气存在，所以完全浸入水中的木材，则因缺氧而不易腐朽。

(3) 水分。真菌繁殖生存时适宜的木材含水率是35%～50%，木材含水率在稍超过纤维饱和点时易产生腐朽，而对含水率20%以下的气干木材不会发生腐朽。

(4) 充足的养料。以木质素、储藏的淀粉、糖类及分解纤维素葡萄糖为营养。

木材除受真菌侵蚀而腐朽外，还会遭受昆虫的蛀蚀。昆虫在树皮内或木材细胞中产卵，孵化成幼虫，幼虫蛀蚀木材，形成大小不一的虫孔。常见的蛀虫有白蚁、天牛、蠹虫等。

木材防腐的基本原理在于破坏真菌及虫类生存和繁殖的条件。常用的方法有两种：一种是将木材干燥至含水率在20%以下，保证木材处于干燥状态，要注意通风排湿，对于木结构表面进行油漆处理，油漆层使木材隔绝了空气和水分。另一种方法是将木材变为有毒物质，使其不适于做真菌的养料。常用的办法是用化学防腐剂对木材进行处理，处理方法有表面喷涂法、浸渍法和压力渗透法等。常用的防腐剂有水溶性防腐剂、油类防腐剂等。水溶性防腐剂常用于室内木构件的防腐，如氯化锌、氟化钠、氟硅酸钠、铜铬砷（CCA）、氨溶烷基胺铜（ACQ）等。油类防腐剂的毒性大且持久，不易被水冲走，不吸湿，且有臭味，多用于室外、地下和水下，主要用于工业用材，常用煤焦油、蒽油等。

9.3.3 木材的防火

木材的碳氢化合物含量高，是易燃材料。迄今尚无使木材在靠近火源时不燃烧的方法。木材难燃的要求是降低木材燃烧速率，减少或阻滞火焰传播速度和加速燃烧表面的炭化过程。木材的防火处理主要有两种方法。

1. 木材的阻燃处理

木材经过阻燃剂处理后，可有效降低木材燃烧概率。阻燃剂的阻燃途径主要有：抑制木材高温下的热分解、抑制热传递和抑制气相及固相的氧化反应。由于阻燃途径是相辅相成、互相补充的，一种阻燃剂往往具有一种以上的阻燃作用，并有侧重，因此，木材阻燃剂配方一般都选用两种以上的成分进行复合。常用的木材阻燃剂有：磷系阻燃剂、氮系阻燃剂和硼系阻燃剂等。经过阻燃处理的木材，抗火性明显提高，木结构表面火焰的燃烧速度降低，相应地提高构件的耐火极限，改变其燃烧性能。

2. 木材的表面防护

木材的表面防护是在最后加工成型的木材及其制品上涂覆防火涂料或在其表面包裹不燃性材料，通过这个保护层达到隔热、隔氧、抑制燃烧的目的。这是目前对木材进行防火保护最有效的方法。木材防火涂料分为水性和油性两种，它是由多种高效阻燃材料和高强度的成膜物质组成，遇火后能迅速软化、膨胀、发泡，形成致密的蜂窝状隔热层，起到阻火隔热功能，对基材起到很好的保护作用。也可在木材表面安装防火石膏板，可使木材的耐火极限长达2h。

9.4 木材的储存保管

(1) 数量大、时间长的木材，应与自然干燥法相结合，露天码垛存放。

(2) 场地应地势高、平坦坚实、无杂草，应设有泄水沟渠和垛基，垛基的高度以雨水回溅不到最底层木材为准。

（3）码垛时应密排且留有适当空隙，板材应加设坡顶，并注意风向。

（4）有含水率要求的木材和成品，应放入棚库内，并保持干燥。

（5）各种木材的放置应保持规整，便于检查、发放和搬运；应按照树种、材种、规格和等级的不同，分别按一头齐码放；布局应合理，留有通道，应编有区、段、垛号。

（6）场库应远离火源和热源，现场应严禁烟火，并设有足够的消防设施，应经常检查，及时消除各种隐患。

思考与练习

1. 木材按树种分为哪几类？各有何特点和用途？
2. 木材从宏观构造观察有哪些部分组成？
3. 木材含水率的变化对木材性能有何影响？
4. 简述影响木材强度的因素。
5. 常用的木材产品有哪几种？各有何特点？
6. 常用的人造板材有哪几种？各适用于何处？
7. 如何做好木材的防腐和防火工作？

10 建筑装饰材料

学习目标
- 了解建筑装饰材料的发展、概念、含义、功能及应用，了解建筑装饰材料与工艺要求。
- 熟悉常用建筑装饰材料的主要组成、特性与应用。

建筑工程中将主要起到装饰和装修作用的材料称为建筑装饰材料。建筑装饰材料的应用范围很广，如内外墙面、地面、吊顶、屋面、室内环境等的装饰、装修等。建筑装饰材料具有适宜的颜色、质感，即装饰性，满足使用部位的功能要求，如一定的强度、硬度、防火性、阻燃性、耐火性、耐候性、耐水性、抗冻性、耐污染性、耐腐蚀性，有时还需具有一定的吸声性、隔声性和隔热保温性。建筑装饰材料，不仅能改善建筑的艺术环境，使人们得到美的享受，同时还兼有绝热、防潮、防火、吸声、隔声等多种功能，起着保护建筑物主体结构，延长其使用寿命以及满足某些特殊要求的作用，是现代建筑装饰不可缺少的一类材料。

10.1 建筑装饰材料概述

10.1.1 建筑装饰材料的种类

建筑装饰艺术设计和工程施工过程中，我们会使用到多种装饰材料，在建筑装饰设计行业中通常会采用不同的方法进行材料的分类和识别。不同的分类方法是我们从多种角度认识了解材料，更快捷地学习材料知识，理解材料性能，掌握使用方法的便捷途径。从多角度认识装饰材料对设计实践过程是非常重要的。以下几种常用的分类方法，可以帮助我们认识和区分装饰材料，对装饰材料建立起初步的认识。

1. 按用途分类

（1）基材：基材多用于完成装修工程的结构或用于饰面材料的基层。通常情况，多数基材在工程完工后被饰面材料覆盖是看不到的。

（2）面材（饰面材料）：一般情况在装修工程完工后是可被视觉感知的，经常直接用于室内环境中空间界面的表面装饰。

2. 按物理形态分类

装饰材料的自身形态也是我们划分、识别材料类型的方法，而且是在设计中极为实用的一种认识材料的方法，也是一种对装饰材料非常好的归纳。例如：木方料和石方料、板材、管材、线材、卷材、特殊型材等。

3. 按使用部位分类

在设计与施工中我们还经常根据装修施工工程中材料使用位置的不同对装饰材料进行

分类，常见的种类有天花吊顶材料、地面铺装材料、台面装饰材料、隔墙材料、室内墙面装饰材料、卫生间洁具、工艺装饰材料等。

4．按使用功能分类

根据材料的特殊使用功能进行的分类也是我们在室内设计与装修工程中常使用的方法。如：保温隔热材料、防水材料、防火材料、吸声材料、密封材料、绝缘安全材料、粘结材料等。

5．按施工工种分类

装饰工程施工中，经常根据材料的具体使用工种对装饰材料分类。主要把材料分为：木工材料、电工材料、瓦工材料、油工材料、水暖材料等。

6．按材料属性分类

利用材质属性进行装饰材料区分识别是最广泛采用的方法。涵盖的种类也最为齐全，如：木材类、石材类、陶瓷类、石膏类、矿棉类、水泥材质类、防火板类、玻璃类、马赛克类、金属类、墙纸类、皮革和织物类、油漆和涂料类、五金类等装饰材料。

10.1.2 建筑装饰材料的基本特征与装饰功能

1．基本特征

（1）颜色

材料的颜色决定于三个方面：材料的光谱反射；观看时射于材料上的光线的光谱组成；观看者眼睛的光谱敏感性。以上三个方面涉及物理学、生理学和心理学知识。但三者中，光线尤为重要，因为在没有光线的地方就看不出什么颜色。人的眼睛对颜色的辨认，由于某些生理上的原因，不可能两个人对同一个颜色感受到完全相同的印象。因此，要科学地测定颜色，应依靠物理方法在各种分光光度计上进行。

（2）光泽

光泽是材料表面的一种特性，在评定材料的外观时，其重要性仅次于颜色。光线射到物体上，一部分被反射，一部分被吸收，如果物体是透明的，则一部分被物体透射。被反射的光线可集中在与光线的入射角相对称的角度中，这种反射称为镜面反射。被反射的光线也可分散在各个方向中，称为漫反射。漫反射与上面讲过的颜色以及亮度有关，而镜面反射则是产生光泽的主要因素。光泽是有方向性的光线反射性质，它对形成于表面上的物体形象的清晰程度，亦即反射光线的强弱，起着决定性的作用。材料表面的光泽可用光电光泽计来测定。

（3）透明性

材料的透明性也是与光线有关的一种性质。既能透光又能透视的物体称为透明体。例如普通门窗玻璃大多是透明的，而磨砂玻璃和压花玻璃等则为中透明。

（4）表面组织

由于材料所有的原料、组成、配合比、生产工艺及加工方法的不同，使表面组织具有多种多样的特征：有细致的或粗糙的，有平整或凹凸的，也有坚硬或疏松的等。我们常要求装饰材料具有特定的表面组织，以达到一定的装饰效果。

（5）形状和尺寸

对于砖块、板材和卷材等装饰材料的形状和尺寸都有特定的要求和规格。除卷材的尺寸和形状可在使用时按需要剪裁和切割外，大多数装饰板材和砖块都有一定的形状和规格，如长方、正方、多角等几何形状，以便拼装成各种图案和花纹。

(6) 平面花饰

装饰材料表面的天然花纹（如天然石材），纹理（如木材）及人造的花纹图案（如壁纸、彩釉砖、地毯等）都有特定的要求以达到一定的装饰目的。

(7) 立体造型

装饰材料的立体造型包括压花（如塑料发泡壁纸）、浮雕（如浮雕装饰板）、植绒、雕塑等多种形式，这些形式的装饰大大丰富了装饰的质感，提高了装饰效果。

(8) 基本使用性

装饰材料还应具有一些基本性质，如强度、耐水性、抗火性、耐侵蚀等，以保证材料在一定条件下和一定时期内使用而不损坏。

2. 装饰功能

(1) 内墙装饰功能

内墙装饰的功能或目的是保护墙体，保证室内使用条件和使室内环境美观、整洁和舒适。墙体的保护一般有抹灰、油漆、贴面等。传统的抹灰能延长墙体使用年限，当室内相对湿度较高，墙面易被溅湿或需用水刷洗时，内墙需做隔汽隔水层予以保护。如浴室、手术室，墙面用瓷砖贴面，厨房、厕所做水泥墙裙或油漆或瓷砖贴面等。内墙饰面一般不满足墙体热工功能，但当需要时，也可使用保温性能好的材料如珍珠岩等进行饰面以提高保温性。内墙饰面对墙体的声学性能往往起辅助性功能，如反射声波、吸声、隔声等。内墙的装饰效果由下节谈到的质感、线型与色彩三要素构成。由于内墙与人处于近距离之内，较之外墙或其他外部空间来说，质感要求细腻逼真，线条可以是细致的也可以是粗犷有力的不同风格。色彩根据主人的爱好及房间内在性质决定，明亮度则可以随具体环境采用反光性、柔光性或无反光性装饰材料。

(2) 天棚装饰功能

天棚可以说是内墙的一部分，但由于其所处位置不同，对材料的要求也不同，不仅要满足保护天棚及装饰目的，还需具有一定的防潮、耐脏、容重小等功能。天棚装饰材料的色彩应选用浅淡、柔和的色调，给人以华贵大方之感，不宜采用浓艳的色调。常见的天棚多为白色，以增强光线反射能力，增加室内亮度。天棚装饰还应与灯具相协调，除平板式天棚制品外，还可采用轻质浮雕天棚装饰材料。

(3) 地面装饰功能

地面装饰的目的可分为三方面：保护楼板及地坪，保证使用条件及起装饰作用。一切楼面、地面必须保证必要的强度、耐腐蚀、耐磕碰、表面平整光滑等基本使用条件。此外，一楼地面还要有防潮的性能，浴室，厨房等要有防水性能，其他住室地面要能防止擦洗地面等生活用水的渗漏。标准较高的地面还应考虑隔汽、隔撞击声、吸声、隔热保温以及富有弹性，使人感到舒适，不易疲劳等功能。地面装饰除了给室内造成艺术效果之外，由于人在上面行走活动，材料及其做法或颜色的不同将给人造成不同的感觉。利用这一特点可以改善地面的使用效果。因此，地面装饰是建筑装饰的一个重要组成部分。

10.1.3 建筑装饰的基本要求与装饰材料的选择

1. 建筑装饰的基本要求

建筑装饰的艺术效果主要靠材料及做法的质感、线型及颜色三方面因素构成，也即常说的建筑物饰面的三要素，这也可以说是对装饰材料的基本要求。

(1) 质感

任何饰面材料及其做法都将以不同的质地感觉表现出来。例如，结实或松软、细致或粗糙等。坚硬而表面光滑的材料如花岗石、大理石表现出严肃、有力量、整洁之感。富有弹性而松软的材料如地毯及纺织品则给人以柔顺、温暖、舒适之感。同种材料不同做法也可以取得不同的质感效果，如粗犷的集料外露混凝土和光面混凝土墙面呈现出迥然不同的质感。饰面的质感效果还与具体建筑物的体型、体量、立面风格等方面密切相关。粗犷质感的饰面材料及做法用于体量小、立面造型比较纤细的建筑物就不一定合适，而用于体量比较大的建筑物效果就好些。另外，外墙装饰主要看远效果，材料的质感相对粗些无妨。建筑装饰多数是在近距离内观察，甚至可能与人的身体直接接触，通常采用较为细腻质感的材料。较大的空间如公共设施的大厅、影剧院、会堂、会议厅等的内墙适当采用较大线条及质感粗细变化的材料有好的装饰效果。室内地面因使用上的需要通常不考虑凹凸质感及线型变化，但陶瓷锦砖、水磨石、拼花木地板和其他软地面虽然表面光滑平整，却也可利用颜色及花纹的变化表现出独特的质感。

(2) 线型

一定的分格缝，凹凸线条也是构成立面装饰效果的因素。抹灰、刷石、天然石材、混凝土条板等设置分块、分格，除了为防止开裂以及满足施工接茬的需要外，也是装饰立面在比例、尺度感上的需要。例如，目前多见的本色水泥砂浆抹面的建筑物，一般均采取划横向凹缝或用其他质地和颜色的材料嵌缝，这种做法不仅克服了光面抹面质感平乏的缺陷，同时还使大面积抹面颜色欠均匀的感觉减轻。

(3) 颜色

装饰材料的颜色丰富多彩，特别是涂料一类饰面材料。改变建筑物的颜色通常要比改变其质感和线型容易得多。因此，颜色是构成各种材料装饰效果的一个重要因素。不同的颜色会给人以不同的感受。利用这个特点，可以使建筑物分别表现出质朴或华丽、温暖或凉爽，向后退缩或向前逼近等不同的效果，同时这种感受还受着使用环境的影响。例如，青灰色调在炎热气候的环境中显得凉爽安静，但在寒冷地区使用则会显得阴冷压抑。

2. 装饰材料的选择

建筑装饰的目的就是造就一个自然、和谐、舒适而整洁的环境，各种装饰材料的色彩、质感、触感、光泽等的正确选用，将极大地影响到室内环境。一般来说，建筑装饰材料的选用应根据以下几方面综合考虑。

(1) 建筑类别与装饰部位

建筑物有各式各样种类和不同功用，如大会堂、医院、办公楼、餐厅、厨房、浴室、厕所等，装饰材料的选择则各有不同要求。例如，大会堂庄严肃穆，装饰材料常选用质感坚硬而表面光滑的材料如大理石、花岗石，色彩用较深色调，不采用五颜六色的装饰。医院气氛沉重而宁静，宜用淡色调和花饰较小或素色的装饰材料。装饰部位的不同，材料的选择也不同。卧室墙面宜淡雅明亮，但应避免强烈反光，采用塑料壁纸、墙布等装饰。厨房、厕所应有清洁、卫生气氛，宜采用白色瓷砖或水磨石装饰。舞厅是一个娱乐场所，装饰可以色彩缤纷、五光十色，以给人刺激色调和质感的装饰材料为宜。

(2) 地域和气候

装饰材料的选用常常与地域或气候有关，水泥地坪的水磨石、花阶砖的散热快，在寒冷地区采暖的房间里会引起长期生活在这种地面上的感觉太冷，从而有不舒适感，故应采用木地板、塑料地板、高分子合成纤维地毯，其热传导低，使人感觉暖和舒适。在炎热的南方，则应采用有冷感的材料。在夏天的冷饮店，采用绿、蓝、紫等冷色材料使人感到有清凉的感觉。而地下室、冷藏库则要用红、橙、黄等暖色调，为人们带来温暖的感觉。

（3）场地与空间

不同的场地与空间，要采用与人协调的装饰材料。空间宽大的会堂、影剧院等，装饰材料的表面组织可粗犷而坚硬，并有突出的立体感，可采用大线条的图案。室内宽敞的房间，也可采用深色调和较大图案，不使人有空旷感。对于较小的房间，其装饰要选择质感细腻、线型较细和有扩空效应颜色的材料。

（4）标准与功能

装饰材料的选择还应考虑建筑物的标准与功能要求。例如，宾馆和饭店的建设有三星、四星、五星等级别，要不同程度地显示其内部的豪华、富丽堂皇甚至于珠光宝气的奢华气氛，采用的装饰材料也应分别对待。如地面装饰，高级的选用全毛地毯，中级的选用化纤地毯或高级木地板等。空调是现代建筑发展的一个重要方面，要求装饰材料有保温绝热功能，故壁饰可采用泡沫型壁纸，玻璃采用绝热或调温玻璃等。在影院、会议室、广播室等建筑装饰中，则需要采用吸声装饰材料如穿孔石膏板、软质纤维板、珍珠岩装饰吸声板等。总之，随建筑物对声热、防水、防潮、防火等不同要求，选择装饰材料都应考虑具备相应的功能需要。

（5）文化性

选择装饰材料时，要注意运用先进的材料与装饰技术，表现民族传统和地方特点。如装饰金箔和琉璃制品是我国特有的装饰材料，这些材料一般用于古建筑或纪念性建筑装饰，表现我国民族和文化的特色。

（6）经济性

从经济角度考虑装饰材料的选择，应有一个总体观念。即不但要考虑到一次投资，也应考虑到维修费用，且在关键问题上宁可加大投资，以延长使用年限，保证总体上的经济性。如在浴室装饰中，防水措施极为重要，对此就应适当加大投资，选择高耐水性装饰材料。

10.1.4 建筑装饰材料的发展方向

科学的进步和生活水平的不断提高，推动了建筑装饰材料工业的迅猛发展。除了产品的多品种、多规格、多花色等常规观念的发展外，近些年的装饰材料有如下发展特点：

1. 开发质量轻、强度高的产品

由于现代建筑向高层发展，对材料的容重有了新的要求。从装饰材料的用材方面来看，越来越多地应用如铝合金这样的轻质高强材料。从工艺方面看，采取中空、夹层、蜂窝状等形式制造轻质高强的装饰材料。此外，采用高强度纤维或聚合物与普通材料复合，也是提高装饰材料强度而降低其重量的方法。如近些年应用的铝合金型材、镁铝合金覆面纤维板、人造大理石，中空玻化砖等产品等。

2. 产品的多功能性

近些年发展极快的镀膜玻璃、中空玻璃、夹层玻璃、热反射玻璃，不仅调节了室内光线，也配合了室内的空气调节，节约了能源。各种发泡型、泡沫型吸声板乃至吸声涂料，不仅装饰了室内，还降低了噪声。以往常用作吊顶的软质吸声装饰纤维板，已逐渐被矿棉吸声板所代替，原因是后者有极强的耐火性。对于现代高层建筑，防火性已是装饰材料不可少的指标之一。常用的装饰壁纸，现在也有了抗静电、防污染、报火警、防X-射线、防虫蛀、防臭、隔热等不同功能的多种型号。

3. 向大规格、高精度发展

陶瓷墙地砖，以往的幅面均较小，当前国外多采用 300mm×300mm、400mm×400mm，甚至 1000mm×1000mm 的墙地砖。发展趋势是大规格、高精度和薄型。如意大利的面砖，2000mm×2000mm 幅面的长度尺寸精度为±0.2%，直角度为±0.1%。

4. 产品向规范化、系列化发展

装饰材料种类繁多，涉及专业面十分广，具有跨行业、跨部门、跨地区的特点，在产品的规范化、系列化方面我国目前已初步形成门类品种较为齐全、标准较为规范的工业体系。但总地来说，尚有部分装饰材料产品尚未形成规范化和系列化，有待于我们进一步努力。

10.2　常用建筑装饰材料

10.2.1　建筑装饰石材

1. 天然石材

建筑装饰石材因其优越的物理化学性能，使其不论在历史或现代的建筑行业中，都发挥着重要的作用。

（1）天然大理石

天然大理石是白云岩和石灰岩在高温高压下结晶而成。是一种隐晶结构。纯净的大理石由于不含任何杂质，所以外观呈纯白色，即汉白玉。汉白玉和艾叶青是我国出产的可以和国际知名石材相媲美的产品。大理石在形成过程中如果融入了其他杂质，就会呈现不同色彩或花纹或斑点，这就是大理石花色品种繁多，色彩绚丽多姿的原因。

（2）天然花岗岩

天然花岗岩是由长石、石英、云母等矿物组成的岩石。花岗岩是一种酸性岩石，使其具有极强的耐酸性，因而花岗岩结构致密，使用寿命在百年以上。

2. 人造石材

（1）水磨石板材

水磨石板材具有美观、适用、强度高、施工方便等特点，花色品种繁多，可以任意调配。水磨石板材是一种使用范围比较广泛的中低档地面装饰材料。根据成品制作过程可以分为"现浇水磨石地面"和"预制水磨石板材"两种。两种制品在使用过程中无特别明显的性能差异。

（2）人造大理石

人造大理石主要制作原理是由不饱和聚酯与天然无机矿物粉料进行混合制作而成。根据其制作原料的差异又可得到多种性能有差异的不同种制品，如水泥-树脂复合型人造石材、硅酸盐类人造大理石、微晶玻璃装饰板等。

10.2.2 建筑装饰陶瓷

陶瓷制品由其精美的外观及历久弥新的性能在人类文化历史中不仅作为建筑材料，同时作为艺术品，有着重要的历史地位。建筑行业所用的陶瓷制品绝大部分属于粗陶到粗炽的范畴。陶瓷制品根据其胚体致密程度及烧结温度可以分为：陶制品、炽制品和瓷制品三类。陶瓷制品的原料一般为含长石一类的黏土，在制作过程中根据成品的要求可选择精度不同的原材料。釉料的组成一般有黏土类矿物，长石类矿物及石英三种矿物。施釉的目的在于提高制品的物理性能及美观。陶瓷墙地砖主要品种有：

1. 釉面砖

釉面砖是用于建筑物内墙面装饰的薄板状精陶制品，又称内墙面砖，表面施釉，制品经烧成后表面平滑、光亮，颜色丰富多彩，图案五彩缤纷，是一种高级内墙装饰材料。施工过程中注意排砖弹线及基层的处理。

2. 墙地砖

墙地砖包括建筑外墙装饰贴面用砖和室内外地面用砖。由于目前这类砖的发展趋势向产品墙地两用，故称为墙地砖。

3. 新型墙地砖

（1）劈离砖。劈离砖又称劈裂砖，是将一定配比的原料，经粉碎、炼泥、真空格压成型。

（2）彩胎砖。彩胎砖是一种本色无釉瓷质饰面砖，它采用彩色颗粒土原料混合配料，压制成多彩坯体后，经一次烧成呈多彩细花纹的表面，富有天然花岗岩的纹点，有红、绿、黄、蓝、灰、棕等多种基色，多为浅色调，纹点细腻，质朴高雅。

（3）玻化砖。玻化砖是坯料在1230℃以上的高温下，使砖中的熔融成分成玻璃态，具有玻璃般的亮丽质感一种新型高级铺地砖。

（4）麻面砖。麻面砖是采用仿天然岩石色彩的配料，压制成表面凹凸不平的麻面坯体后，经一次烧成的炻质面砖。

10.2.3 建筑装饰玻璃

建筑玻璃正在向多品种多功能方面发展，兼具装饰性与适用性的玻璃新品种不断问世，从而为现代建筑设计和装饰设计提供了更大的选择性。

1. 玻璃基本性质

（1）玻璃的基本分类

玻璃是用石英砂、纯碱、长石、石灰石等为主要原料，在1550～1600℃高温下熔融、成型、并经急冷而成的固体材料。根据其化学组成可以把玻璃分为：钠玻璃、钾玻璃、铝镁玻璃、铅玻璃、硼硅玻璃、石英玻璃。

（2）玻璃的物理、化学及力学性质

1）玻璃的密度：普通玻璃的密度为 $2.45～2.55 g/cm^3$。玻璃的密度与其化学组成有关，故变化很大，且随温度升高而降低。

2）玻璃的光学性质：玻璃具有优良的光学性质，既能通过光线，还能反射光线吸收光。厚度大的玻璃和重叠多层玻璃是不易透光的。光线入射玻璃，表现有透射、反射和吸收的性质。

3) 玻璃的热工性质：玻璃的比热随温度而变化。在 15～100℃ 范围内，玻璃的比热为 $0.33～1.05×10^3 J/(kg·℃)$，在低于玻璃软化温度和高于流动温度的范围内，玻璃比热几乎不变。玻璃的导热性很小。

4) 玻璃的化学稳定性：玻璃具有较高的化学稳定性，但长期受到侵蚀性介质的腐蚀，也能导致变质和破坏。

5) 玻璃的力学性质：玻璃的力学性质决定其化学组成、制品形状、表面形状和加工方法等。凡含有未熔夹杂物、结石、节瘤或具有微细裂纹的制品，都会造成应力集中，从而降低玻璃的机械强度。

(3) 玻璃的表面加工和装饰

1) 玻璃的冷加工：研磨抛光、喷砂、切割与钻孔。

2) 玻璃的热加工：利用玻璃黏度随温度改变的特性以及其表面张力与导热系数的特点来进行。

2. 主要建筑装饰玻璃品种

(1) 钢化玻璃

钢化玻璃又称强化玻璃，有良好的机械性能和耐热抗震性能，玻璃钢化处理的方法主要有物理钢化和化学钢化。钢化玻璃的技术要求主要有：外观质量、抗冲击性、碎片状态、抗弯强度、透光度、热稳定性等。

(2) 镜面玻璃

镜面玻璃又称磨光玻璃，是用普通平板玻璃经过机械磨光、抛光而成的透明玻璃。磨光玻璃分单面磨光和双面磨光两种。

(3) 釉面玻璃

釉面玻璃是一种饰面玻璃。它是在玻璃表面涂敷一层彩色易熔性色釉，在熔炉中加热至釉料熔融，使釉层与玻璃牢固结合，再经退火或钢化等不同热处理而制成的产品。

(4) 夹层玻璃

直接合片法采用的夹层材料一般为聚乙烯醇缩丁醛（PVB），预聚法一般采用丙烯酸酯类聚合物作为夹层材料。品种主要有：遮阳夹层玻璃、电热夹层玻璃、防弹夹层玻璃、玻璃纤维增强玻璃、报警夹层玻璃、防紫外线夹层玻璃、隔声玻璃。

(5) 压花玻璃

压花玻璃又称滚玻璃，是在玻璃硬化前经过刻有花纹的滚筒，在玻璃单面或两面压上深浅不一的各种花纹图案。

(6) 毛玻璃

毛玻璃是指经研磨、喷砂或氢氟酸深蚀等加工，使玻璃表面（单面或双面）成为均匀粗糙的平板玻璃。

(7) 彩色玻璃

彩色玻璃又称为有色玻璃或饰面玻璃。彩色玻璃分透明和不透明两种。

(8) 彩绘装饰玻璃

彩绘装饰玻璃又称彩印装饰玻璃，是通过特殊的工艺过程，将绘画、摄影、装饰图案等直接绘制在玻璃上，彩色逼真，图案花纹有传统的花、鸟、虫、鱼类，也有现代派风格类，既可单块玻璃呈完整图案，也可多块镶拼完整图案。

（9）镭射玻璃

镭射玻璃是以普通玻璃为基材深加工而得到的一种新型装饰玻璃。经过特殊的工艺处理，玻璃背面出现全息或其他光栅，在太阳光、月光、灯光等光源照射下形成物理衍射分光，经金属材料反射后会出现艳丽的七色光，且同一感光点或感光面，因入射角不同而出现不同的色彩变化，使被装饰物显得华贵高雅。

（10）中空玻璃

中空玻璃是由两层或两层以上的平板玻璃、热反射玻璃、吸热玻璃、夹丝玻璃、钢化玻璃等组成，四周用高强度高气密性复合粘结剂将两片或多片玻璃与铝合框图、橡胶条、玻璃粘结、密封、中间充以干燥气体，也可以涂上各种颜色和不同性能的薄膜。中空玻璃的加工方法有焊接法、胶接法和熔接法。

10.2.4 建筑装饰涂料

涂敷于物体表面能与基体材料很好粘结并形成完整而坚韧保护膜，具防护、装饰、防锈、防腐、防水或其他特殊功能的物质称为涂料。将油漆用作建筑物表面装饰，在我国已有几千年的历史。涂料的用途很广，不仅仅限于建筑领域。我们把用于建筑领域的涂料称为建筑涂料。

1. 装饰涂料组成

涂料的组成可分为主要成膜物质、次要成膜物质、稀释剂和助剂四类。

（1）主要成膜物质：包括基料、胶粘剂和固着剂。其作用是将涂料中的其他组分粘结在一起，并能牢固地附着在基层表面，形成连续均匀、坚韧的保护膜。

（2）次要成膜物质：是指涂料中所用的颜料和填料，它们也是构成涂膜的组成部分，并以微细粉状均匀地分散于涂料介质中，赋予涂膜以色彩、质感、使涂膜具有一定的遮盖力。

（3）颜料：具有良好的耐碱性，有较好的耐候性，资源丰富、价格便宜，无放射性污染，安全可靠。

（4）填料：填料的主要作用在于改善涂料的涂膜性能，降低生产成本。填料主要是一些碱土金属盐、硅酸盐和镁、铝的金属盐等，主要有重晶石粉等。

（5）溶剂：溶剂又称稀释剂，也是溶剂性涂料的一个重要组成部分。溶剂是一种能溶解油料、树脂，又易于挥发，能使树脂成膜的有机物质。

（6）辅助材料：为了改善涂料的性能，如涂膜的干燥时间、柔韧性、抗菌素氧化、抗紫外线作用、耐老化性能等，还常在涂料中加入一些辅助材料。

2. 涂料的分类、命名

按涂料主要涂膜物质的化学成分，可将建筑涂料分为有机涂料、无机涂料、无机和有机复合涂料三类。对涂料命名作如下规定：

（1）命名原则：涂料全名＝颜色或颜料名称＋成膜物质＋基本名称。

（2）命名对涂料名称中成膜物质名称应作适当简化。选择起主要作用的那一种成膜物质命名。

（3）基本名称仍采用我国已经广泛使用的名称，例如清漆、磁漆等。

（4）在成膜物质和基本名称之间，必要时可标明专业用途、特性等。

3. 主要内墙涂料品种

内墙涂料亦可作顶棚涂料，它的主要功能是装饰和保护内墙面及顶棚，使其整洁美观。内墙涂料应具有以下特点：色彩丰富、细腻、协调；耐碱、耐水性好，且不易粉化；良好的透气性和吸湿排湿性；涂刷施工方便。主要种类有：

(1) 聚乙烯醇水玻璃涂料：聚乙烯醇水玻璃涂料是以水溶性树脂聚乙烯醇的水液和水玻璃为胶结料，加入一定的体质颜料和少量助剂，经搅拌、研磨而成的一种有机质水溶性涂料。主要原料有聚乙烯醇树脂、水玻璃、耐碱性的着色颜料、体质颜料和助剂。

(2) 聚乙烯醇缩甲醛涂料：聚乙烯醇缩甲醛涂料是以聚乙烯醇与甲醛不完全缩合反应而生成的聚乙烯醇半缩醛水溶液为胶结料，加入颜料、填料及其他助剂，经混合、搅拌、研磨、过滤等工序制成的一种涂料，俗称为"803"内墙涂料。其生产工艺与聚乙烯醇水玻璃涂料相似，耐水性、耐擦洗性略优于"106"涂料。

(3) 改性聚乙烯醇系内墙涂料：聚乙烯醇水玻璃或聚乙烯醇缩甲醛涂料，总地来说，其耐洗刷性仍然不高，难以满足内墙装饰的功能要求。

(4) 聚醋酸乙烯乳液内墙涂料：它是以聚醋酸乙烯乳液为主要成膜物质，加入适量的填料、少量的颜料及其他助剂经加工而成的水乳型涂料。

(5) 苯-丙乳胶漆内墙涂料：苯-丙乳胶漆涂料是由苯乙烯、丙烯酸酯、甲基丙烯酸等三元共聚乳液为主要成膜物质，掺入适量的填料，经研磨、分散后配制而成的一种无光内墙涂料，用于内墙装饰。

10.2.5 地板类装饰材料

1. 竹地板

竹地板是采用中上等竹材，经严格选材、制材、漂白、硫化、脱水、防虫、防腐等工序加工处理，又经高温、高压下热固胶合而成，产品具有耐磨、耐压、防潮、防燃、铺设后不开裂、不扭曲、不发胀、不变形等特点，外观呈现自然竹纹，色泽高雅美观，顺乎人们崇尚回归大自然的，是20世纪90年代兴起的室内地面材料。

(1) 竹地板的生产与分类主要有：竹材层压板、竹材碎料板。

(2) 竹地板的规格：目前我国市场上销售的竹地板有条形、方形板，条形板规格为 $610mm \times 91mm \times 5mm$，方形板规格为 $300mm \times 300mm \times 15mm$。

2. 木地板

使用木材作为地面、墙面装饰材料已有几千年历史。但由于木材具有独特的优良性能，至今人们仍然把它作为一种常用的装饰材料，尤其是高级木料则成为装饰行业和家具行业中的佼佼者。主要木地板种类有：

(1) 条木地板

条木地板是使用最普遍的木质地面，分空铺和实铺两种。空铺条木地板是由龙骨、水平支撑和地板三部分构成。地板有单层和双层两种，双层者下层为毛板，面层为硬木板。普通条木地板的板材常选用松、杉等软木树材，硬木条板多选用水曲柳、柞木、枫木、柚木、榆木等硬质木材。条木地板自重轻，弹性好，脚感舒适，基层导热性小，冬暖夏凉，且易于清洁，是一种良好的地面装饰材料。条木地板有上漆和不上漆之分。不上漆的地板是用户安装完毕后再上油漆，而上漆地板是指生产商在木地板生产过程就涂上了漆。

(2) 拼木地板

拼木地板是一种高级的室内地面装修材料，分单层和双层两种，二者面层均为拼花硬木板层，双层者下层为毛板层。拼木地板款式多样，可根据设计要求铺成多种图案，经抛光、油漆、打蜡后木纹清晰美观，漆膜丰满光亮，与家具色调、质感容易协调，给人以自然、高雅的感受。目前市场上出售的拼木地板条一般为硬杂木，如水曲柳、柞木、桦木、柯木、栲木等，前两种木纹清晰美观，特别是水曲柳，但售价较高，多用于高档装修。由于各地气候差异，湿度不同，制作木地板时木材的烘干程度不同，其含水率也有差异。这对于使用过程中是否出现脱胶、隆起、裂缝有很大关系。

（3）软木地板

软木作为一种天然材料，具有保温性好、柔软、弹性、隔热等优点。软木地板是将软木颗粒用现代工艺技术压制成规格片块，表面有透明的树脂耐磨层，下面有PVC防潮层，这是一种优良的天然复合地板。软木地板有长条形和方块两种，长条形规格为900mm×150mm，方块形规格为300mm×300mm，能相互拼花，亦切割出任何几何图案。

（4）复合地板

复合地板底层为防潮层，这一层的材料主要是具有防水防潮性能的合成树脂，故也称为树脂层。中间层也称为基层，由高密纤维板组成。进口复合地板要求HDF板的放射性标准符合EI的标准。装饰层也称为饰面层，可设计制作成各种花色图案，如仿各种高级树木、仿大理石、印花，图案色彩精美绚丽，使复合地板具有极佳的装饰效果和可选择性。

3. 塑料地板

塑料地板的种类很多，按形状可分为块状和卷状两种。块状塑料地板可拼成各种不同的图案，卷状塑料地板具有施工效率高的优点。按塑料地板的材性可分为硬质、半硬质和软质三种。其特点一是品种、图案多样，如仿木纹、仿天然石材的，其质感可以达到以假乱真，符合人们崇尚大自然的装饰要求；二是材性好，如耐磨性、耐水性、耐腐蚀性等能满足使用要求；三是脚感舒适，特别是弹性卷材塑料地板，具有一定的柔软性，步行其上脚感舒适，不易疲劳，解决了某些传统建筑材料冷、硬、灰的缺陷。与木质地板相比，隔声且易清洁。主要用于厨房、卫生间、洗衣房、贮藏室、走廊、便餐室等地面装饰，也可用于宾馆、饭店、医院等公共建筑的地面铺设。

10.2.6 吊顶装饰材料

吊顶用板材分类如下：

（1）石膏装饰板系列

装饰石膏板主要用于建筑物室内墙面和顶棚装饰。石膏作为一种传统材料，至今仍具有强大的市场和生命力，主要是因为其具有如下特点：

1）无论是用天然石膏或化学石膏生产建筑石膏，能耗低，生产建筑石膏所需的能耗，仅相当于同样数量水泥的1/3、加气混凝土砌块的1/5、黏土砖的1/3。

2）由建筑石膏来生产加工建筑石膏制品，生产周期短，一般建筑石膏的凝结时间初凝为5min，终凝为20~30min，一周后便完全硬化。

3）水化硬化后的石膏制品孔隙率大，导热系数小，保温隔热性能好。

4）有良好的吸声性能。

5）石膏制品具有良好的防火性。

6）具有"呼吸"功能。

7) 环保性能好。
8) 装饰性能好。
9) 可加工性好，安装方便。

(2) 嵌装式装饰石膏板

嵌装式装饰石膏板板材背面四面加厚，并带有嵌装企口，板材正面可以为平面，带孔或带浮雕图案。嵌装式装饰石膏板适合于宾馆、写字楼、会议大厅等公共建筑及影剧院、商场等的顶棚吊顶。形状：嵌装式装饰石膏板为正方形，其棱边断面形式有直角形和倒角形。规格：边长 600mm×600mm，边厚大于 28mm；边长 500mm×500mm，边厚大于 25mm。其他形状和规格的板材，由供需双方商定，但其质量指标应符合标准规定。产品标记顺序为：产品名称、代号、边长和标准号。

(3) 吸声用穿孔石膏板

吸声用穿孔石膏板标准规定了吸声用穿孔石膏板的技术要点和试验方法，适用于室内以吸声为目的而设置的穿孔石膏板。板材棱边形状分直角形和倒角形两种。产品标记顺序为：产品名称，背覆材料，基板类型，边长，厚度孔径与孔距本标准号。

(4) 纸面石膏板

装饰吸声纸面石膏板可直接用于吊顶装饰，其他类型的纸面石膏板适用于建筑室内隔墙和吊顶的基材，施工安装后再在其表面施以内墙涂料、壁纸、墙布或其他饰面材料。纸面石膏板的特点有质轻、抗弯强度高、防火、隔热、隔声、抗震性能好、收缩率小、可调节室内湿度优点，特别是将纸面石膏板配以金属龙骨用作吊顶或隔墙时，较好地解决了防火问题，在高层建筑上广泛使用。纸面石膏板可广泛用于各种建筑特别是高层建筑作为内隔墙和吊顶材料。采用纸面石膏板的吊顶工程和墙面工程的饰面做法很多，常用的有裱糊壁纸、墙布、涂饰乳胶漆及其他内墙涂料、喷涂辊花及镶贴镜片等，以裱糊壁纸或墙布的装饰方法最为普遍，效果也最好。

(5) 艺术装饰石膏制品

在室内装饰中，轻钢龙骨与石膏板配合吊顶是一种常用的手法，公共建筑中较为多见。艺术装饰石膏制品有浮雕艺术石膏线角、线板、花角、灯圈、壁炉、罗马柱、圆柱、方柱、麻花柱、灯座、花瓶座、相镜框等。

思考与练习

1. 建筑装饰材料选择的基本要求和影响因素有哪些？
2. 建筑装饰材料的发展方向是什么？
3. 天然石材和人造石材的区别是什么，常用的种类有哪些？
4. 主要建筑装饰玻璃的品种有哪些？
5. 主要内墙涂料品种有哪些？
6. 用于吊顶装饰的材料有哪些？

11 建筑材料试验

11.1 建筑材料基本性能试验

11.1.1 密度的测定

1. 仪器设备

(1) 李氏瓶（图 11-1）；
(2) 天平；
(3) 筛子；
(4) 鼓风烘箱（图 11-2）；
(5) 量筒、干燥器、温度计等。

图 11-1 李氏瓶

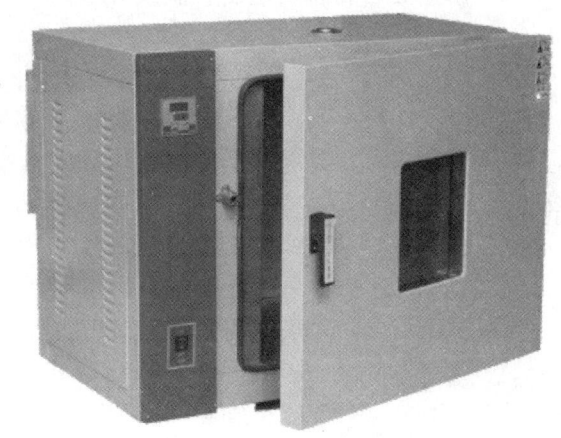
图 11-2 鼓风烘箱

2. 试验步骤

(1) 试样制备：将试样研碎，用筛子除去筛余物，放到 105~110℃ 的烘箱中，烘至恒重，再放入干燥器中冷却至室温。

(2) 在李氏瓶中注入与试样不起反应的液体至凸颈下部，记下刻度数 V_0。将李氏瓶放在盛水的容器中，在试验过程中保持水温为 20℃。

(3) 用天平称取 60~90g 试样，用漏斗和小勺小心地将试样慢慢送到李氏瓶内（不能大量倾倒，防止在李氏瓶喉部发生堵塞），直至液面上升至接近 20cm³ 为止。再称取未注入瓶内剩余试样的质量，计算出送入瓶中试样的质量 m。

(4) 用瓶内的液体将黏附在瓶颈和瓶壁的试样洗入瓶内液体中，转动李氏瓶使液体中的气泡排出，记下液面刻度 V_1。

(5) 将注入试样后的李氏瓶中的液面读数 V_1，减去未注入前的读数 V_0，得到试样的密实体积 V。

3. 试验结果计算与评定

材料的密度按下式计算（精确至小数后第二位）：

$$\rho = \frac{m}{V}$$

式中 ρ——材料的密度（g/cm³）；

m——装入瓶中试样的质量（g）；

V——装入瓶中试样的绝对体积（cm³）。

密度试验用两个试样平行进行，以其计算结果的算术平均值作为最后试验结果。但两个结果之差不应超过 0.02cm³，如两次试验结果之差大于 0.02cm³，须重新试验。

11.1.2 表观密度测定（建设用砂）

1. 仪器设备

(1) 鼓风烘箱：能使温度控制在（105±5）℃；

(2) 天平：称量 1000g，感量 0.1g；

(3) 容量瓶：500ml（图 11-3）；

(4) 干燥器、搪瓷盘、滴管、毛刷、温度计等。

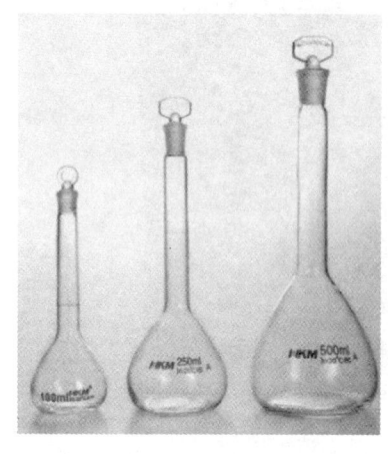

图 11-3 容量瓶

2. 试验步骤

(1) 取样至少 2600g 试样，并将试样缩分至约 660g，放在烘箱中于（105±5）℃下烘干至恒量，待冷却至室温后，分为大致相等的两份备用。

(2) 称取试样 300g（m_0），精确至 0.1g。将试样装入容量瓶，注入冷开水至接近 500ml 的刻度处，用手旋转摇动容量瓶，使砂样充分摇动，排除气泡，塞紧瓶盖，静置 24h。然后用滴管小心加水至容量瓶 500ml 刻度处，塞紧瓶塞，擦干瓶外水分，称出其质量 m_1，精确至 1g。

(3) 倒出瓶内水和试样，洗净容量瓶，再向容量瓶内注水（应与本步骤（2）的水温相差不超过 2℃，并在 15~25℃ 范围内）至 500ml 刻度处，塞紧瓶塞，擦干瓶外水分，称出其质量 m_2，精确至 1g。

3. 试验结果计算与评定

砂的表观密度按下式计算，精确至 10kg/m³：

$$\rho_0 = \left(\frac{m_0}{m_0 + m_2 - m_1} - \alpha_t \right) \times \rho_{水}$$

式中 ρ_0——表观密度，kg/m³；

$\rho_{水}$——水的密度，1000kg/m³；

m_0——烘干试样的质量，g；

m_1——试样/水及容量瓶的总质量，g；

m_2——水及容量瓶的总质量，g；

α_t——水温对表观密度影响的修正系数（表 11-1）。

不同水温对砂的表观密度影响的修正系数　　　　表 11-1

水温（℃）	15	16	17	18	19	20	21	22	23	24	25
α_t	0.002	0.003	0.003	0.004	0.004	0.005	0.005	0.006	0.006	0.007	0.008

表观密度取两次试验结果的算术平均值，精确至 10kg/m^3；如两次试验结果之差大于 20kg/m^3，须重新试验。

11.1.3　堆积密度的测定（建设用砂）

1. 仪器设备

(1) 鼓风烘箱：能使温度控制在 (105 ± 5)℃；

(2) 天平：称量 10kg，感量 1g；

(3) 容量筒：圆柱形金属筒，内径 108mm，净高 109mm，壁厚 2mm，筒底厚约 5mm，容积为 1L；

(4) 方孔筛：孔径为 4.75mm 的筛一只；

(5) 垫棒：直径 10mm，长 500mm 的圆钢；

(6) 标准漏斗（图 11-4）；

(7) 直尺、料勺、搪瓷盘、毛刷等。

2. 试验步骤

(1) 用搪瓷盘装取试样约 3L，放在烘箱中于 (105 ± 5)℃下烘干至恒量，待冷却至室温后，筛除大于 4.75mm 的颗粒，分为大致相等的两份备用。

(2) 松散堆积密度。取试样一份（约 1.5L），放入漏斗中，打开漏斗底部的活动门，将砂流入容量筒中，亦可用料勺将试样从容量筒中心上方 50mm 处徐徐倒入，让试样以自由落体落下，当容量筒上部试样呈堆体，且容量筒四周溢满时，即停止加料。然后用直尺沿筒口中心线向两边刮平（试验过程应防止触动容量筒），称出试样和容量筒总质量 m_1，精确至 1g。倒出试样，称出容量筒空筒的质量 m_2，精确至 1g。

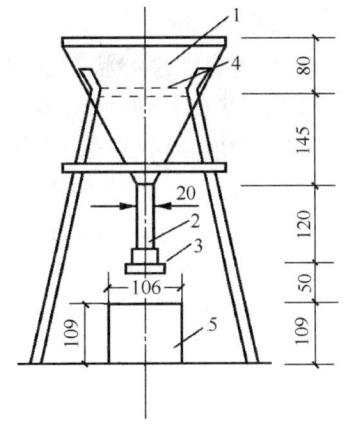

图 11-4　砂堆积密度漏斗
1—漏斗；2—导管；3—活动门；
4—筛子；5—容积筒

(3) 紧密堆积密度。取试样一份（约 1.5L）分二次装入容量筒。装完第一层后，在筒底垫放一根直径为 10mm 的圆钢，将筒按住，左右交替击地面各 25 下。然后装入第二层，第二层装满后用同样方法颠实（但筒底所垫钢筋的方向与第一层时的方向垂直）后，再加试样直至超过筒口，然后用直尺沿筒口中心线向两边刮平，称出试样和容量筒总质量 m_1，精确至 1g。倒出试样，称出容量筒空筒的质量 m_2，精确至 1g。

3. 试验结果计算与评定

(1) 松散或紧密堆积密度按下式计算，精确至 10kg/m^3：

$$\rho' = \frac{m_1 - m_2}{V}$$

式中 ρ'——松散堆积密度或紧密堆积密度，kg/m^3；

m_1——容量筒和试样总质量，g；

m_2——容量筒质量，g；

V——容量筒的容积，L。

（2）空隙率按下式计算，精确至1%：

$$P' = \left(1 - \frac{\rho'}{\rho_0}\right) \times 100\%$$

式中 P'——空隙率，%；

ρ'——试样的松散（或紧密）堆积密度，kg/m^3；

ρ_0——按本教材11.1.2节计算的试样表观密度，kg/m^3。

堆积密度取两次试验结果的算术平均值，精确至$10kg/m^3$。空隙率取两次试验结果的算术平均值，精确至1%。

11.1.4 含水率（建设用砂）

1. 仪器设备

（1）鼓风烘箱：能使温度控制在（105±5）℃；

（2）天平：称量1000g，感量0.1g；

（3）搪瓷盘、小勺、毛刷等。

2. 试验步骤

（1）将自然潮湿状态下的试样（至少4400g）用人工四分法缩分至约1100g，搅拌均匀后分为大致相等的两份备用。

（2）称取一份试样的质量 m_1，精确至0.1g。将试样倒入已知质量的烧杯中，放在干燥箱中于（105±5）℃下烘干至恒量，待冷却至室温后，称其质量后减去烧杯质量得到烘干后的试样质量 m_2，精确至0.1g。

3. 试验结果计算与评定

含水率按下式进行计算，精确至0.1%：

$$Z = \frac{m_1 - m_2}{m_2} \times 100\%$$

式中 Z——含水率，%；

m_1——烘干前的试样质量，g；

m_2——烘干后的试样质量，g。

含水率取两次试验结果的算术平均值，精确至0.1%。两次试验结果之差大于0.2%时，应重新试验。

11.2 水泥物理性能试验

11.2.1 细度试验

1. 仪器设备

(1) 负压筛：80μm 或 45μm 方孔负压筛，负压筛应附有透明筛盖并与筛上口有良好的密封性。

(2) 负压筛析仪：由筛座、负压筛、真空源及收尘器组成，其中筛座由转速为（30±2）r/min 的喷气嘴、负压表、控制板、微电机及机壳等构成。负压筛析仪的负压可调控在 4000～6000Pa。时间调控器可调控时间在 3min。

(3) 天平：量程不小于 50g，最小分度值不大于 0.01g。

图 11-5　负压筛析仪

2. 试验步骤

(1) 将测试用水泥样品置于温度为 105～110℃烘干箱内烘至恒重，取出放在干燥器中冷却至室温。

(2) 称取质量为 m 的试样（选取 80μm 筛，试样质量为 25g；选取 45μm 筛，试样质量为 10g），精确至 0.01g，倒入相应孔径的方孔筛筛网上，将筛子置于筛座上，盖上筛盖。

(3) 接通电源，将定时开关固定在 3min，开始筛析。

(4) 开始工作后，观察负压表，使负压稳定在 4000～6000Pa。若负压小于 4000Pa，则应停机，清理收尘器中的积灰后再进行筛析。

(5) 在筛析过程中，可用轻质木棒或硬橡胶棒轻轻敲打筛盖，以防吸附。

(6) 3min 后筛析自动停止，停机后观察筛余物，如出现颗粒成球、粘筛或有细颗粒沉积在筛框边缘，用毛刷将细颗粒轻轻刷开，将定时开关固定在手动位置，再筛析 1～3min 直至筛分彻底为止，将筛网内的筛余物收集并称量其质量 m'，准确至 0.01g。

3. 试验结果计算与评定

水泥的细度按下式计算（精确至 0.1%）：

$$F = \frac{m'}{m} \times 100\%$$

式中　F——水泥 80μm 或 45μm 方孔筛的筛余质量分数，%；

　　　m'——水泥筛余物的质量，g；

　　　m——称取水泥试样的质量，g。

每个样品应称取两个试样分别筛析，取筛余平均值作为筛析结果。若两次筛余结果绝对误差大于 0.5% 时，应再做一次试验，取两次相近结果的平均值作为最终结果。当采用 80μm 筛时，水泥筛余百分数 $F \leqslant 10\%$ 为细度合格；当采用 45μm 筛时，水泥筛余百分数 $F \leqslant 30\%$ 为细度合格。

4. 水泥细度试验结果修正

（1）水泥细度结果修正按下式计算：

$$F_c = K \times F(\%)$$

式中 F_c——试样修正后的筛余质量分数，%；
F——试样修正前的实测筛余质量分数，%；
K——试验筛修正系数。

（2）试验筛修正系数 K 按下式计算（精确至0.1）：

$$K = \frac{F_s}{F_t}$$

式中 F_s——标准样品给定的筛余标准值，%；
F_t——标准样品在试验筛上的筛余实测值，%。

5. 注意事项

（1）当负压筛析仪工作负压小于4000Pa时，应清理吸尘器内粉尘，使负压恢复到4000~6000Pa。

（2）试验筛必须保持洁净，筛孔通畅。应定期（1~3个月）用弱酸浸泡，用毛刷轻轻刷洗，用淡水冲净、晾干。

（3）试验筛应在筛析150个样品后进行筛网的校正，用已知标准筛筛余质量分数的标准样品对所用试验筛进行校准，得到修正系数。当试验筛修正系数 K 超出0.8~1.2的范围时，该试验筛不能用于水泥细度检测。

11.2.2 水泥标准稠度用水量、凝结时间、安定性检验方法

1. 试验准备

（1）仪器设备

1）水泥净浆搅拌机（图11-6）。

2）标准法维卡仪：标准稠度试杆由有效长度（50±1）mm、直径为（10±0.05）mm的圆柱形耐腐蚀金属制成，初凝用试针由钢制成，其有效长度初凝针为（50±1）mm、终凝针为（30±1）mm、直径为（1.13±0.05）mm的圆柱体，滑动部分的总质量为（300±1）g，与试杆、试针联结的滑动杆表面应光滑，能靠重力自由下落，不得有紧涩和活动现象（图11-7）。

图11-6 水泥净浆搅拌机

图11-7 标准法维卡仪

3) 盛装水泥净浆的试模应由耐腐蚀的、有足够硬度的金属制成，试模为深（40±0.2）mm、顶内径（65±0.5）mm、底内径（75±0.5）mm的截顶圆锥体，每个试模应配备一个边长或直径约100mm、厚度4~5mm的平板玻璃底板或金属底板。

4) 雷氏夹：由铜质材料制成，当一根指针的根部先悬挂在一根金属丝或尼龙丝上，另一根指针的根部再挂上300g质量的砝码时，两根指针针尖的距离增加应在（17.5±2.5）mm范围内，即$2x=(17.5±2.5)$mm，当去掉砝码后针尖的距离能恢复至挂砝码前的状态（图11-8）。

 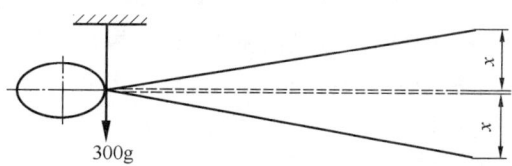

图11-8 雷氏夹

5) 沸煮箱：有效容积约为410mm×240mm×310mm，箅板的结构应不影响试验结果，箅板与加热器之间的距离大于50mm。沸煮箱内的试验用水由室温升至沸腾状态并保持3h以上，整个试验过程中不须补充水量（图11-9）。

6) 雷氏夹膨胀测定仪（图11-10）：标尺最小刻度0.5mm。

7) 量筒或滴定管：精度±0.5ml。

8) 天平最大称量不小于1000g，分度值不大于1g。

 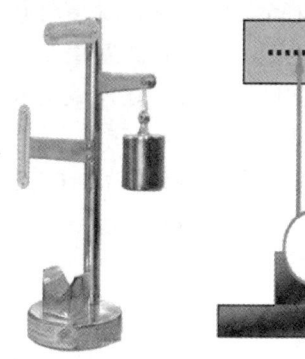

图11-9 沸煮箱　　　　图11-10 雷氏夹膨胀测定仪

（2）材料

试验用水必须是洁净的饮用水，如有争议时应以蒸馏水为准。

（3）试验条件

试验室温度为（20±2）℃，相对湿度应不低于50%；水泥试样、拌合水、仪器和用具的温度应与试验室一致；湿气养护箱温度为（20±1）℃，相对湿度不低于90%。

2. 标准稠度用水量测定

（1）检查维卡仪的滑动杆能自由滑动；试模和玻璃底板用湿布擦拭，将试模放在底板上；调整至试杆接触玻璃板时指针对准零点；搅拌机运行正常。

(2) 用水泥净浆搅拌机搅拌,搅拌锅和搅拌叶片先用湿布擦拭,预估拌合水用量,并准确量取后倒入搅拌锅内,然后在 5~10s 内小心将称好的 500g 水泥加入水中,防止水和水泥溅出;将搅拌锅放在搅拌机的锅座上,升至搅拌位置,启动搅拌机,低速搅拌 120s,停止 15s,同时将叶片和锅壁上的水泥浆刮入锅中间,接着高速搅拌 120s 停机。

(3) 拌合结束后,立即取适量水泥净浆一次性将其装入已置于玻璃底板上的试模中,浆体超过试模上端,用宽约 25mm 的直边刀轻轻拍打超出试模部分的浆体 5 次以排除浆体的孔隙,然后在试模上表面约 1/3 处,略倾斜于试模分别向外轻轻锯掉多余净浆,再从试模边沿轻抹顶部一次,使净浆表面光滑。在锯掉多余净浆和抹平的操作过程中,注意不要压实净浆;抹平后迅速将试模和底板移到维卡仪上,并将其中心定在试杆下,降低试杆直至与水泥净浆表面接触,拧紧螺丝 1~2s 后,突然放松,使试杆垂直自由地沉入水泥净浆中。在试杆停止沉入或释放试杆 30s 时记录试杆距底板之间的距离,升起试杆后,立即擦净;整个操作应在搅拌后 1.5min 内完成。

(4) 试验结果评定。以试杆沉入净浆并距离底板 (6±1)mm 的水泥净浆为标准稠度净浆。若试杆沉入净浆后距底板的距离不在 (6±1)mm 的范围内,应根据试验情况,重新称样,调整用水量,重新拌制净浆并进行测定,直至满足为止。其拌合水量为该水泥的标准稠度用水量 (P),以水泥质量的百分比计,按下式计算:

$$P = \frac{拌合用水量}{水泥质量} \times 100\%$$

式中 P——水泥的标准稠度用水量,%。

3. 凝结时间的测定

(1) 测定前准备工作。调整凝结时间测定仪的试针接触玻璃板时,指针对准零点。

(2) 试件的制备。用标准稠度用水量制成的标准稠度净浆按标准稠度用水量(标准法)测定步骤装模并刮平后,立即放湿气养护箱中。记录水泥全部加入水中的时间作为凝结时间的起始时间。

(3) 初凝时间测定。试件在湿气养护箱中养护至加水后 30min 时进行第一次测定。测定时,从湿气养护箱中取出试模放到试针下,降低试件与水泥净浆表面接触。拧紧螺丝 1~2s 后,突然放松,试针垂直自由地沉入水泥净浆。观察试针停止下沉或释放试针 30s 时指针的读数。临近初凝时间时每隔 5min(或更短时间)测定一次,当试针沉至距底板 (4±1)mm 时,为水泥达到初凝状态;由水泥全部加入水中至初凝状态的时间为水泥的初凝时间,用 min 表示。

(4) 终凝时间测定。为了准确观测试针沉入的状况,在终凝针上安装一个环形附件。在完成初凝时间测定后,立即将试模连同浆体以平移的方式从玻璃板取下,翻转 180°,直径大端向上,小端向下放在玻璃上,再放入湿气养护箱中继续养护。临近终凝时间每隔 15min(或更短时间)测定一次,当试针沉入试体 0.5mm 时,即环形附件开始不能在试体上留下痕迹时,为水泥达到终凝状态。由水泥全部加入水中至终凝状态的时间为水泥的终凝时间,用 min 表示。

(5) 测定注意事项。测定时应注意,在最初测定的操作时应轻轻扶持金属柱,使其徐徐下降,以防止试针撞弯,但结果以自由下落为准;在整个测试过程中试针沉入的位置至少要距试模内壁 10mm。临近初凝时每隔 5min(或更短时间)测定一次,临近终凝时间每隔 15min（或更短时间）测定一次，到达初凝时应立即重复测一次，当两次结论相同时才能确定到达初凝状态。到达终凝时，需要在试体另外两个不同点测试，确认结论相同才能确定到达终凝状态。每次测定不能让试针落入原针孔，每次测试完毕须将试针擦净并将试模放回湿气养护箱内，整个测试过程要防止试模受振。

4. 安定性测定

（1）测定前准备工作。测定前应检查试验用的雷氏夹两根指针的弹性值，当一根指针的根部先悬挂在一根金属丝或尼龙丝上，另一根指针的根部再挂上 300g 质量的砝码时，两根指针针尖的距离增加应在（17.5±2.5）mm 范围内（即弹性值在 15～20mm 之间），当去掉砝码后针尖的距离能恢复至挂砝码前的状态。每个试样需成型两个试件，每个雷氏夹需配备两个边长或直径 80mm、厚度 4～5mm 的玻璃板，凡与水泥净浆接触的玻璃和雷氏夹内表面都要稍稍涂上一层油。

（2）试件的制备。将预先准备好的雷氏夹放在已稍擦油的玻璃板上，并立即将已制好的标准稠度净浆一次装满雷氏夹，装浆时一只手轻轻扶持雷氏夹，另一只手用宽约 25mm 的直边刀在浆体表面轻轻插捣 3 次，然后抹平，盖上稍涂油的玻璃板，接着立即将试件移至湿气养护箱内养护（24±2）h。

（3）沸煮。调整好沸煮箱内的水位，使能保证在整个沸煮过程中都超过试件，不需中途添补试验用水，同时又能保证在（30±5）min 内升至沸腾。脱去玻璃板取下试件，先测量雷氏夹指针尖端间的距离（A），精确到 0.5mm，接着将试件放入沸煮箱水中的试件架上，指针朝上，然后在（30±5）min 内加热至沸并恒沸（180±5）min。

（4）结果评定。沸煮结束后，立即放掉沸煮箱中的热水，打开箱盖，待箱体冷却至室温，取出试件进行判别。测量雷氏夹指针尖端的距离（C），准确至 0.5mm。当两个试件煮后增加距离（C−A）的平均值不大于 5.0mm 时，即认为该水泥安定性合格，当两个试件煮后增加距离（C−A）的平均值大于 5.0mm 时，应用同一样品立即重做一次试验。以复检结果为准。

11.2.3 水泥胶砂流动度测定

1. 仪器设备

（1）水泥胶砂流动度测定仪（图 11-11，简称跳桌），振动落距：（10±0.2）mm，振动次数：25 次，圆盘桌面直径：（300±1）mm，跳动部分总质量：（4.35±0.15）kg，跳桌安装在已硬化的水平混凝土基座上。基座尺寸：400mm×400mm 见方，高 690mm。推杆应保持清洁，并稍涂润滑油。圆盘与机架接触面不应该有油。凸轮表面上涂油可减少操作的摩擦。

（2）水泥胶砂搅拌机（图 11-12），采用行星式水泥胶砂搅拌机，其工作程序为：低速（30±1）s，再低速（30±1）s，同时自动加砂开始（（30±1）s 全部加完），高速（30±1）s，停（90±1）s，高速（60±1）s。叶片与锅底、锅壁的工作间隔：（3±1）mm；定期检查搅拌叶片与锅壁、锅底的间隙是否为（3±1）mm。当间隙不在（3±1）mm 时，可调整叶片与叶片联接轴的螺丝。如由于叶片或锅磨损过大，以致不能调整到（3±1）mm 时，应更换。调整好后，要将调节螺丝固紧，并定期检查，以防松动。使用前，首先试机观察是否运转正常，自开动机器起按工作程序是否自动停机。发现运转不正常时，如声音不正常，叶片和锅壁碰擦，机头晃动，启动不了及不按工作程序自动停止等，应立即检查至正常后方能使用。

 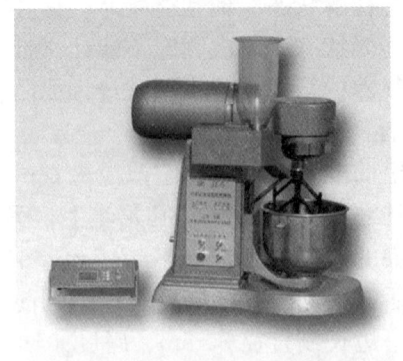

图 11-11 水泥胶砂流动度测定仪　　图 11-12 水泥胶砂搅拌机

（3）试模，由截锥圆模和模套组成。金属材料制成，内表面加工光滑。圆模尺寸为：高度（60±0.5）mm；上口内径（70±0.5）mm；下口内径（100±0.5）mm；下口外径120mm；模壁厚大于5mm。

（4）捣棒，金属材料制成，直径为（20±0.5）mm，长度约为200mm。捣棒底面与侧面成直角，其下部光滑，上部手柄滚花。

（5）卡尺，量程不小于300mm，分度值不大于0.5mm。

（6）小刀，刀口平直，长度大于80mm。

（7）天平，量程不小于1000g，分度值不大于1g。

2. 试验条件

试体成型试验室的温度应保持在（20±2）℃，相对湿度应不低于50%。

3. 试验材料

（1）水泥试样应充分拌匀，做好编号，将样品密封保存，试验前24h送到试验室；

（2）水泥试样、标准砂、拌合水、试模及其他试验用具的温度应与试验室相同。

4. 试验方法

（1）水泥胶砂的制备。胶砂的质量配合比材料用量为：水泥（450±2）g，标准砂（1350±5）g，水（225±1）g。试验前先检查水泥胶砂搅拌机是否正常运转。用湿抹布擦拭搅拌锅及叶片。把水加入锅里，再加入水泥，把锅放在固定架上，上升至固定位置；立即开动机器，低速搅拌30s后，在第二个30s开始时均匀地将标准砂加入，高速再搅拌30s；停拌90s后，在第一个15s内用胶皮刮具将叶片和锅壁上的胶砂，刮入锅中；高速搅拌60s。各个搅拌阶段，时间误差应在±1s以内。

注意：火山灰质硅酸盐水泥、粉煤灰硅酸盐水泥、复合硅酸盐水泥和掺火山灰质混合材的普通硅酸盐水泥在进行胶砂强度检验时，其用水量按0.50水胶比和胶砂流动度不小于180mm来确定。当流动度小于180mm时，应以0.01的整倍数递增的方法将水胶比调整至胶砂流动度不小于180mm。

（2）在制备胶砂的同时，用潮湿棉布擦拭跳桌台面、试模内壁、捣棒以及与胶砂接触的用具，将试模放在跳桌台面中央并用潮湿布覆盖。

（3）将拌好的胶砂分两层迅速装入试模，第一层装至截锥圆模高度约三分之二处，用小刀在相互垂直两个方向各划 5 次，用捣棒由边缘至中心均匀捣压 15 次；随后，装第二层胶砂，装至高出截锥圆模约 20mm，用小刀在相互垂直两个方向各划 5 次，再用捣棒由边缘至中心均匀捣压 10 次，捣压后胶砂应略高于试模。捣压深度，第一层捣至胶砂高度的二分之一，第二层捣实不超过已捣实底层表面。装胶砂和捣压时，用手扶稳试模，不要使其移动。

（4）捣压完毕，取下模套，将小刀倾斜，从中间向边缘分两次以近水平的角度抹去高出截锥圆模的胶砂，并擦去落在桌面上的胶砂。将截锥圆模垂直向上轻轻提起。立刻开动跳桌，以每秒钟一次的频率，在（25±1）s 内完成 25 次跳动。从胶砂加水开始到测量扩散直径结束，应在 6min 内完成。

5. 试验结果计算

跳动完毕，用卡尺测量胶砂底面互相垂直的两个方向直径，计算其算术平均值，精确至 1mm。该平均值即为该水量的水泥胶砂流动度。

11.2.4　水泥胶砂强度检验（ISO 法）

1. 仪器设备

（1）行星式水泥胶砂搅拌机：叶片与锅之间的间隙（3±1）mm，是指叶片与锅壁最近的距离，应每月检查一次。

（2）胶砂试模（图 11-13）：由 3 个水平模槽组成，可同时成型三条截面为 40mm×40mm、长 160mm 的立方体试件。当试模的任何一个公差超过规定的要求时，就应更换。在组装备用的干净试模时，应用黄干油等密封材料涂覆试模的外接缝。在试模的内表应涂上一薄层机油。

（3）水泥胶砂振实台（图 11-14）：应安装在高度约 400mm 的混凝土基座上。混凝土体积约为 0.25m³，重约 600kg。需防外部振动影响振实效果时，可在整个混凝土基座下放一层厚约 5mm 天然橡胶弹性衬垫。将仪器用地脚螺丝固定在基座上，安装后设备成水平状态，仪器底座与基座之间要铺一层砂浆以保证他们的完全接触。

图 11-13　水泥胶砂试模

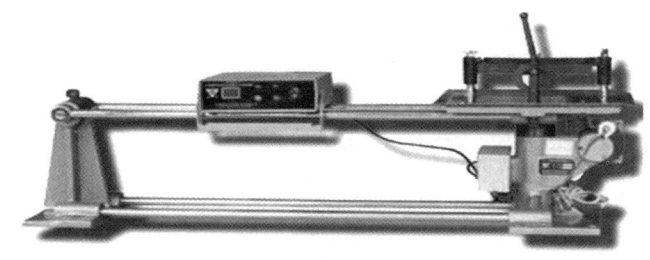

图 11-14　水泥胶砂振实台

（4）捣棒由金属材料制成，直径为（20±0.5）mm，长度约为 200mm。捣棒底面与侧面成直角，其下部光滑，上部手柄滚花。

（5）抗折强度试验机：精度应±1%。抗折夹具的三根圆柱轴的三个竖向平面应该平行，并能自由转动，在试验时继续保持平行和等距离垂直试体的方向。

（6）抗压强度试验机：精度应±1%，试验机最大荷载为 200～300kN，并具有按

（2400±200）N/s 速率的加荷能力，宜采用能自动调节加荷速度的试验机。

（7）抗压强度用夹具：受压面积为 40mm×40mm。

（8）天平：精度应为 ±1g。

（9）量水器：精度应为 ±1mL。

（10）二个播料器和一个金属刮平直尺。

2. 试验材料

（1）中国 ISO 标准砂：颗粒分布和湿含量应符合规定。可以单级分包装，也可以各级预配合以（1350±5）g 量的塑料袋混合包装。

（2）水泥：当试验水泥从取样至试验要保持 24h 以上时，应把它装在密闭的容器里，且该容器不应与水泥发生反应。

（3）水：仲裁试验或其他重要试验用蒸馏水，其他试验可用饮用水。

（4）捣棒：金属材料制成，直径为（20±0.5）mm，长度约为 200mm。捣棒底面与侧面成直角，其下部光滑，上部手柄滚花。

3. 检验环境

（1）试体成型试验室的温度应保持在（20±2）℃，相对湿度应不低于 50%。试验时，水泥试样、拌合水、标准砂、仪器和用具的温度应与试验室一致。

（2）试体带模养护的湿气养护箱的温度保持在（20±1）℃，相对湿度不低于 90%。

（3）试体养护池水温度应在（20±1）℃范围内。

（4）试验室空气温度和相对湿度及养护池水温在工作期间每天至少记录一次。

（5）养护箱的温度与相对湿度至少每 4h 记录一次，在自动控制的情况下记录次数可以酌情减少至一天记录二次。

4. 试验步骤

（1）胶砂的制备。胶砂的质量配合比是由按质量计的一份水泥、三份标准砂和半份水的一锅胶砂制成三条试体。每锅胶砂材料用量为：水泥（450±2）g，标准砂（1350±5）g，水（225±1）g。试验前先检查水泥胶砂搅拌机、水泥胶砂振实台是否正常运转。用湿抹布擦拭搅拌锅和叶片。把水加入搅拌锅里，再加入水泥，把锅放在固定架上，上升到固定位置。然后立即开动机器，低速搅拌 30s 后，在第二个 30s 开始的同时均匀地将砂子加入，再把机器转至高速再拌 30s。停拌 90s，在第一个 15s 内用胶皮刮具将叶片和锅壁上的胶砂刮入锅中间。在高速下继续搅拌 60s。各个搅拌阶段，时间误差应在 ±1s 以内。

（2）试件的制备。胶砂制备完毕后，立即进行试件的成型。将空试模和模套固定在振实台上，用一个适当的勺子直接从搅拌锅里将胶砂分两层装入试模，装第一层时，每个槽里约放 300g 胶砂，用大播料器垂直架在模套顶部沿每个模槽来回一次将料层播平，接着振实 60 次。再装入第二层胶砂，用小播料器播平，再振实 60 次。移走模套，从振实台上取下试模，用一金属直尺以近似 90°的角度架在试模模顶的一端，然后沿试模长度方向以横向锯割动作慢慢向另一端移动，一次将超过试模部份的胶砂刮去，并用同一直尺以近乎水平的情况下将试件表面抹平。在试模上作标记或加字条标明试件编号、各试件相对于振实台的位置。

（3）试件的养护。立即将做好标记的试模放入湿气养护箱的水平架子上养护，湿空气应能与试模的各边接触，养护时不应将试模放在其他试模上。一直养护到规定的脱模时间时取出脱模。脱模前，用防水墨水对试体进行编号和做其他标记。两个龄期以上的试体，在编号时应将同一试模中的三条试体分在两个以上龄期内。

（4）试件的脱模。脱模应非常小心。对于 24h 龄期的，应在破型试验前 20min 内脱模。对于 24h 以上龄期的，应在成型后 20～24h 之间脱模。如经 24h 养护，会因脱模对强度造成损害时，可以延迟至 24h 以后脱模，但在试验报告中应予说明。

（5）试件的养护。将做好标记的试件立即水平或竖直放在（20±1）℃水中养护，水平放置时刮平面朝上，并彼此间保持一定间距，以让水与试件的六个面接触。养护期间试件之间间隔或试件上表面的水深不得小于 5mm。养护期间只许加水保持适当水位，不允许全部换水。每个养护池只养护同类型的试件。除 24h 龄期或延迟到 48h 脱模的试体外，任何到龄期的试体应在破型前 15min 从水中取出，揩去试体表面沉积物，并用湿布覆盖至试验为止。

试件龄期是从水泥加水搅拌开始试验时算起，不同龄期强度试验在下列时间里进行：

1) 24h±15min；
2) 48h±30min；
3) 72h±45min；
4) 7d±2h；
5) >28d±8h。

（6）试件的抗折强度测定。将试件一个侧面放在试验机支撑圆柱上，试体长轴垂直于支撑圆柱，通过加荷圆柱以（50±10）N/s 的速度均匀地将荷载垂直地加在棱柱体相对侧面上，直至折断。保持两个半截棱柱体，处于潮湿状态直至抗压试验。

（7）试件的抗压强度测定。抗压试验须用抗压夹具进行，试体受压面为 40mm×40mm。将经抗折试验折断的半截棱柱体立即放入抗压夹具进行抗压试验。试验时以试体的侧面作为受压面，试件的底面紧靠夹具定位销钉，使试件对准压力机压板中心，棱柱体露在压板外的部分约有 10mm。在整个加荷过程中，以（2400±200）N/s 的速率均匀地加荷直至破坏。

5．试验结果计算与评定

（1）抗折强度 R_f 应按下式计算，单位为 MPa：

$$R_f = \frac{1.5 F_f L}{b^3}$$

式中　F_f——折断时施加于棱柱体中部的荷载（N）；
　　　L——支撑圆柱之间的距离（mm），取 100mm；
　　　b——棱柱体正方形截面的边长（mm），取 40mm。

抗折强度试验机（图 11-15）抗折强度以一组三个棱柱体抗折结果的平均值作为试验结果。当三个强度值中有超出平均值±10%时，应剔除后再取平均值作为抗折强度试验结果。各试件的抗折强度记录至 0.1MPa，平均值计算精确至 0.1MPa。

（2）抗压强度 R_c 应按下式计算，单位为 MPa：

$$R_c = \frac{F_c}{A}$$

式中　F_c——破坏时的最大荷载（N）；

A——受压面积（mm^2），取 $40mm×40mm=1600mm^2$。

抗压强度试验机（图 11-16）抗压强度以一组三个棱柱体上得到的六个抗压强度测定值的算术平均值作为试验结果。当六个测定值中有一个超出六个平均值的±10%，就应剔除这个结果，然后取剩下五个平均值作为抗压强度试验结果；如果五个测定值中再有超过它们平均数±10%的，则此组结果作废。各个半个棱柱体的单个抗压强度记录至 0.1MPa，平均值计算精确至 0.1MPa。

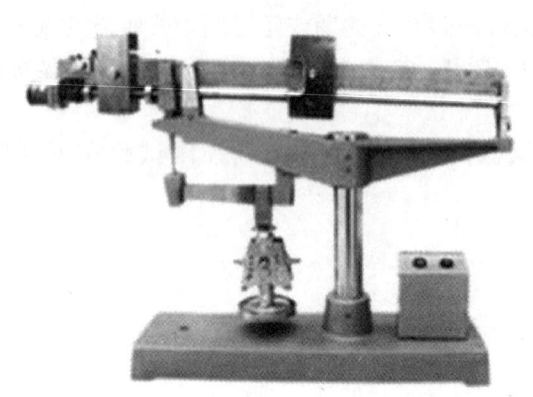 

图 11-15　抗折强度试验机　　　图 11-16　抗压强度试验机

11.3　建设用砂、石试验

11.3.1　建设用砂颗粒级配试验

1. 仪器设备

(1) 鼓风干燥箱：能使温度控制在 (105±5)℃；

(2) 天平：称量 1000g，感量 1g；

(3) 方孔筛：规格为 0.15mm，0.30mm，0.60mm，1.18mm，2.36mm，4.75mm，9.50mm 的筛各一只，并附有筛底和筛盖；

(4) 摇筛机（图 11-17）；

(5) 搪瓷盘、毛刷等。

2. 试验步骤

(1) 按国家标准规定取样，筛除大于 9.50mm 的颗粒（并计算筛余百分率），并将试样缩分至约 1100g，放在干燥箱中于 (105±5)℃下烘干至恒量（指试样在烘干 3h 以上的情况下，其前后质量之差不大于该项试验所要求的称量精度），待冷却至室温后，分成大致相等的两份备用。

图 11-17　摇筛机

(2) 称取烘干试样 500g（精确至 1g），倒入按孔径大小从上到下组合的套筛（附筛底）上，然后进行筛分。

(3) 将套筛置于摇筛机上筛 10min，取下后按筛孔大小顺序再逐个用手筛，筛至每分钟通过量小于试样总量的 0.1% 为止。通过的试样并入下一号筛中，并和下一号筛中的试样一起过筛，这样顺序进行，直至各号筛全部筛完为止。称取各号筛的筛余量（精确至 1g）。

3. 试验结果计算与评定

(1) 计算各筛的分计筛余百分率：各号筛的筛余量与试样总质量之比，精确至 0.1%。

(2) 计算各筛的累计筛余百分率：该号筛的分计筛余百分率加上该号筛以上各分计筛余百分率之和，精确至 0.1%。筛分后，如每号筛的筛余量与筛底的剩余量之和与原试样质量之差超过 1% 时，应重新试验。

(3) 计算砂的细度模数：按下式计算（精确至 0.01）。

$$M_x = \frac{(A_2 + A_3 + A_4 + A_5 + A_6) - 5A_1}{100 - A_1}$$

式中　M_x——细度模数；

A_1，A_2，A_3，A_4，A_5，A_6——分别为 4.75mm，2.36mm，1.18mm，0.60mm，0.30mm，0.15mm 筛的累计筛余百分率。

(4) 累计筛余百分率取两次试验结果的算术平均值，精确至 1%。细度模数取两次试验结果的算术平均值，精确至 0.1；如两次的细度模数之差超过 0.20 时，须重新试验。

(5) 根据各号筛的累计筛余百分率，评定该试样的颗粒级配。

11.3.2　建设用砂的含泥量测定

1. 仪器设备

(1) 鼓风烘箱：能使温度控制在 (105±5)℃；

(2) 天平：称量 1000g，感量 0.1g；

(3) 方孔筛：孔径为 75μm 和 1.18mm 筛各一个；

(4) 容器：在淘洗试样时，保持试样不溅出（深度大于 250mm）；

(5) 搪瓷盘、毛刷等。

2. 试验步骤

(1) 取样至少 4400g，并将试样缩分至 1100g，放在干燥箱中于 (105±5)℃ 下烘干至恒量，冷却至室温，分为大致相等的试样两份备用。

(2) 称取试样 500g（m_0），精确至 0.1g。将试样置于容器中，注入清水，水面约高出砂面 150mm，充分拌匀后，浸泡 2h，然后用手在水中淘洗试样，使尘屑、淤泥、黏土与砂粒分离。用水润湿筛子的两面，将浑浊液缓缓倒入套筛中（1.18mm 筛套在 75μm 筛之上），滤去小于 75μm 的颗粒。整个试验过程应严防砂粒丢失。

(3) 再向容器中注入清水，重复上一步操作，直至容器内的水目测清澈为止。

(4) 用水淋洗留在筛上的细粒，并将 75μm 筛放入水中（使水面略高出筛中砂粒的上表面）来回摇动，充分洗掉小于 75μm 的颗粒，然后将两只筛上的筛余颗粒和容器中已经洗净的试样一并倒入搪瓷盘，置于 (105±5)℃ 的烘箱内，烘干至恒重，待冷却至室温后，称量（m_1），精确至 0.1g。

3. 试验结果计算

含泥量按下式计算，精确至0.1%：

$$Q_a = \frac{m_0 - m_1}{m_0} \times 100$$

式中　Q_a——含泥量，%；

m_0——试验前烘干试样的质量，g；

m_1——试验后烘干试样的质量，g。

含泥量最终结果取两个试样的试验结果算术平均值作为测定值，精确至0.1%。

11.3.3　建设用石压碎指标值的测定

1. 仪器设备

（1）压力试验机：量程300kN，示值相对误差2%；

（2）压碎值指标测定仪（图11-18）；

（3）天平：称量10kg，感量1g；

（4）方孔筛：孔径为2.36mm、9.50mm、16.0mm及19.0mm的方孔筛各一只；

（5）针、片状规准仪（图11-19）；

（6）垫棒：直径10mm，长500mm圆钢。

 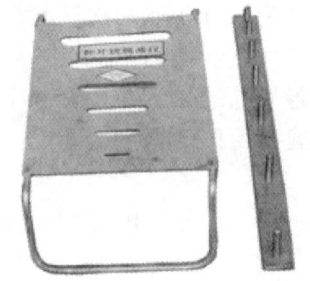

图11-18　压碎指标测定仪　　　图11-19　针、片状规准仪

2. 试验步骤

（1）取样风干后筛除大于19.0mm及小于9.50mm的颗粒，并去除针片状颗粒，分为大致相等的三份备用。当试样中粒径在9.5~19.0mm之间的颗粒不足时，允许将粒径大于19.0mm的颗粒破碎成粒径在9.5~19.0mm之间的颗粒用作压碎指标试验。

（2）称取试样3000g（m_1），精确至1g。将试样分两层装入圆模（置于底盘上）内，每装完一层试样后，在底盘下面垫放一直径为10mm的圆钢，将筒按住，左右交替颠击地面各25次，两层颠实后，平整模内试样表面，盖上压头。当圆模装不下3000g试样时，以装至距圆模上口10mm为准。

（3）把装有试样的模子置于压力机上，开动压力试验机，按1kN/s速度均匀加荷至200kN并稳荷5s，然后卸荷。取下加压头，倒出试样，用孔径2.36mm的筛筛除被压碎的细粒，称出留在筛上的试样质量m_2，精确至1g。

3. 试验结果计算

压碎指标按下式计算，精确至0.1%：

$$Q_e = \frac{m_1 - m_2}{m_1} \times 100\%$$

式中 Q_e——压碎指标，%；

m_1——试样的质量，g；

m_2——压碎试验后筛余的试样质量，g。

压碎指标取三次试验结果的算术平均值作为压碎指标测定值，精确至1%。

11.4 普通混凝土性能试验

11.4.1 普通混凝土拌合物和易性试验

1. 仪器设备

（1）坍落度仪，应符合现行行业标准《混凝土坍落度仪》JG/T 248—2009 的规定（图 11-20）；

（2）捣棒；

（3）钢尺，量程不应小于 300mm，分度值不应大于 1mm；

（4）小铲；

（5）底板，平面尺寸不小于 1500mm×1500mm、厚度不小于 3mm 的钢板，其最大挠度不应大于 3mm；

（6）强制式混凝土搅拌机（图 11-21）。

图 11-20 坍落度筒及捣棒

图 11-21 强制式混凝土搅拌机

2. 试验步骤

（1）每次测定前，用湿布湿润坍落度筒、拌合钢板及其他用具，并把筒放在不吸水的刚性水平底板上，湿润坍落度筒及底板，在坍落度筒内壁和底板上应无明水。底板应放置在坚实水平面上，并把筒放在底板中心，然后用脚踩住两边的脚踏板，坍落度筒在装料时应保持固定的位置。

（2）把按要求取得的混凝土试样用小铲分三层均匀地装入筒内，使捣实后每层高度为筒高的三分之一左右。每层用捣棒插捣 25 次。插捣应沿螺旋方向由外向中心进行，各次插捣应在截面上均匀分布。插捣筒边混凝土时，捣棒可以稍稍倾斜。插捣底层时，捣棒应贯穿整个深度，插捣第二层和顶层时，捣棒应插透本层至下一层的表面；浇灌顶层时，混凝土应灌到高出筒口。插捣过程中，如混凝土沉落到低于筒口，则应随时添加。顶层插捣完后，刮去多余的混凝土，并用抹刀抹平。

（3）清除筒边底板上的混凝土后，垂直平稳地提起坍落度筒。坍落度筒的提离过程应在5~10s内完成；从开始装料到提坍落度筒的整个过程应不间断地进行，并应在150s内完成。

3. 试验结果评定

（1）提起坍落度筒后，测量筒高与坍落后混凝土试体最高点之间的高度差，即为该混凝土拌合物的坍落度值（图11-22）；坍落度筒提离后，如混凝土发生崩坍或一边剪坏现象，则应重新取样另行测定；如第二次试验仍出现上述现象，则表示该混凝土和易性不好，应予记录备查。

（2）观察坍落后的混凝土试体的黏聚性及保水性。黏聚性的检查方法是用捣棒在已坍落的混凝土锥体侧面轻轻敲打，此时如果锥体逐渐下沉，则表示黏聚性良好，如果锥体倒塌、部分崩裂或出现离析现象，则表示黏聚性不好。

保水性以混凝土拌合物稀浆析出的程度来评定，坍落度筒提起后如有较多的稀浆从底部析出，锥体部分的混凝土也因失浆而骨料外露，则表明此混凝土

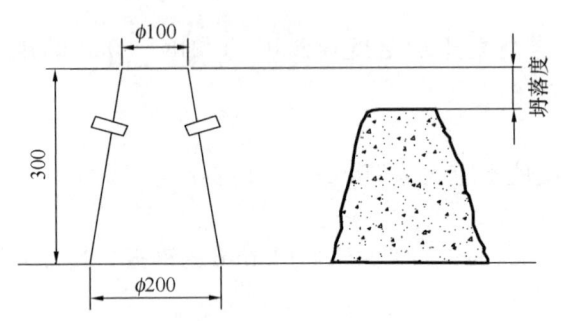

图 11-22 混凝土坍落度试验

拌合物的保水性能不好；如坍落度筒提起后无稀浆或仅有少量稀浆自底部析出，则表示此混凝土拌合物保水性良好。

（3）当混凝土拌合物的坍落度大于220mm时，用钢尺测量混凝土扩展后最终的最大直径和最小直径，在这两个直径之差小于50mm的条件下，用其算术平均值作为坍落扩展度值；否则，此次试验无效。

（4）如果发现粗骨料在中央集堆或边缘有水泥浆析出，表示此混凝土拌合物抗离析性不好，应予记录。混凝土拌合物坍落度和坍落扩展度值以毫米（mm）为单位，测量精确至1mm，结果表达修约至5mm。

11.4.2 普通混凝土拌合物表观密度试验

1. 仪器设备

（1）容量筒：金属制成的圆筒，两旁装有提手。对骨料最大粒径不大于40mm的拌合物采用容积为5L的容量筒，其内径与内高均为186±2mm，筒壁厚为3mm；骨料最大粒径大于40mm时，容量筒的内径与内高均应大于骨料最大粒径的4倍。容量筒上缘及内壁应光滑平整，顶成与底面应平行并与圆柱体的轴垂直。容量筒容积应予以标定，标定方法可采用一块能覆盖住容量筒顶面的玻璃板，先称出玻璃板和空筒的质量，然后向容量筒中灌入清水，当水接近上口时，一边不断加水，一边把玻璃板沿筒口徐徐推入盖严，应注意使玻璃板下不带入任何气泡；然后擦净玻璃板面及筒壁外的水分，将容量连同玻璃板放在台秤上称其质量；两次质量之差 m（kg）即为容量筒的容积 V（L）。

（2）台秤：称量50kg，感量50g；

（3）振动台：应符合《混凝土试验用振动台》JG/T 245—2009 中技术要求的规定；

（4）捣棒：直径 16mm，长 600mm 的钢棒，端部应磨圆。

2. 试验步骤

（1）用湿布把容量筒内外擦干净，称出容量筒质量，精确至 50g。

（2）混凝土的装料及捣实方法应根据拌合物的稠度而定。坍落度不大于 70mm 的混凝土，用振动台振实为宜；大于 70mm 的用捣棒捣实为宜。采用捣棒捣实时，应根据容量筒的大小决定分层与插捣次数；用 5L 容量筒时，混凝土拌合物应分两层装入，每层的插捣次数应为 25 次；用大于 5L 的容量筒时，每层混凝土的高度不应大于 100mm，每层插捣次数应按第 10000mm² 截面不小于 12 次计算。各次插捣应由边缘向中心均匀地插捣，插捣底层时捣棒应贯穿整个深度，插捣第二层时，捣棒应插透本层至下一层的表面；每一层捣完后用橡皮锤轻轻沿容器外壁敲打 5～10 次，进行振实，直至拌合物表面插捣孔消失并不见大气泡为止。采用振动台振实时，应一次将混凝土拌合物灌到高出容量筒口。装料时可用捣棒稍加插捣，振动过程中如混凝土低于筒口，应随时添加混凝土，振动直至表面出浆为止。

（3）用刮尺将筒口多余的混凝土拌合物刮去，表面如有凹陷应填平；将容量筒外壁擦净，称出混凝土试样与容量筒总质量，精确至 50g。

3. 试验结果计算

混凝土拌合物表观密度的计算应按下式计算：

$$r_h = \frac{m_2 - m_1}{V} \times 100\%$$

式中　r_h——表观密度（kg/m³）；

　　　m_1——容量筒质量（kg）；

　　　m_2——容量筒和试样总质量（kg）；

　　　V——容量筒容积（L）。

试验结果的计算精确至 10kg/m³。

11.4.3　普通混凝土抗压强度试验

1. 仪器设备

混凝土抗压强度试验机（图 11-23），并符合下列要求：

图 11-23　混凝土抗压强度试验机

(1) 测量精度为±1%，试件破坏荷载大于压力机全量程的20%且小于压力机全量程的80%。

(2) 应具有加荷指示装置或加荷速度控制装置，并应能均匀、连续地加荷。

(3) 应具有有效期内的计量检定证书。

2. 试验步骤

(1) 试件从养护地点取出后应及时进行试验，将试件表面与上下承压板面擦干净。

(2) 将试件安放在试验机的下压板或垫板上，试件的承压面应与成型时的顶面垂直。试件的中心应与试验机下压板中心对准，开动试验机，当上压板与试件或钢垫板接近时，调整球座，使接触均衡。

(3) 在试验过程中应连续均匀地加荷，混凝土强度等级低于C30时，加荷速度取每秒钟0.3～0.5MPa；混凝土强度等级介于C30至C60时，取每秒钟0.5～0.8MPa；混凝土强度等级高于C60时，取每秒钟0.8～1.0MPa。

(4) 当试件接近破坏开始急剧变形时，应停止调整试验机油门，直至破坏。然后记录破坏荷载。

3. 试验结果计算与评定

立方体抗压强度试验结果计算及确定按下列方法进行：

(1) 混凝土立方体抗压强度应按下式计算：

$$f_{cc} = \frac{F}{A}$$

式中　f_{cc}——混凝土立方体试件抗压强度（MPa）；

　　　F——试件破坏荷载（N）；

　　　A——试件承压面积（mm^2）。

混凝土立方体抗压强度计算应精确至0.1MPa。

(2) 强度值的确定应符合下列规定：

三个试件测值的算术平均值作为该组试件的强度值（精确至0.1MPa）；三个测值中的最大值或最小值中如有一个与中间值的差值超过中间值的15%时，则把最大及最小值一并舍除，取中间值作为该组试件的抗压强度值；如最大值和最小值与中间值的差均超过中间值的15%，则该组试件的试验结果无效。混凝土强度等级低于C60时，用非标准试件测得的强度值均应乘以尺寸换算系数，200mm×200mm×200mm试件为1.05；100mm×100mm×100mm试件为0.95。当混凝土强度等级高于C60时，宜采用标准试件；使用非标准试件时，尺寸换算系数应由按标准要求的方法通过试验确定。

11.5　建筑砂浆拌合物性能试验

11.5.1　建筑砂浆稠度试验

1. 仪器设备

(1) 砂浆稠度仪：应由试锥、容器和支座三部分组成（图11-24）。试锥应由钢材或铜材制成，试锥高度应为145mm，锥底直径应为75mm，试锥连同滑杆的质量应为300±

2g；盛浆容器应由钢板制成，筒高应为 180mm，锥底内径应为 150mm；支座应包括底座、支架及刻度显示三部分，应由铸铁、钢或其他金属制成。

（2）钢制捣棒：直径 10mm，长度为 350mm，端部磨圆。

2. 试验步骤

（1）用少量润滑油轻擦滑杆，再将滑杆上多余的油用吸油纸擦净，使滑杆能自由滑动。

（2）用湿布擦净盛浆容器和试锥表面，再将砂浆拌合物一次装入容器；砂浆表面宜低于容器口 10mm，用捣棒自容器中心向边缘均匀地插捣 25 次，然后轻轻地将容器摇动或敲击 5～6 下，使砂浆表面平整，随后将容器置于稠度测定仪的底座上。

（3）拧开制动螺丝，向下移动滑杆，当试锥尖端与砂浆表面刚接触时，应拧紧制动螺丝，使齿条测杆下端刚接触滑杆上端，并将指针对准零点上。

（4）拧开制动螺丝，同时计时间，10s 立即拧紧螺丝，将齿条测杆下端接触滑杆上端，从刻度盘上读出下沉深度（精确至 1mm），即为砂浆的稠度值。

（5）盛浆容器内的砂浆，只允许测定一次稠度，重复测定时，应重新取样测定。

图 11-24　砂浆稠度仪

3. 试验结果评定

稠度试验结果应按下列要求确定：

同盘砂浆应取两次试验结果的算术平均值作为测定值，并应精确至 1mm。当两次试验值之差大于 10mm 时，应重新取样测定。

11.5.2　建筑砂浆表观密度试验

1. 仪器设备

（1）容量筒：应由金属制成，内径应为 108mm，净高应为 109mm，筒壁厚应为 2～5mm，容积应为 1L；

（2）天平：称量应为 5kg，感量应为 5g；

（3）钢制捣棒：直径为 10mm，长度为 350mm，端部磨圆；

（4）砂浆密度测定仪；

（5）振动台：振幅应为 0.5±0.05mm，频率应为 50±3Hz。

2. 试验步骤

（1）用湿布擦净容量筒的内表面，再称量容量筒质量 m_1，精确至 5g。

（2）捣实可采用手工或机械方法。当砂浆稠度大于 50mm 时，宜采用人工插捣法，当砂浆稠度不大于 50mm 时，宜采用机械振动法。采用人工插捣时，将砂浆拌合物一次装满容量筒，使稍有富余，用捣棒由边缘向中心均匀地插捣 25 次。当插捣过程中砂浆沉落到低于筒口时，应随时添加砂浆，再用木锤沿容器外壁敲击 5～6 下；采用振动法时，将砂浆拌合物一次装满容量筒连同漏斗在振动台上振 10s，当振动过程中砂浆沉入到低于筒口时，应随时添加砂浆。

（3）捣实或振动后，应将筒口多余的砂浆拌合物刮去，使砂浆表面平整，然后将容量筒外壁擦净，称出砂浆与容量筒总质量 m_2，精确至 5g。

3. 试验结果计算

砂浆拌合物的表观密度应按下式计算：

$$\rho = \frac{m_2 - m_1}{V} \times 1000$$

式中　ρ——砂浆拌合物的表观密度（kg/m³）；

　　　m_1——容量筒质量（kg）；

　　　m_2——容量筒及试样质量（kg）；

　　　V——容量筒容积（L）。

取两次试验结果的算术平均值作为测定值，精确至 10kg/m³。

容量筒的容积可按下列步骤进行校正。

(1) 选择一块能覆盖住容量筒顶面的玻璃板，称出玻璃板和容量筒质量。

(2) 向容量筒中灌入温度为 20±5℃ 的饮用水，灌到接近上口时，一边不断加水，一边把玻璃板沿筒口徐徐推入盖严。玻璃板下不得存在气泡。

(3) 擦净玻璃板面及筒壁外的水分，称量容量筒、水和玻璃板质量（精确至 5g）。两次质量之差（以 kg 计）即为容量筒的容积（L）。

11.5.3　建筑砂浆保水性试验

1. 仪器设备

(1) 金属或硬塑料圆环试模：内径应为 100mm，内部高度应为 25mm；可密封的取样容器：应清洁、干燥。

(2) 2kg 的重物。

(3) 金属滤网：网格尺寸 45，圆形，直径为 110±1mm。

(4) 超白滤纸：应采用现行国家标准《化学分析滤纸》GB/T 1914—2007 规定的中速定性滤纸，直径应为 110mm，单位面积质量应为 200g/m²。

(5) 2 片金属或玻璃的方形或圆形不透水片，边长或直径应大于 110mm。

(6) 天平：量程为 200g，感量应为 0.1g；量程为 2000g，感量应为 1g。

(7) 烘箱。

2. 试验步骤

(1) 称量底部不透水片与干燥试模质量 m_1 和 15 片中速定性滤纸质量 m_2。

(2) 将砂浆拌合物一次性装入试模，并用抹刀插捣数次，当装入的砂浆略高于试模边缘时，用抹刀以 45°角一次性将试模表面多余的砂浆刮去，然后再用抹刀以较平的角度在试模表面反方向将砂浆刮平。

(3) 抹掉试模边的砂浆，称量试模、底部不透水片与砂浆总质量 m_3。

(4) 用金属滤网覆盖在砂浆表面，再在滤网表面放上 15 片滤纸，用上部不透水片盖在滤纸表面，以 2kg 的重物把上部不透水片压住。

(5) 静置 2min 后移走重物及上部不透水片，取出滤纸（不包括滤网），迅速称量滤纸质量 m_4。

(6) 按照砂浆的配比及加水量计算砂浆的含水率。当无法计算时，可按照本节方法测定砂浆含水率。

3. 试验结果计算与评定

$$W = \left[1 - \frac{m_4 - m_2}{\alpha \times (m_3 - m_1)}\right] \times 100\%$$

式中　W——砂浆保水率（%）；
　　　m_1——底部不透水片与干燥试模质量（g），精确至1g；
　　　m_2——15片滤纸吸水前的质量（g），精确至0.1g；
　　　m_3——试模、底部不透水片与砂浆总质量（g），精确至1g；
　　　m_4——15片滤纸吸水后的质量（g），精确至0.1g；
　　　α——砂浆含水率（%）。

取两次试验结果的算术平均值作为砂浆的保水率，精确至0.1%，且第二次试验应重新取样测定。当两个测定值之差超过2%时，此组试验结果应为无效。

砂浆含水率的测定：称取100±10g砂浆拌合物试样，置于一干燥并已称重的盘中，在105±5℃的烘箱中烘干至恒重。

砂浆含水率应按下式计算：

$$\alpha = \frac{m_6 - m_5}{m_6} \times 100\%$$

式中　α——砂浆含水率（%）；
　　　m_5——烘干后砂浆样本的质量（g），精确至1g；
　　　m_6——砂浆样本的总质量（g），精确至1g。

取两次试验结果的算术平均值作为砂浆的含水率，精确至0.1%。当两个测定值之差超过2%时，此组试验结果应为无效，需重新测定。

11.5.4　建筑砂浆立方体试件抗压强度试验

1. 仪器设备

（1）压力试验机：精度应为1%，试件破坏荷载应不小于压力机量程的20%，且不应大于全量程的80%。

（2）垫板：试验机上、下压板及试件之间可垫以钢垫板，垫板的尺寸应大于试件的承压面，其不平度应为每100mm不超过0.02mm。

2. 试验步骤

（1）试件从养护地点取出后应及时进行试验。试验前应将试件表面擦拭干净，测量尺寸，并检查其外观，并应计算试件的承压面积。当实测尺寸与公称尺寸之差不超过1mm时，可按照公称尺寸进行计算。

（2）将试件安放在试验机的下压板或下垫板上，试件的承压面应与成型时的顶面垂直，试件中心应与试验机下压板或下垫板中心对准。开动试验机，当上压板与试件或上垫板接近时，调整球座，使接触面均衡受压。承压试验应连续而均匀地加荷，加荷速度应为0.25～1.5kN/s；砂浆强度不大于2.5MPa时，宜取下限。当试件接近破坏而开始迅速变形时，停止调整试验机油门，直至试件破坏，然后记录破坏荷载。

3. 试验结果计算与评定

砂浆立方体抗压强度应按下式计算：

$$f_{m,cu} = K \frac{N_u}{A}$$

式中 $f_{m,cu}$——砂浆立方体试件抗压强度（MPa），应精确至0.1MPa；
　　N_u——试件破坏荷载（N）；
　　A——试件承压面积（mm²）；
　　K——换算系数，取1.35。

立方体抗压强度试验的试验结果应按下列要求确定：

（1）应以三个试件测值的算术平均值作为该组试件的砂浆立方体抗压强度平均值，精确至0.1MPa。

（2）当三个测值的最大值或最小值中有一个与中间值的差值超过中间值的15%时，应把最大值及最小值一并舍去，取中间值作为该组试件的抗压强度值。

（3）当两个测值与中间值的差值均超过中间值的15%时，该组试验结果应为无效。

11.6　钢　筋　试　验

11.6.1　钢筋原材拉伸试验

1. 仪器设备

（1）万能材料试验机（图11-25）及不同规格夹具；

（2）连续式标距打点机（图11-26）；

（3）钢尺。

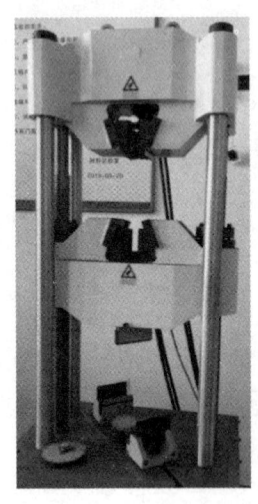

图11-25　万能材料试验机　　　　图11-26　连续式标距打点机

2. 试验步骤

（1）标记钢材原始标距。采用连续式标距打点机进行钢材原始标距的标记，通过一根具有螺旋带的轴旋转360°，在不同角度顺序抬起冲头，并借助弹簧的弹力顺序冲击打点。手柄摇动一周即可在试样上打出直线排列间距为10mm共31点（总长300mm）的准确试样。原始标距的标记应准确到±1%。

（2）测定屈服强度。屈服强度是当金属材料呈现屈服现象时，在试验期间达到塑性变形而力不增加的应力点。应区分上屈服强度和下屈服强度。上屈服强度：试样发生屈服而力首次下降前的最高应力。下屈服强度：在屈服期间，不计初始瞬间效应时的最低应力。呈现明显屈服现象的钢材，应该按照相关产品标准规定测定上屈服情况或下屈服强度或者两者。如未做具体规定，应测定上屈服强度和下屈服强度，或下屈服强度（屈服阶段无力下降现象时）。测定上屈服强度时，在弹性范围和直至上屈服点，拉伸速率应保持恒定，并按表 11-2 控制。

拉伸速率要求　　　　　　　　　　　　　　　　表 11-2

材料弹性模量 E（N/mm^2）	应力速率（N/mm^2）/s	
	最小	最大
＜150000	2	20
＞150000	6	60

（3）测定抗拉强度。测得屈服强度后，继续对试件连续施加荷载直至拉断，从测力度盘或从力-位移曲线图上，读取记录屈服阶段之后的最大力，最大力除以原始横截面积得到抗拉强度。

（4）测定断后伸长率。试样拉断后，将试样断裂的部分仔细地配接在一起，使断口吻合并接触紧密，用量具或测量装置量取断后标距 L_1。原则上，只有断裂处与最接近的标距标记的距离不小于原始标距 L_0 的三分之一时，测量结果有效，否则结果无效。但如断后伸长率测量结果大于或等于规定值时，断裂处位置无论在何处均为有效。

3. 试验结果计算与评定

（1）屈服强度按下式计算：

$$R_s = \frac{F_s}{S_0}$$

式中　R_s——屈服强度，计算精确至 1MPa；
　　　F_s——屈服荷载值，kN；
　　　S_0——试样公称横截面积，mm^2。

（2）抗拉强度按下式计算：

$$R_b = \frac{F_b}{S_0}$$

式中　R_b——抗拉强度，计算精确至 1MPa；
　　　F_b——极限荷载值，kN；
　　　S_0——试样公称横截面积，mm^2。

（3）断后伸长率按下式计算：

$$A = \frac{L_1 - L_0}{L_0} \times 100\%$$

式中　A——断后伸长率，计算精确至 0.5%；
　　　L_0——试样原标距长度，mm；
　　　L_1——试样拉断后标距长度，测量准确到 0.1mm。

试验出现下列情况之一者,试验结果无效,应补做同样数量试样的试验:①试样断在标距外或在机械刻线的标距标记上,而且断后伸长率小于规定最小值;②试验期间设备发生故障,影响了试验结果。

11.6.2 钢筋弯曲试验

1. 仪器设备

配备弯曲装置的压力试验机:配有两个支辊和一个弯曲压头的支辊式弯曲装置,见图11-27。支辊长度和弯曲压头的宽度应大于试样宽度或直径,支辊和弯曲压头应具有足够的硬度。

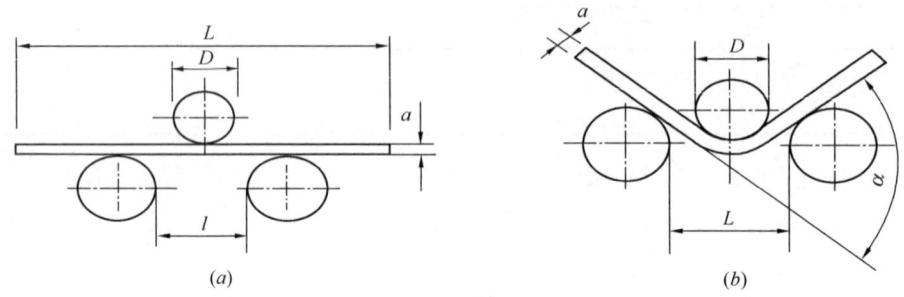

图 11-27 支辊弯曲装置

2. 试验步骤

(1) 据相关产品标准规定,选择合适的弯心,并安装于试验机上。

(2) 调整试验机的支辊间距离(此距离在试验期间保持不变)。除非另有规定,支辊间距离应按式下式确定:

$$l = (D + 3a) \pm \frac{a}{2}$$

式中 D——弯曲压头的弯心直径;
　　　a——试样的厚度或直径,此距离在试验期间应保持不变。

(3) 将准备好的试样放置在两支辊上,试样轴线应与弯心轴线相垂直,并使弯心对准两支辊之间的中点处。启动试验机,以平稳压力向试件缓慢而连续地施加试验力,使之弯曲,直至达到规定的弯曲角度。取出弯曲试样,检查试样弯曲外表面,是否存在裂纹、裂缝或裂断等情况。

3. 试验结果评定

弯曲试验后,试样弯曲外表面无肉眼可见裂纹评定为合格,否则为不合格。若不合格,则从同一批中再截取双倍数量的试样进行复验。复验结果若仍为不合格,则该批视为不合格。

11.7 建筑沥青试验

11.7.1 沥青针入度试验

1. 仪器设备

(1) 针入度仪:凡能保证针和针连杆在无明显摩擦下垂直运动,并能指示针贯入深度准确至 0.1mm 的仪器均可使用（图 11-28）。针和针连杆合件总质量为 50±0.05g，另附 50±0.05g 砝码一只，试验时总质量为 100±0.05g。仪器设放置平底玻璃保温皿的平台，并有调节水平的装置，针连杆应与平台相垂直。仪器还设有可自由转动与调节距离的悬臂，其端部有一面小镜或聚光灯泡，供以观察针尖与试样表面接触情况。当为自动针入度仪时，各项要求与此项相同，温度采用温度传感器测定，针入度值采用位移计测定，并能自动显示或记录，且应对自动装置的准确性经常校验。为提高测试精密度，不同温度的针入度试验宜采用自动针入度仪进行。

(2) 标准针：由硬化回火的不锈钢制成，洛氏硬度 $HRC=54\sim60$；表面粗糙度 $R_a=0.2\sim0.3\mu m$；针及针杆总质量 2.5±0.05g，针杆上应打印有号码标志针应设有固定用装置盒（筒），以免碰撞针尖，每根针必须附有计量部门的检验单，并定期进行检验。

(3) 盛样皿：金属制，平底圆柱形。小盛样皿的内径为 55mm，深 35mm（适用于针入度小于 200 个单位的试样）；大盛样皿的内径为 70mm，深 45mm（适用于针入度为 200~350 个单位的试样）；对针入度大于 350 的试样需使用特殊盛样皿，其深度不小于 60mm，试样体积不小于 125ml。

(4) 恒温水槽：容量不小于 10L，控温的准确度为 0.1℃。水槽中应设有一带孔的搁架，位于水面下不得小于 100mm，距水槽底不得小于 50mm 处。

图 11-28 沥青针入度仪

(5) 平底玻璃皿：容量不少于 1L，深度不小于 80mm，内设有一不锈钢三脚支架，能使盛样皿稳定。

(6) 温度计：0~50℃，分计为 0.1℃。

(7) 秒表：分度 0.1s。

(8) 盛样皿盖：平板玻璃，直径不小于盛样皿开口尺寸。

(9) 溶剂：三氯乙烯等。

(10) 其他：电炉或砂浴、石棉网、金属锅或瓷柄坩埚等。

2. 试验步骤

(1) 将试样注入盛样皿中，试样高度应超过预计针入度值 10mm。盖上盛样皿，以防落入灰尘。盛有试样的盛样皿在 15~30℃室温中冷却不小于 1.5h（小盛样皿）、2h（大盛样皿）或 3h（特殊盛样皿）后移入保持规定试验温度±0.1℃的恒温水槽中，并应保温不小于 1.5h（小盛样皿）、2h（大样皿）或 2.5h（特殊盛样皿）。调整针入度仪使之水平。检查针连杆和导轨，以确认无水和其他外来物，无明显摩擦。用三氯乙烯和其他溶剂清洗标准针，并擦干。将标准针插入针连杆，用螺丝固紧。按试验条件，加上附加砝码。

(2) 将盛有试样的平底玻璃皿置于针度仪的平台上，慢慢放下针连杆，用适当位置的反光镜或灯光反射观察，使针尖恰在此时与试样表面接触。拉下刻度盘的拉杆，使之与针连杆顶端轻轻接触，调节刻度盘或深度指标器的指针指示为零。开动秒表，当秒表指针正指向 5s 的瞬间，用手紧压针入度仪按钮，使标准针自动下落贯入试样，经规定时间，停压按钮使针停止移动（当采用自动针入度仪时，计时与标准针贯入试样同时开始，至5s时自动停止）。

（3）压下刻度盘拉杆和针连杆顶端接触，读取刻度盘指针或位移指示器的读数，准确至0.1mm。同一试样平行试验至少3次，各测试点之间及与盛样皿边缘的距离不应小于10mm。每次试验后应将盛有盛样皿的平底玻璃皿放入恒温水槽，使平底玻璃皿中的水温保持试验温度。每次试验应换一根干净标准针或将标准针取下用蘸有三氯乙烯溶剂的棉花或布揩净，再用干棉花或布擦干。

（4）测定针入度指数PI时，按同样的方法分别在15℃、25℃、30℃（或5℃）三个温度条件下，分别测定沥青的针入度。

3. 试验结果计算与评定

（1）同一试样3次平行试验结果的最大值和最小值之差在下列允许偏差范围内（表11-3）时，计算3次试验结果的平均值，并取至整数作为针入度试验结果，单位为0.1mm。

针入度试验结果允许偏差范围　　　　　表11-3

针入度（0.1mm）	允许差值（0.1mm）	针入度（0.1mm）	允许差值（0.1mm）
0~49	2	150~249	12
50~149	4	250~500	20

（2）沥青针入度指数和当量软化点、当量脆点的计算。

1）由3个以上的温度针入度按一元一次方程直线回归法，求取针入度-温度感应性指数A。

$$\lg P = A \times T + K$$

式中　A——针入度对温度的感应性系数，即由上式回归得到的斜率；

　　　$\lg P$——不同温度条件下测得的针入度值的对数；

　　　T——试验温度，℃；

　　　K——由式（8.01）回归得到的截距。

由回归求得的A计算针入度指数，并记为PI，按下式计算：

$$PI = \frac{20 - 500A}{1 + 50A}$$

2）沥青的当量软化点T_{800}，按下式计算：

$$T_{800} = \frac{\lg 800 - K}{A} = \frac{2.9031 - K}{A}$$

3）沥青的当量脆点$T_{1.2}$，按下式计算：

$$T_{1.2} = \frac{\lg 1.2 - K}{A} = \frac{0.0792 - K}{A}$$

4. 注意事项

（1）针入度试验的三项关键性条件分别是温度、测试时间和针的质量，如这三项试验条件控制不准，将严重影响试验结果的准确性。三项条件是最佳的状态是：温度25℃、测试时间5s、针的质量100g，所以针入度常用$P25℃$，100g，5s表示。

（2）测定针入度值大于200的沥青试样时，至少用3支标准针，每次试验后将针留在试样中,直至 3 次平行试验完成后,才能将标准针取出。

(3) 当试验结果小于 50 (0.1mm) 时,重复性试验的允许差为 2 (0.1mm),复现性试验的允许差为 4 (0.1mm);当试验结果等于或大于 50 (0.1mm) 时,重复性试验的允许差为平均值的 4%,复现试验的允许差为平均值 8%。

11.7.2 沥青软化点试验 (环球法)

1. 仪器设备及材料

(1) 软化点试验仪:由若干附件组成,钢球直径 9.53mm,质量 3.5g±0.05g;试样环由黄铜或不锈钢等制成;钢球定位环由黄铜或不锈钢制成 (图 11-29)。

(2) 金属支架:由两个立杆和三层平行的金属板组成。上层为一圆盘,直径略大于烧杯直径,中间一圆孔,用以插放温度计。中层板上有两上孔,各放置金属环,中间有一小孔可支持温度计的测温端部。一侧立杆距环上面 51mm 处刻有水高标记。环下面距下层底板为 25.4mm,而底板距烧杯底不小于 12.7mm,也不得大于 19mm。三层金属板和两个主杆由两螺母固定在一起。

(3) 耐热玻璃烧杯:容量 800~1000ml,直径不小于 86mm,高不小于 120mm。

(4) 温度计:0~100℃,分度值为 0.5℃。

(5) 环夹:由薄钢条制成,用以夹持金属环,以便刮平表面。

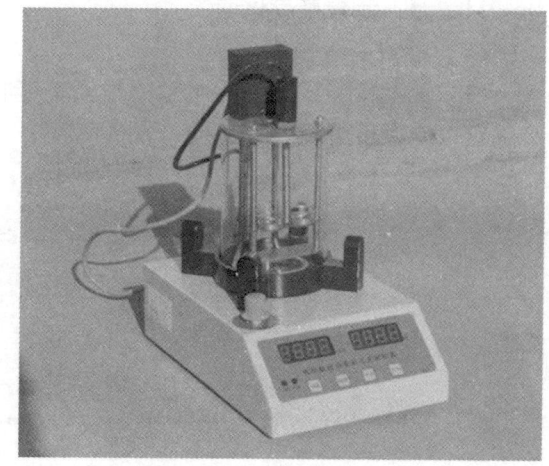

图 11-29 沥青软化点试验仪

(6) 装有温度调节器的电炉或其他加热炉具(液化石油气、天然气等):最好采用带有振荡搅拌器的加热电炉,振荡子置于烧杯底部。

(7) 试样底板:金属板(表面粗糙度 $R_a=0.8\mu m$)或玻璃板。

(8) 恒温水槽:控温的准确度为 ±0.5℃。

(9) 平直刮刀。

(10) 甘油滑石粉隔离剂(甘油与滑石粉的质量比为 2:1)。

(11) 新煮沸并经冷却至 5℃ 的蒸馏水。

(12) 其他:石棉网。

2. 试验方法与步骤

(1) 将试样环置于涂有甘油滑石粉隔离剂的试样底板上。将准备好的沥青试样徐徐注入试样环内至略高出环面为宜。试样在室温冷却 30min 后,用环夹夹着试样环,用热刮刀刮除环面超出的部分,务使沥青试样与环面齐平。

(2) 将装有试样的试样环连同试样底板置于 5±0.5℃ 的恒温水槽中至少 15min,同时将金属支架、钢球、钢球定位环亦置于相同水槽中。杯内注入新煮沸并冷却至 5℃ 的蒸馏水或纯净水,水面略低于立杆上的深度标记。

(3) 从恒温水槽中取出盛有试样的试样环放置在支架中层板的圆孔中,套上定位环;然后将整个环架放入烧杯中,调整水面至深度标记,并保持水温为 5±0.5℃。环架上任何部分不得附有气泡。将 0~100℃ 的温度计由上层板中心孔垂直插入，使端部测温头底部与试样环下面齐平。

（4）将盛有水和环架的烧杯移至放有石棉网的加热炉具上，然后将钢球放在定位环中间的试样中央，立即开动振荡搅拌器，使水微微振荡，并开始加热，使杯中水温在 3min 内调节至每分钟上升 5±0.5℃。在加热过程中，应记录每分钟上升的温度值，如温度上升速度超过此范围，则试验应重做。

（5）试样受热软化逐渐开始下坠，至下层底板表面接触时，立即读取温度准确至 0.5℃。

11.7.3 沥青延度试验

1. 仪器设备及材料

（1）延度仪：试验专用水槽型设备，能将试件浸没于水中，保持规定的试验温度及按照规定拉伸速度进行拉伸试验（图 11-30）。

图 11-30 沥青延度试验仪

（2）试模：黄铜材质，由两个端模和两个侧模组成，其中两个侧模在试验时可以卸掉。

（3）试模底板：玻璃板或磨光的铜板、不锈钢板（表面粗糙度 $R_a=0.2\mu m$）。

（4）恒温水槽：容量不小于 10L，控制温度的准确度为 0.1℃，水槽中应设有带孔搁架，搁架距水槽底不得小于 50mm，试件浸入水中深度不小于 100mm。

（5）温度计：0~50℃，分度值为 0.1℃。

（6）砂浴或其他热炉具。

（7）甘油滑石粉隔离剂（甘油与滑石粉的质量比为 2：1）。

（8）其他：平刮刀、石棉网、酒精、食盐等。

2. 试验方法与步骤

（1）将隔离剂拌合均匀，涂于清洁干燥的试模底板和两个侧模的内侧表面，并将试模在试模底板上装妥。

（2）将准备好的沥青试样仔细自试模的一端向另一端往返数次缓缓注入模中，最后略高出试模，灌模时应注意勿使气泡混入。试件在室温中冷却不少于 1.5h，然后用热刮刀刮除高出试模的沥青，使沥青表面与试模面齐平。沥青的刮平应自试模的中间刮向两端，且表面应刮平滑。将试模连同底板同浸入规定试验温度的水槽中保温 1.5h。

（3）检查延度仪延伸度是否符合规定要求，然后移动滑板使其指针正对标尺的零点。将延度仪注水，并保温达试验温度 ±0.1℃。将保温后的试件连同底板移入延度仪的水槽中，然后将盛有试样的试模自玻璃板或不锈钢板上取下，将试模两端的孔分别套在滑板及槽端固定板的金属柱上，并取下侧模。水面距试件表面应不小于 25mm。

（4）开动延度仪，并注意观察试样的延伸情况。此时应注意，在试验过程中，水温应始终保持在试验温度规定范围内，且仪器不得有振动，水面不得有晃动。当水槽采用循环水时，应暂时中断循环，停止水流。在试验中，如发现沥青细丝浮于水面或沉入槽底时，则应在水中加入酒精或食盐，调整水的密度与沥青度样的密度相近后，重新试验。

（5）试件拉断时，读取指针所指标尺上的读数，以 cm 表示。在正常情况下，试件延伸时应成锥尖状，拉断时实际断面接近于零。如不能得到这种结果，则应在试验记录中注明。

3. 试验结果计算与评定

同一试样，每次平行试验不少于 3 个试件，如 3 个测定结果均大于 100cm，试验结果应记作"＞100cm"；特殊需要也可分别记录实测值。如 3 个测定结果中，有一个以上的测定值小于 100cm，若最大值或最小值与平均值之差满足重复性试验精密度要求，则取 3 个测定结果的平均值的整数作为试验结果，若平均值大于 100cm，记作"＞100cm"；若最大值或最小值与平均值之差不符合重复性试验精密度要求时，试验应重新进行。

4. 说明与注意问题

（1）当试验结果小于 100cm 时，重复性试验的允许差为平均值的 20％，复现性试验的允许差为平均值的 30％。

（2）沥青延度的试验温度与拉伸速率可根据要求采用，通常采用的试验温度有 25℃、15℃、10℃或 5℃等，重交通道路石沥青延度试验时的温度一般为 15℃，中、轻交通道路石油沥青延度试验时的温度一般为 25℃。拉伸速度一般为 (5 ± 0.25)cm/min；而低温采用 (1 ± 0.5)cm/min 的拉伸速度时，应在试验记录中注明。

（3）隔离剂的使用是为了防止沥青粘在底板或侧模上，隔离剂原有的调配比例偏稀，易从侧模上流淌下去，起不到防粘连作用。可不必拘泥原有比例，调配的原则是既能起到有效的防粘连作用，又不会因偏稠而减薄沥青试件的有效尺寸。

参 考 文 献

[1] 常婧莹　商宇. 建筑材料(第二版)[M]. 北京：中国建材工业出版社，2015.
[2] 卢经扬　余素萍. 建筑材料(第3版)[M]. 北京：清华大学出版社，2016.
[3] 彭小芹. 土木工程材料(第三版)[M]. 重庆：重庆大学出版社，2013.
[4] 符芳　张亚梅，孙道胜. 土木工程材料(第3版)[M]. 南京：东南大学出版社，2009.
[5] 秦荷成. 建筑与装饰材料[M]. 上海：上海交通大学出版社，2016.
[6] 张伟　王英林. 建筑材料与检测 [M]. 北京：北京邮电大学出版社，2016.
[7] 高琼英. 建筑材料 [M]. 武汉：武汉工业大学出版社，1999.
[8] 宋岩丽. 建筑与装饰材料(第三版)[M]. 北京：中国建筑工业出版社，2010.
[9] 秦荷成. 建筑材料[M]. 杭州：浙江大学出版社，2014.
[10] 黄新友，高春华. 新型建筑材料及其应用[M]. 北京：化学工业出版社，2012.
[11] 蓝治平. 建筑装饰材料(第二版)[M]. 北京：高等教育出版社，2010.
[12] 胡新萍　刘吉新，王芳. 建筑材料(第一版)[M]. 北京：北京大学出版社，2018.